U0322001

万川
reflections

一
步
万
里
阔

Richard Yeo

Notebooks ,English Virtuosi, and Early Modern Science

[澳]理查德·约 | 著
李天蛟 | 译

英国皇家学会与科学革命

笔记启蒙

中国工人出版社

图书在版编目（CIP）数据

笔记启蒙：英国皇家学会与科学革命 /（澳）理查德·约
著；李天蛟译. -- 北京：中国工人出版社，2024.9. --
ISBN 978-7-5008-8111-7

Ⅰ. N095.61

中国国家版本馆CIP数据核字第2024LA1043号

著作权合同登记号：图字01-2021-6135

Notebooks, English Virtuosi, and Early Modern Science

笔记启蒙：英国皇家学会与科学革命

出 版 人	董　宽
责 任 编 辑	杨　轶
责 任 校 对	张　彦
责 任 印 制	黄　丽
出 版 发 行	中国工人出版社
地　　　址	北京市东城区鼓楼外大街45号　邮编：100120
网　　　址	http://www.wp-china.com
电　　　话	（010）62005043（总编室）（010）62005039（印制管理中心）
	（010）62001780（万川文化出版中心）
发 行 热 线	（010）82029051　62383056
经　　　销	各地书店
印　　　刷	北京盛通印刷股份有限公司
开　　　本	880毫米×1230毫米　1/32
印　　　张	13.5
字　　　数	260千字
版　　　次	2024年9月第1版　2024年11月第2次印刷
定　　　价	78.00元

致 玛丽·路易丝

目　录

编者按

现代早期的英国使用的是罗马儒略历，1752 年才开始使用格里高利历。此时，这种历法已经在整个欧洲大陆得到了广泛使用。一部分资料文献——如英国与欧洲大陆的往来信件等——通常同时使用了两种历法计算的日期，两个日期之间相差 10 天。本书使用短标题的形式对相关文献进行了引用，文献全称列入了参考文献。未列入参考文献的资料，通过注释标明了全称。主要资料文献的引文对缩略语进行了补全，并保持了原有拼写方式。方括号中的内容为编辑推断。

第七章"约翰·洛克'新方法'"的三个英文版本通过以下方式进行了引用：BL，Add. 28728，fols 54—63，英文手稿；1706 年洛克"遗作"的英文译本；格林伍德（Greenwood）于 1706 年发表的英文译本。

本书使用了以下简称：

BL　大英图书馆（British Library，London）

Bodl 牛津大学博德利图书馆（Bodleian Library，The University

of Oxford）

BP	英国皇家学会罗伯特·玻意耳论文（Robert Boyle Papers，The Royal Society of London）
CUL	剑桥大学图书馆（Cambridge University Library）
EEBO	早期英文图书在线（Early English Books Online. http：//eebo.chadwyck.com/home）
HP	哈特利布文献集（The Hartlib Papers）
ODNB	《牛津国家人物传记大辞典》（Oxford Dictionary of National Biography，61 vols.，edited by H. C. G. Matthew and Brian Harrison，Oxford：Oxford University Press，2004-12，http：//www .oxforddnb .com）
OED	《牛津英语词典》（Oxford English Dictionary，edited by J. A. Simpson and E. S. C. Weiner，20 vols，2nd ed.，Oxford：Oxford University Press，1989，http：//www.oed.com）
OFB	《牛津弗朗西斯·培根作品集》（The Oxford Francis Bacon，15 vols.，Chair of Editorial Advisory Board，Sir Brian Vickers，Oxford：Clarendon Press，1996—）
RS	英国皇家学会（The Royal Society of London）
RS CP	英国皇家学会分类论文（The Royal Society of London，Classified Papers）

前　言

　　笔记可以用来记录书中的段落，记载人们对世界的观察，捕捉那些转瞬即逝的想法。我们可以把笔记写进手稿，也可以通过印刷书籍、纸片、索引卡片、袖珍型或各种尺寸的大型对开装订笔记本保存笔记内容。可以按照日期、主题对内容进行分类，或者对事件、问题及愿望清单进行粗略地编号排序。笔记内容可以是未来作品的草稿，也可以是对已发表文章所作的注释。[1]笔记还可以成为一种发挥撒手锏作用的工具，部分原因是偶然性与有意为之的结合。比如达·芬奇的小张折叠的镜面书写，莱布尼茨煞费苦心重新想象出的笛卡尔那遗失的笔记，牛顿年轻时那写满了自身罪恶的随身笔记本，达尔文那记录了自然选择进化论第一幅树形图的"红色笔记本"。再比如19世纪的艺术家和旅行者青睐的"魔力斯奇那笔记本"（Moleskine），布莱恩·塞兹尼克（Brian Selznic）作品中年轻的雨果·卡布里特（Hugo Cabret）珍爱的机械素描本，等等。[2]值得注意的是，笔记可以构成整部遗失作品保留下来的一小部分内容，还可以体现从未真正落笔的作品精华。笔记可以唤起记录者的记忆，同样可以为其他人或者后世提供有关信息。

我将在这本书里向读者展示现代早期科学领域的一些英国领军人物的笔记方法，以及他们在记录笔记以及收集并检索信息方面的观点。罗伯特·玻意耳（Robert Boyle）、约翰·奥布里（John Aubrey）、威廉·佩蒂（William Petty）、约翰·伊夫林（John Evelyn）、约翰·洛克（John Locke）、马丁·利斯特（Martin Lister）、约翰·雷（John Ray）以及罗伯特·胡克（Robert Hooke）在与自己的欧洲好友和联络人通信的过程中，践行了文艺复兴时期人文主义学者从文本中摘录内容的做法，在自己的个人笔记中积累了大量谚语、格言、引语以及其他内容。这种笔记叫作"札记"，根据主题或者标题对相关内容进行分类整理。这里的问题在于，"札记"在教学和学术领域是一种传统的文本模式，常常被那些信奉科学的"现代人"贬为一种陈腐且不适合研究自然世界的方法。17世纪早期，伽利略（Galileo Galilei）曾在写给约翰尼斯·开普勒（Johannes Kepler）的信中，讽刺了那些坚持认为可以通过研究书籍作品来理解大自然的学者：

这种人把哲学当作一种类似于《埃涅伊德》（Aeneid）

或者《奥德赛》（*Odyssey*）的书籍，认为真理并非来源于世界或者大自然，（用他们的话来说）而是存在于文献整理之中。我希望能够和你就这件事一起欢笑，度过愉快的时光。[3]

在这里，伽利略用开玩笑的口吻提出了一种观点，这种观点很快就被解读为文献学与针对自然世界的实证（包括实验）研究之间的内在冲突。

英国哲学家、大法官弗朗西斯·培根（Francis Bacon）同样贬低过那些过度依赖书籍的现象，认为这种现象在他的时代构成了自然知识停滞不前的一种主要诱因。培根的观点获得了英国皇家学会（成立于 1660 年）成员的支持。这些学会成员在辩论中，将前几代自然哲学家使用的书籍与自己的观察方法、实验方法对立起来。本书所提到的人物大多数是皇家学会成员以及培根的仰慕者。他们认为，培根对"具有文献学特征的一切事物"的批评与收集博物学信息的呼吁具有共存关系，而想要获得博物学信息，就需要坚持不懈地制作大量笔记。[4] 今天的我们对于那些通过实验室、实地考察或者机械化自动记录的详细笔记逐步积累的大量数据早已司空见惯。早在 17 世纪就有一种观点认为，浩瀚的知识海洋在很大程度上可以纳入人的记忆进行储存和操作。科学革命期间出现了一种相反的观点，它认为，想要在自然知识领域取得进步，就要重新对记忆和其他信息储存手段进行平衡。人们普遍认为，经验科学需要大量详细信息，这些信息需要通过精确且持久的记录进行保存，进而供分享与交流使用。英国科学名家针对记忆、笔记以及其他形式的记录在收集和分析经验信息时的最佳使用方法进行了思考，并对这些信息载体进行了重新评估。[5] 他们通过制作大量笔记来应对印刷书籍数量激增的现象，与此同时，通过笔记收集并记录了图书无法提供的各类信息。他们超越了培根和诸多人文主义者，对历史进行了探索，在古老的希波克拉底医学传统中寻求长期研究项目所面临的挑战和必要性。在此过程中，他们把笔记和信息管理转化为现代科学精神的重要组成部分。

本书内容涉及现代早期欧洲的科学史、书籍史、信息文化史方面的相关研究。第一，正如伽利略和培根所提到的，本书同样提出了"两种文化"的问题。本书研究了人文主义学者与科学人士之间的密切关联，认为不应该将"书卷气"与经验主义、独立研究与集体研究置于严重对立的位置。[6] 其实，诸如玻意耳、洛克等科学名家在提到自己的广泛阅读或者朋友时，认为自己充满了"书卷气"。[7] 在他们看来，争议的焦点不是书籍的价值，而是如何使用书籍。因此，洛克曾批评那些"投身于某种学派、具有书卷气的饱学人士"，认为他们无法与他人进行理性地对话。[8] 洛克还曾嘲讽那些严重地依赖札记的人，认为这些人针对各类问题堆积了正、反观点，自身却没有进行适当地思考。他提到，这些人"只能站在某一方的立场侃侃而谈，无法坚定地作出独立判断"。[9] 我对英国名家笔记进行了研究和探索，发现了全新的视角。我们可以看到，很多个人层面的研究工作造就了日后的文献学研究与实证科学研究领域。[10]

第二，本书将针对印刷文化与手稿文化之间错综复杂的关系展开探讨。伊丽莎白·埃森斯坦（Elizabeth Eisenstein）曾提出，印刷与科学革命之间存在关联关系。此后，相关领域再次重申了手稿交换在现代早期知识生活中持续发挥的作用。[11] 哈罗德·洛夫（Harold Love）曾论证了手稿交换在政治和音乐领域中的运行方式。后来的研究表明，手稿交换同样存在于知识群体网络与科学群体网络之中。[12] 现代早期欧洲的医学、化学、植物学、实验以及古文物领域的相关最新研究表明，印刷品包含的信息曾通过笔记和通信转化为洛夫所谓的"抄写交流"（scribal communication）。人们认为这些笔记比印刷品更灵活、更易于思考，且非常适合用于自我定义的小群体的快速交流。这种观点并非出于对手稿文化的怀旧情怀。相反，这种观点认为，印刷品的固定属性发挥最大作用的阶段是科学研究的结束阶段，而非初始阶段。不过为了进行更广泛地传播，人们也曾用到印刷形式的调查问卷。不过这些问卷通常会邀请他人提出其他问题，因此手稿形式的问卷更为常见。[13]

第三，我的关注点是个人记忆与储存和处理信息的外部记录之间的相互作用。相关主题在当代认知心理学领域中属于热门话题。通过分析科学名家的笔记和思想，我对相关历史维度展开了思考。这些科学名家在实证研究中往往需要处理大量信息。想要理解他们的思想，就需要密切关注记忆、回忆以及信息记录之间的区别。17世纪晚期曾出现一种转变——人们起初非常看重记忆，特别是记忆训练所具有的价值，后来开始更多地依赖手写资料和印刷资料。不过，由于我们现阶段所处的历史理解水平，所以很难对相关内容作出明确陈述。我的研究材料主要包括17世纪英国知识领域重要人物保存在各类文件中的笔记和信件等。通过这些材料可以得出这样一种推论：各类群体和个人面对各种知识问题时，通过各种方式在记忆（无论有没有笔记的辅助）与外部记录之间作出了权衡，并得到了各种结果。培根及其在皇家学会的追随者曾告诫人们，记忆无法对细节进行妥善处理，与此同时，他们在材料整理方面提出了一些新方法，利用这些方法辅助记忆，进而辅助思考。另外，他们希望能够找到质量较好的文献档案作为科学研究的基石，不过他们仍然坚信个人的深刻记忆和生活经历同样是促进知识进步的重要因素。

弗朗西斯·高尔顿（Francis Galton）是维多利亚时代的一位学者，也是心理测量研究领域的先驱。他在作品《旅行的艺术》（*The Art of Travel*，1855 年）中，针对笔记的记录和保存方法提出了极具实用性的建议，探讨了质量最好的纸张、铅笔、墨水、各类袖珍笔记本，还提到了信息在各种工具之间的转移。高尔顿强调，必须在记忆清晰的情况下及时记录笔记，作笔记的方式需要能够为他人提供帮助，"很久之后，即便陌生人看到这部笔记也能理解其中的内容，这一点非常重要"。[14] 这一类建议在 17 世纪屡见不鲜，因此我们必须发掘收集与储存信息的工具和技术方面的历史。英国名家借鉴了他们经常抨击的传统教学法，同时进行了一些他们自认为的创新。不过有时他们没有意识到，此前的一些学者也采取过类似的举措。出现这种现象的原因通常是，这些学者对早期笔记的理解主要依赖于那些公开发表的建议和规则，特别是人文主义学者与耶稣会士提到的内容，而没有密切关注个人层面的各种私人笔记。比如，这些英国名家没有注意到，图宾根大学的希腊语教授马丁·克鲁修斯（Martin Crusius，1526—1607 年）曾经在自己手中的荷马著作中添加了大量日记、松散笔记以及通信内容等注释，展示了抄写、日期测定、交叉引用等复杂的方法，还对大量资料来源与信息中的材料进行了分析。[15] 从这个角度来讲，马丁·克鲁修斯是这一代欧洲学者的典型代表，这些学者在印刷信息的压缩、组织、检索方面开创了各类技术，相关技术得到了流传和应用。[16]

我们将在本书中看到，17 世纪 40 年代，流落他乡的普鲁士人塞缪尔·哈特利布（Samuel Hartlib）曾在为英国伦敦和欧洲地区学术界与科学界协调信息的过程中，针对类似的实践进行了调查研究。他对托马斯·哈里森（Thomas Harrison）设计的一种新奇装置（由他人制造）表现出浓厚的兴趣。这种装置主要用来检索松散纸片上的笔记，不过这项发明后来逐渐无人问津。20 世纪，德国社会学家尼克拉斯·卢曼（Niklas Luhmann，1927—1998 年）开发了一种"卡片盒笔记法"（*Zettelkästen*）。这种方法使用一组盒子对卡片笔记进行编号、归档和关联。尼克拉斯·卢曼很可能没有注意到，托马斯·哈里森曾在现代早期发明了类似的装置。[17] 高尔顿重提古老建议针对的是包括冒险者和探险家在内的新受众，不过他的这种做法似乎构成了笔记历史的一个特征——在不同的时代，在某一种情境之中早已风靡的各类技术和技巧，在另一种情境中需要重新发明创造。[18] 在探讨现代早期笔记记录者的过程中，我无意主张这些人创造了全新的方法或技术。我感兴趣的是他们如何对一种既定的实践活动进行开发，满足自己认为与新科学的进步有关的全新需求。

　　英国名家把笔记看作科学实证研究的一个重要组成部分。在他们看来，笔记产生于博物学、实验化学以及实验生理学在观察方面的要求，因此笔记完全适用于伊夫林有关园艺学的研究，玻意耳针对空气重量和人体血液的开创性研究，洛克关于气象和疾病病因的研究，以及胡克关于化石和地震的研究，等等。英国名家认为，这些内容构成了培根所定义的"博物学"的部分内容。[19] 有人认为，这些研究的动力来自对稀有、奇异和奇妙现象的好奇心。在不具备重大资质的情况下，这种由好奇心和热情产生的驱动力不适用于顶尖学者。[20] 这些英国名家一致认为，新科学的重点不能局限于亚里士多德所谓的"共同"经验。他们采纳了培根的观点，认为新科学还必须包含"偏离性实例，也就是大自然的失误、多变以及奇异现象。大自然会在这些实例中偏离自身的正常轨迹"。[21] 此外，英国名家同样采纳了培根对于更详细的信息所提出的要求，根据这类要求，那些看似平平无奇的日常现象同样应该被纳入为归纳建立基准线的工作。玻意耳认为，新科学的研究工作需要的是对所有信息均持开放态度的知识分子。他指出，想要"成为名家"，就需要具备"温顺"（"均匀"）的特质，[22] 温顺的姿态可以规避修辞方面的修饰和理论方面的预设，有利于进行第一手观察和撰写实验报告。[23]

上述内容可以产生一种推论——认真记录笔记可以为所有信息提供保障。第一，奇特的物品和人为现象可能在脑海中留下持久的印象，但各类证言、观察和实验仍然需要记录，以便进行适当地评估和对比，评估和对比的时间往往很长。第二，在缺乏概括性理论或系统的情况下，无法通过记忆记录具体细节，其中包括时间、地点等。第三，与记忆相比，书面形式更适合对碎片化数据进行移动和整合。[24] 在提出以上三点的同时，英国名家的知识立场与做笔记，以及有关记忆与外部记录之间信息分配流程的思考，紧密关联。

对于那些参与培根式科学研究的人而言，可能无法必然在一生之中享受发现和理解的满足感。因此英国名家希望个人笔记能够为合作研究以及流传后世的科学档案作出贡献。这里的一个问题在于，个人笔记处于所有者的掌控之中，所有者可以按照自己的习惯和观念来决定笔记的记录和编排方式。这一类个人倾向为笔记赋予了提醒与提示的功能。想有效地开展长期的科学研究活动，研究人员需要对收集、展示和交流材料的标准方法达成共识。在理想的情况下，这种共识可以延续几代人之久。另外，通过各类网络——比如商业贸易、宗教使团、"书信共和国"等途径——获取的经验信息必须得到过滤和审查。[25] 早期的皇家学会主要依赖这一类网络获取信息，因此必须通过信用、可信度、质疑等方面的标准对信息进行监控。[26] 皇家学会的主要成员经常在与勤勉的学会秘书亨利·奥尔登堡（Henry Oldenburg）的通信中表示，希望能减少相关意外事件的发生。他们认为笔记的形式和功能是一种基本变量，把笔记作为收集、记录和传播信息的一部分并采取了一系列措施，最终提升了日常信息收集工作的有效性。19 世纪 40 年代,《笨拙》(*Punch*)杂志讽刺了当时的科学研究普遍具有的一种特征,"在过去的一年里,索夫汀维茨先生(Softinwitz)受任在伦敦摄政街记录地震震级。最终,他根据自己的观察结果提交了四令空白的大页纸"。[27]

本书第一章介绍了英国名家以及他们对于阅读、学习和科学持有的态度,现代早期欧洲使用的笔记和笔记本类型,记忆、笔记、思考三者之间的关系等内容。第二章探讨了人文主义学者与耶稣会在笔记和记忆训练方面的传统,并考察了约翰·伊夫林和罗伯特·索思韦尔(Robert Southwell)的笔记。第三章阐述了实证信息的全新必要性,培根曾对这里的内容进行过预测,相关内容得到了皇家学会成员的拥护。有关笔记的思考解释了新兴经验科学面临的挑战和机遇。接下来的四章内容涉及一些关键人物,描述了他们关于笔记的方法与目的、深层个人记忆、信息的系统展示、检索书面记录等内容的观点。每一章都将为读者呈现大量的个人档案资料。第四章展示了伦敦情报人士塞缪尔·哈特利布收集的大量现存资料,其中包括哈特利布本人的日记,以及哈特利布打造的通信网络所产生的信件和文件,相关人士包括约翰·比尔(John Beale)、威廉·佩蒂、约翰·佩尔(John Pell)、托马斯·哈里森等。第五章结合玻意耳与哈特利布、比尔等人的关系,探讨了玻意耳有关记忆和笔记的观点。第六章引用了玻意耳论文的部分内容，描述了玻意耳的笔记模式以及他对于笔记、记忆、科学信息传播三者之间关系的看法。第七章介绍了洛克终其一生勤勉记录笔记采用的方法和基本原理，附加洛克个人笔记的内容。这一章同样提到了如何使用洛克的方法进行大规模研究。第八章探讨了集体笔记在合作项目中（如约翰·雷和马丁·利斯特的合作项目）面临的挑战，以及奥尔登堡身为皇家学会信息管理人员所发挥的重要作用。本章涉及的主要人物是罗伯特·胡克，他对笔记的观点与他针对机构档案的看法紧密交织。第九章为结语。

第一章—引言

"在过去的一百年里，哲学研究成为基督教世界名家的职责，崭新的大自然昭然若揭。"

——约翰·德莱顿（John Dryden），《论戏剧诗》（*Of Dramatic Poesy*，1668 年）

17 世纪最著名的日记作家塞缪尔·佩皮斯（Samuel Pepys）曾对 1666 年 9 月 2 日午夜突发的伦敦大火进行了生动地目击描述。根据他的描述，"这是最恐怖、最恶毒的血腥火焰，与普通的温和火焰截然不同"。几天之后，佩皮斯觉得有必要记录下来，于是他写道，自己终于能够"使用日志记录过去的 5 天"。[1] 通过这里的内容可以看出，佩皮斯对于自己日常的记录工作十分投入，仅仅因突发火灾而短暂中止，随后依靠记忆，对过去几天的情况进行了记录。[2] 在大约 50 英里外的牛津，约翰·洛克同样对这次火灾进行了严谨地记录，只不过记录是相对间接的。

　　洛克记录的内容很有趣，他不明白自己当时看到的究竟是什么。9月4日（周二）的早上，洛克正在一座基督教教堂的一个房间里进行日常的天气观察。他从1666年6月24日开始记录天气"登记簿"，一直持续到1683年6月30日，其间出现过若干次间断，1666年9月4日上午9点，洛克记下了自己常用的一组指标，其中包括温度、气压、湿度、风力以及风向。下午1点他写下了另外一组条目，并且在"天气"一栏中添加了"暗淡的红色阳光"。[4] 当晚8点，洛克又写下了第三组条目。[5] 后来他在专门留作评论的页面最右侧写下一条注释，"牛津今天的阳光变暗了，颜色不同寻常。我在12点观察到了这种现象，整个下午和上午的其他时间我也看到了相同的现象。发生这种现象的原因是伦敦的大火产生了烟雾"。[6] 后来洛克终于意识到自己的早期观察报告具有的重要性。

　　在这里，我们提到了两位英国名家的两部笔记。这两部笔记均体现了文艺复兴时期的教育家和清教徒道德家提倡的有条理的笔记习惯。不过洛克的笔记也展示了一种复杂的结构。他在精心布置的页面上记录了每日天气观察，组成了一部登记簿。这部登记簿位于大对开本笔记本的最后几页，按照题材对内容进行了排列，而不是像日记那样按照时间顺序进行罗列。这种排列方式似乎可以体现性质方面的差别，使洛克的天气笔记有别于他阅读其他科学书籍之后按照主题进行排列的笔记，特别是医学领域的书籍。不过洛克在第一页顶部中央位置的标题"空气 66"（Aer 66）下方记录天气观察时，使用了札记的方法。这里的标题表明相关信息同属一个主题，也就是"空气"的特性和现象。该主题同样出现在洛克的其他笔记中。[7] 洛克认为，自己的观察和测量记录从属于空气博物学方面的长期合作研究项目，该项目有助于研究疾病的发生和传播。后来，罗伯特·玻意耳的《空气通史》（*The General History of the Air*，1692 年）发表了洛克的登记簿，洛克作为玻意耳的遗稿保管人之一，承担了本书出版的准备工作。[8] 这部作品收录了多名观察者根据玻意耳提出的问题所收集的信息，相关信息的最早发表时间可能是 17 世纪 60 年代。观察者通常会采用不同的原则，比如按照主题顺序或者时间顺序排列内容等。因此，出版相关作品所面临的难题在于对这些个人笔记进行协调，使其能够发挥集体价值和公共价值。

几十年以来的学术观点认为，现代早期科学的兴起受到了各类人文主义、法律以及社会研究方法的深刻影响。经验科学研究作为全新体系孕育的一种知识追求，在一定程度上采纳了医学和法律等较古老学科使用的研究方法，并包含了绅士行为准则的特质。[9] 我认为，这些关注点和相关技巧同样应该把笔记纳入其中。[10] 本书认为，对笔记进行考查是一种研究现代早期

（1550—1700 年）人们针对记忆和信息所持态度的方法，考察时间段主要集中于 17 世纪下半叶。科学知识方面的笔记案例极具代表性，特别是培根博物学方面的内容。原因在于那些努力探索全新经验信息的名家，同时按照传统的方式和创新的方法使用了笔记，借助笔记辅助记忆，并把笔记当作一种信息记录。这些记录对于那些未能收集原始材料的人来说，可能具有相当大的价值。英国名家采用了文艺复兴时期人文主义者以及整个欧洲的文法学校和大学所提倡的笔记技巧。对于把文本摘要笔记扩展到社会与自然观察记录而言，这些英国名家绝非先驱。[11]不过，他们对笔记本身以及笔记与实证研究需求之间的关系进行了独特地思考。这些名家曾是皇家学会的早期成员，他们面临着经验信息超出记忆能力范围的个人问题，以及使用科学档案收集个人笔记的机构问题。我的目标是把这些名家汇集到一起，对他们提出的假设和方法进行对比，把这些内容放到当时欧洲对信息和知识进行管理的大背景下进行考察，考察对象从弗朗西斯·培根、勒内·笛卡尔，一直到戈特弗里德·威廉·莱布尼茨等人。

17 世纪，任何有关"科学"的探讨难免要对术语进行讨论。现在的人们已经充分意识到，"科学"这个词并不像其在 19 世纪中期那样（尤其是在英国），特指自然方面的研究。在现代早期，"科学"指的是系统的知识体系，其中包括语法、几何学乃至神学。"科学"这个词应用于自然知识的情况下，往往局限于那些对特定的知识或公理进行主张或探索的领域。德博拉·哈克尼斯（Deborah Harkness）曾针对伊丽莎白时代的发明家、外科医生、药剂师以及数学家展开研究。她指出，这些人使用"科学"这个词的方式，与"现代"对"科学"的限制性使用出现了呼应。[12]

即便如此，那些在自然知识领域孜孜不倦地耕耘的培根追随者仍然使用比较古老的"科学"概念。因此在 1648 年，身为部分皇家学会会员导师的塞缪尔·哈特利布，以一种近乎表露情怀的方式提到，"通过科学，我们可以构想一套特定的概念，使人的心灵能够辨别所有事物的原则。自然界存在特定和恒定的缘由，并由此展示自然产生的效果"。[13] 如果以这条标准作为基准，那么大多数新型实验研究其实都不符合要求。自然哲学和混合数学曾被当作基于原则对原因所开展的研究，但如果把这两种学科当作描述与分类方面的内容，它们就会比博物学更符合标准。1690 年，洛克仍然怀疑"自然哲学不足以成为一门'科学'"。[14] 洛克在这里显然不是说博物学不值得研究，而是指自然哲学取得的成果，不像他称为"科学"的数学和伦理学等学科所产生的示范性知识足够稳定。在谈及追寻自然知识的群体时，同样需要采取类似的谨慎态度。威廉·休厄尔（William Whewell）于 1833 年创造了"科学家"（scientist）一词，但这个词直到 1900 年之后才被广泛使用。因此在撰写有关 17 世纪的内容时，我使用了诸如博物学家、自然哲学家、医师、实验化学家、名家等术语。

此外，我在本书中探讨的一些人会把自己称为"现代人"。玻意耳经常提到一些富有学识或拥有独创精神的"现代人"，这样做往往是为了与那些在医学、化学、自然哲学等领域恪守希波克拉底、亚里士多德、盖伦等旧观点的人形成对比。玻意耳在早期研究中（约 1650 年）写道，每当他"倾向于研究自然哲学"的时候，就会开始"通过亚里士多德的学说引导自己"，但很快就对这些学说失去兴趣。失去兴趣的部分原因是"我在旅行过程中观察的很多东西无法用亚里士多德的理论来理解"。后来他在《人类血液博物学回忆录》（*Memoirs for the Natural History of Human Blood*，1684 年）中提出，"现代人的好奇心"所带来的成果远远超越了"古人"。[15] 诗人约翰·德莱顿曾于 1668 年表达了类似的态度。德莱顿认为，在他所处的时代，"发现了更多学派的错误，开展了更多的哲学实验，同时在光学、医学、解剖学、天文学等领域发现了更多崇高的秘密，远远超过了自亚里士多德以来所有那些轻信和盲目的时代……只要科学能够得到正确和普遍地培育，任何东西的传播速度都无法与科学相比"。[16] 在这里我们可以看出，确实有人试图在"新哲学"与"科学"之间画等号。

名家

本书标题^①的前两个关键词为"笔记""英国名家"。在这里，我将从"人"的角度对这两个关键词作出解释。英语中的"名家"（virtuoso）一词首次出现在亨利·皮查姆（Henry Peacham）的作品《绅士集》（*The Compleat Gentleman*，1634年）中的"文物"（Of Antiquities）一章。皮查姆在提到"雕像、铭文、钱币"等文物的收藏家时补充道，"擅长此道的人都是被称为'名家'（Virtuosi）的意大利人"。这个词很快在英语中得到了普遍使用，有时采用意大利语的复数形式，有时使用单数形式，而且通常不会使用能够表明这个词是外来词的斜体或其他标志。托马斯·布朗特（Thomas Blount）在他的《词集》（*Glossographia*，1656年）中把"Virtuoso"简单地定义为"一名学识渊博或具有独创精神的人士，一名拥有良好资质的人士"。1673年，博物学家约翰·雷沿用了这个词的使用方法，同时把词义扩展到鉴赏力和高度的技能水平。约翰·雷在提及自己在旅行中遇到的意大利人时说道，"这些人不懂绘画也不会演奏音乐，但能影响这些艺术领域中的技巧和判断。他们掌握的这一类知识足以让其获得名家的称号"。¹⁷

17世纪60年代，皇家学会刚刚成立。学会主要成员为自己

---

①指原著的标题"Notebooks, English Virtuosi, and Early Modern Science"。——编者注

贴上了"名家"的标签。[18] 1662 年初，佩皮斯在介绍皇家学会时将其称为"名家学院"（the college of Virtuosoes）。[19] 约翰·奥布里在自己未能出版的传记作品［该作品后得名《短暂的一生》（*Brief Lives*）］中，使用"名家"一词指代同时代的一些顶级医师、数学家以及自然哲学家。他把牛津称为"机巧学者"的故乡，其中包括拉尔夫·巴瑟斯特（Ralph Bathurst）、约翰·威尔金斯（John Wilkins）、塞思·沃德（Seth Ward）、托马斯·威利斯（Thomas Willis）等等。奥布里认为，"实验哲学在牛津生根发芽，由这些名家在黑暗的年代首先对其进行培育"。[20] 塞缪尔·哈特利布曾试图把自己早期对于培根学说的期望与新成立的伦敦学会（后得名"皇家学会"）联系起来。他在 1660 年 9 月写道，"这些顶级名家每周都会举行聚会"，另外，"据说国王陛下也宣称自己是这些名家中的一员"。一个月之后他又写道，"玻意耳先生"同样是"这些名家中的一员"。[21] 玻意耳本人提到那些对实验哲学怀有热情的群体时，也经常使用"名家"这个词。1666 年，洛克于英国萨默塞特郡门迪普丘陵（Mendip Hills）的矿井中进行了一次不太成功的气压测量，后来玻意耳把"名家"的称号作为一种荣誉授予了洛克。[22] 在谈到富有学识的女性时，玻意耳偶尔会提到"女名家"（Virtuosa）这个词。[23] 约翰·伊夫林曾列出了那些渴望与玻意耳会面的访客类型，其中包括"王公、大使、外国访客、学者、旅行者以及名家"。由此可见，"名家"成为一种独立的群体类型。[24]

17世纪的人们仰慕名家在特定领域的技术水平或者涉猎广度。芭芭拉·夏皮罗（Barbara Shaprio）和罗伯特·弗兰克（Robert Frank）在《英国科学名家》（*English Scientific Virtuosi*，1979年）这部作品中，强调了早期皇家学会中的古文物学者与医师在研究领域方面重合，并提到了一种知识框架的运作情况，这种知识框架没有对历史观察和自然观察进行区分。亚伯拉罕·希尔（Abraham Hill）曾是皇家学会最早的秘书之一，在提到身为律师的约翰·霍斯金斯爵士（Sir John Hoskyns）时，他表示霍斯金斯爵士涉猎广泛，"他非常了解绘画和雕塑，在其他很多领域也是一位名家，特别是园艺"。通过奥布里对"名家"这个词的使用我们同样可以看出，诸多名家广泛参与了各类研究，其中包括医学、植物学、园艺学、生理学、化学、实验哲学，以及历史遗迹的考古学研究。[25]1668年，来自意大利的洛伦佐·马加洛蒂（Lorenzo Magalotti）发现皇家学会成员的兴趣领域各不相同，伊夫林作为英国名家的代表，涉猎尤为广泛。[26]

如果从负面角度来评价兴趣广泛，大概可以认为这种现象表明方法层面存在一种混杂。历史学家沃尔特·霍顿（Walter Houghton）曾在其开创性研究中，在一定程度上对这种现象进行了负面评价，认为"名家"不仅包含了钱币、徽章、绘画作品等物品的收藏者，而且包括那些自称对各类科学领域感兴趣的人士。他认为追求的多样性"造成了科学思维的稀释和扭曲……而成为技艺精神"。[27] 托马斯·斯普拉特（Thomas Sprat）在《英国皇家学会历史》（*The History of the Royal Society*，1667年）中对同时代的人士进行了抨击，把他们称为"可怕的人"。在某种程度上，霍顿的观点与斯普拉特形成了呼应。[28] 大约 10年之后，托马斯·沙德韦尔（Thomas Shadwell）在他的喜剧作品《名家》（*The Virtuoso*，1676年）中，把作品主角尼古拉斯·吉姆克拉克爵士①描述为一名与皇家学会成员具有类似研究倾向的人士。类似的现象被讽刺为一种以缺乏实用性为标志的抽象推断，"我们名家从来不去发现任何有用的东西"。在沙德韦尔的作品中，"学院"（指英国伦敦的格雷沙姆学院，皇家学会的第一处聚集场所）拒绝吉姆克拉克的加入，增强了讽刺效果。[29] 皇家学会馆长罗伯特·胡克看完这场戏剧曾在自己的日记中表达了愤怒，他写道："该死的狗，我的上帝。几乎所有人都被针对了。"[30] 医师兼政治统计学家威廉·佩蒂私下同样因这部作品针对那些有价值且难度较高的研究进行的描述表达了失望。[31] 我们可以通过威廉·沃顿（William Wotton）的《古今学术反思》（*Reflections upon Ancient and Modern Learning*，1694年）看

---

① 吉姆克拉克（Gimcrack）一词在英语中具有"华而不实、粗制滥造"等含义。——译者注

到沙德韦尔的作品造成的影响。沃顿在作品中评价道，"没有什么比玩笑更伤人了"，而且嘲讽皇家学会可能致使人们不愿参与科学研究，特别是有人可能提到"所有'名家'都像尼古拉斯·吉姆克拉克爵士"。[32]

沙德韦尔作品的后续影响在伊弗雷姆·钱伯斯（Ephraim Chambers）的《百科全书》（*Cyclopaedia*，1728 年）中同样有所体现。这部《百科全书》收录了如下条目：

> 名家（*Virtuoso*），意大利语，后被引入英语，意为具有求知欲和学识的人士，或者热爱并促进了艺术和科学领域发展的人士。在意大利，名家的称呼适用于专注绘画、雕塑、车工工艺、数学等高雅艺术领域的人士……对于英国而言，这个词似乎适用于那些专注于稀奇事物和不具有直接实用价值的艺术与研究领域的人士，如文物收藏者、各类稀奇物品收藏者、显微观察者等等。[33]

钱伯斯很清楚，上述条目最后提到的三种活动属于皇家学会的研究领域。1729 年，钱伯斯凭借《百科全书》以及这部作品对牛顿主义的支持而当选皇家学会会员。[34] 钱伯斯在作品中提出的定义涉及科学领域，但通过"稀奇事物和不具有直接实用价值"这种负面评价来指代某些皇家学会会员的兴趣领域。

牛顿曾刻薄地提到"一些伟大的名家",他暗讽道,"当我抽象地谈论光和颜色的本质时,这些人无法理解我表达的意思"。[35] 这句话表明皇家学会内部最初在数学领域和博物学领域之间存在紧张关系。[36] 不过,与科学有关的"名家"一词,在 17 世纪晚期通常具有积极的含义。当时,这个词不像约瑟夫·班克斯爵士(Sir Joseph Banks)于 1778 年任职皇家学会主席时出现的"通心粉"(macaroni)一词那样,包含负面评价。[37] 玻意耳、洛克以及胡克毕竟不是蝴蝶收藏家级别的科学爱好者。1704 年前后,莱布尼茨借助"名家"这个词呼吁"实践与理论"之间多进行互动。他说,这种互动在"画家、雕塑家、音乐家以及其他类型的名家之中"已有所体现。[38]

英国名家的研究方向为培根博物学。该领域几乎囊括了社会历史不曾覆盖的所有内容,广泛程度远远超过了植物学和动物学。[39] 对于培根而言,博物学不仅是一门学科,而且是一种方法,可以应用于从天体现象到科技的各类主题,进而产生了有关空气、冷与热、声音、血液、生与死等方面的研究成果。1620 年,培根发表了《新工具》(Novum Organum)和《博物学的准备》(Preparative to a Natural History),他在后者中列出了 130 个"特定主题"。这两本作品构成了培根构想的《伟大的复兴》(Instauratio Magna)的部分内容。[40] 博物学旨在通过观察和实验进行描述与收集,并对物种、事件和现象进行对比。科学包含了可以通过公理或基本原则进行论证进而获取系统知识的学科，如几何学。因其特性，博物学与科学相比地位较低。[41]自然哲学所包含的亚里士多德分类法具有深远的影响，使自然哲学成为一种针对原因和过程的研究，地位优于博物学。培根的《知识分子描述》(*Descriptio globi intellectualis*) 成书于 1612 年，但培根在世期间未能发表。在这部作品中，培根认为博物学研究的是"真实合理归纳的基本内容与原材料"，这种特性使得博物学成为自然哲学初始阶段的必要基础。[42]在描述《伟大的复兴》(1620 年) 这部作品时，培根还提到，"以博物学的形式看待自然哲学的初始阶段"。[43]在《博物学与实验》中 (*Historia naturalis et experimentalis*，1622 年)，培根认为《新工具》提供的方法"如果不与博物学相结合将没有价值……而没有工具的博物学则会取得相当的进步"。培根把这部作品献给了查尔斯王子 (后来的查理一世)，培根声称，"质量良好且结构稳固的博物学是开启知识和研究工作的一把钥匙"。[44]

在对笔记的使用进行考查之前，我们需要先思考这样一个问题：那些英国名家为什么特意保持记笔记的习惯。对书籍内容进行摘录的做法是人文主义和新学派教学与研究的传统方法的关键组成部分。[45]不过这种教学法恰恰是培根和笛卡尔反对书卷气修辞所针对的目标。在探讨阻碍知识进步的因素 (比如对机械艺术所持有的偏见等) 时，培根采纳了炼金术师的观点，认为，"人们应该变卖手中的书籍，建起熔炉"。笛卡尔在总结自己对于大部头著作的抵触情绪时提到，即便自己那部简短的《方法论》（*Discourse on Method*），也可能"篇幅过长，无法一次读完"。即便像伊夫林这一类喜爱读书的人同样会产生这样一种观点——玻意耳离世之后，伊夫林曾对沃顿提到，"与利用书籍进行学习相比，玻意耳的小图书馆（笛卡尔同样如此）更多地是在通过各类人士、切身实验以及他的（布置良好、设备齐全）的实验室进行学习。[46]

在《短暂的一生》这部作品中，奥布里的一些好友对书卷气十足的学习方式表达了更为轻蔑的态度。奥布里提到，"我独特的朋友"医师威廉·佩蒂"读过的书很少，从 25 岁开始几乎没有读过书。还有霍布斯先生，如果他像有些人那样阅读过大量书籍，就不会掌握如此之多的知识，也不会获得如此之多的发现和进步"。[47]奥布里十分确定，托马斯·霍布斯（Thomas Hobbes）的"书很少。我从来没见过……他的房间里有半打以上的书"。[48]在 1669 年开始撰写的《教育理念》（*Idea of Education*）手稿中，奥布里认为，"精心挑选几本书，通过不断实践和观察彻底消化，便足以发挥作用"。他还提到，胡克和克里斯托弗·雷恩（Christopher Wren）同样是"不怎么读书"的大人物。[49]佩蒂曾向他的好友罗伯特·索思韦尔提到，"你知道我不怎么读书"。他还在自己精选的蒙田格言中写道："书籍引诱我们无法学习。"[50] 佩蒂在起草都柏林哲学学会（Dublin Philosophical Society，成立于 1684 年）章程时规定，学会成员应该把实验作为"最佳手段，而不应该依赖撰写或阅读信件和书籍，即便内容与实验有关"。[51]

斯普拉特几乎认为皇家学会成员是反书卷气人士。他在"实验哲学"的现代相关人士与那些仍然受到古人束缚的"学者""阅读者"以及"勤奋人士"之间进行了划分，并且通过相互对立的资质和能力水平进行了说明，"那些最擅长实验的人通常最不喜欢读书"。后来，斯普拉特在他的著作中提到，很多人可能会认为传统的"书卷气"学者与那些全新的实验者都会与外界隔绝，"其中一方在自己的图书馆里争论、反对、辩护，并且得出结论；另一方则会在自己的工坊里，使用大众可能不会使用的各类工具和材料"。[52] 斯普拉特坚守先做后谈的原则。[53] 他也曾因修辞而丧失理智，预言道，以实用手工技能为基础的新哲学精神，即便"失去一座图书馆"或者"废弃一门语言"，仍然可以留存。在斯普拉特这部作品的下一页里，他似乎恢复了理智，提到"伦敦的可怕大火"，以及"哥特人和汪达尔人那最残酷的暴动致使书籍遭到了前所未有的大范围毁坏"。[54] 一些批评人士曾利用了斯普拉特的夸张修辞。保皇派牧师罗伯特·索思（Robert South，1634—1716 年）曾在 1667 年威斯敏斯特教堂的布道中批评了这种新哲学；1669 年，他又在牛津谢尔登（Sheldonian）剧院的落成典礼上对新哲学进行了抨击。[55] 约瑟夫·格兰维尔（Joseph Glanvill）告诉亨利·奥尔登堡，索思声称，新哲学的成员"对所有历史和古代知识一无所知，而且从来没有阅读过任何书籍"。[56] 身为医生的亨利·施图贝（Henry Stubbe）同样利用斯普拉特的言论对皇家学会发起了抨击，于1670年发表了一系列反对作品。[57]

在开展实验与阅读书籍两类人群之间形成的对立，相当普遍且极具影响力，然而这种对立忽略了诸多名家曾一致购买书籍并记录笔记的事实。一些著名的皇家学会成员，如奥布里、伊夫林、玻意耳、洛克、佩皮斯以及牛顿等，曾组建了大型个人图书馆。[58] 佩皮斯曾在火灾期间采取了保护措施，把自己的文件、葡萄酒以及"帕尔玛奶酪"埋在了一个花园里。他可能已经猜到，很多书籍已被焚毁。1666年9月9日，周日，佩皮斯写道，牧师当天的布道把伦敦描述为"从大对开本缩减为三开本"。佩皮斯认为这种说法相当漠然。9月26日，佩皮斯听说"圣保罗教堂损失了大量书籍"，这些书籍当时由书商公会储存保管。[59] 这种对书籍的关注相当典型，不过科学名家有时也会对书卷气发起抨击，将其作为一种反对陈旧思想，特别是陈旧学术思维的便捷方法。这些科学名家很少像笛卡尔提到的那样，完全忽略那些满是错误和无用信息的旧书。[60] 他们希望把自己与那些依赖书籍从而忽略了其他信息渠道的人士（或许这些人是虚构的）进行区分。我们可以通过伊夫林对克拉伦登伯爵（the earl of Clarendon）作出的保证看出这一点。伊夫林声称，皇家学会"并非由书呆子或肤浅的人组成，而是充满了涉猎广泛、博学、富有阅历且坚韧不拔的绅士与高尚的品格"。伊夫林的这一评价发表于加布里埃尔·诺代（Gabriel Naude）的作品中。该作品的内容是图书馆的创建和布置，正是一本关于书籍的书。[61]

即便如此，斯普拉特仍然通过激烈的言辞对实验与书籍进行对比。即便那些持反对意见的人也不得不从斯普拉特观点的角度开始阐述。1673 年，牛津大学萨维尔天文学教授（Savilian Professor of Astronomy）爱德华·伯纳德（Edward Bernard）作出评论："书籍和实验相辅相成。一旦分离就会暴露一些缺陷。文盲会在不知不觉中符合古人的预测，作家则会脱离科学，受到故事的蒙骗。皇家学会对两者分别进行了调整。我相信不久之后，皇家学会就会成为大学机构的好友和亲密盟友。"[62] 我们将在本书的其他章节中看到，书籍与笔记同样是"相辅相成"的。佩蒂声称不需要很多书籍，这一点其实与他在作品中的引文以及他的笔记是矛盾的。[63]

有关皇家学会良好运作的各类提案都在强调，书籍、观察以及实验都是非常重要的信息来源。一名学会成员曾建议设立"图书馆长，负责对任何人在任何时间、任何国家，通过任何语言发表或将来可能发表的自然历史或艺术史内容，进行勤勉地搜索与有目的地收集"。[64] 斯普拉特本人也曾谨慎地解释道，独处进行的实验随后在"集会"中得到讨论，能够保证实验与"来自他人的观察、书籍或经验"的"各类意见"互动。[65] 培根对于那些仅依赖于权威文本的人非常失望，不过培根的作品此前同样体现了类似的温和立场。培根曾经强调了书籍作为信息载体在时间和空间方面所具有的价值，"智慧和知识的图像保存在书籍之中，能够免受时间的不良影响，在后续的时代中持续获得更新"。[66] 不过培根同样认为，通过书籍和大自然收集并组织足够的信息，需要勤奋地记录笔记。这一点促使培根和后来的英国名家开始思考怎样的笔记和笔记本最适合实证研究。

笔记本

根据《牛津英语词典》，"笔记本"（note-book）一词于 1568 年出现在英语中，这个时间恰好是约翰尼斯·古腾堡（Johannes Gutenberg）发明活字印刷术之后的一个多世纪。[67] 当时，装订成册的活页同样被称为笔记本。17 世纪，英语开始使用"平装书"（paperbook）一词明确指代一种由空白纸张组成的装订册，这种装订册专门用来记录条目。由此可见，笔记在当时已经成为一种需要物质手段提供支持的普遍现象。"笔记本"最终成为各种信息储存手段的通用代词，不同的手段通常采用不同的原则。同时代的其他名称还包括"书写本"（writing-book）、"日记簿"（day-book）、"历书"（ephemerides）、"日记"（diary）、"备忘录"（memorandum）、"杂记簿"（waste-book）、"日志"（journal）、"账簿"（ledger）等等。最后三种主要由商人使用，人文主义学者则倾向于使用"札记本"（common-place book）。1617 年，"袖珍本"（pocket-booke）出现了。由此可见，并非所有的笔记本都具有小巧便携的特征。[68] 日志、日记以及账簿一直保存到了今天，具有相似的格式。札记本按照主题进行分类而没有采用日期分类格式，逐渐消失在历史之中。因此我们需要对不同笔记本的主要使用目的进行区分。

今天的我们不得不对笔记在现代早期欧洲的重要性进行重新想象。今天，在现代实验室、法律以及官僚机构场景中，笔记通常由各类协议进行把控，而在私人领域里，很大程度上取决于个人化以及独特的选择和习惯。因此在那些要求参与者定期写日记的科学研究中，存在一种被称为"回填"（backfilling）的干扰因素，即人们推迟完成任务，随后依靠记忆来记录日记。[69] 规范与个人实际操作之间的这种差异，同样存在于过去的年代。不过在 17 世纪，笔记更加明确地表达了宗教、行政管理以及教育等方面的文化价值。另外，至少从原则上来讲，这些笔记受到了规则和方法的管控。笔记对于很多专业需求和知识追求来说，可以起到很好的帮助作用和搭建作用。那些人文主义学者、商人、耶稣会教士、旅行者以及大学教授在记录笔记的同时也会敦促其他人记录笔记。对这些案例进行研究之后我们会发现很多种笔记模式，其中包括注释和摘录、观察和证言的记录，以及精神戒律等方面的记录，等等。[70] 在这里，我们需要介绍人文主义学者的札记和商人的账簿。

札记的定义的特征是按照"标题"（关键字）分配文本摘要。16 世纪晚期，人们更倾向于把札记称为"摘录本"，[71] 与拉丁语中的"通用论题"（*loci communes*）形成了呼应。罗马作家沿用了古希腊哲学中的"位点"（*loci*）和"主题"（*topoi*）概念，特别是亚里士多德的十范畴。他们认为十范畴（本体、数量、性质、关系等）可以为所有的论证和推理提供起点。罗马作家把逻辑中的"位点"概念转移到修辞。使用"通用论题"来表示语录或论点在"通用位点"中的分类，也就是把特定内容归类到特定标题或主题之下。[72] 这种对相关材料进行收集整理的方法，其目的在于辅助记忆和回忆。在扬·夸美纽斯（Jan Comenius）的《世界图解》（*Orbis sensualium pictus*，1659 年）"研究"一节中（见图 1.1），插图文本在书中使用了提示符号（"破折号或者小星号"），一名学者把特定段落（"最好的内容"）

aut in illis
Liturâ, 6.
vel ad marginem
Asterisco, 7.
notat.
Lucubraturus,
elevat
Lychnum (*candelam*) 8.
in *Candelabro,* 9.
qui emungitur
Emunctorio ; 10.
ante Lychnum
collocat
Umbraculum, 11.
quod viride est,
ne hebetet
oculorum aciem :
opulentiores
utuntur *Cereo,*
nam *Candela sebacea*
fœtet & fumigat.

Ejusfola. 12.
complicatur,
inscribitur, 13.
& obsignatur. 14.

Noctu prodiens,
utitur *Laternâ* 15.
vel *Face.*

Artes

or marketh them in
them with a dash, 6.
or a little star, 7.
in the Margent.
Being to fit up late,
he setteth
a Candle, 8.
on a Candle-stick, 9.
which is snuffed
with Snuffers ; 10.
before the Candle
he placeth
a Screen, 11.
which is green, that it
may not hurt his eye-
sight ; richer persons
use a Taper,
for a Tallow-Candle
stinketh
and smoaketh.

A Letter 12.
is wrapped up,
writ upon, 13.
and sealed. 14.

Going abroad by
night, he maketh use
of a Lanthorn 15.
or a Torch. 16.

XCVIII.
The Study. *Musěum.*

The Study 1.
is a place
where a Student, 2.
apart from men,
sitteth alone,
addicted to his Studies,
whilst he readeth
Books, 3.
which being within
his reach, he layeth
open upon a Desk 4.
and picketh all the
best thou go out of
them into his own
Manual, 5.

Musěum 1.
est locus,
ubi studiosus, 2.
secretus ab hominibus,
solus sedet,
Studiis deditus,
dum lectitat
Libros, 3.
quos penes se
super *Pluteum* 4.
exponit, & ex illis
in *Manuale* 5. suum
optima quæq; excerpit,

图1.1————一名学者在笔记本上做的摘抄。这里的笔记本很可能是札记。扬·阿莫斯·夸美纽斯,《世界图解》(1672年,第200—201页),悉尼大学图书馆珍本图书文库授权使用。

记录到一部小型的"手册"中。[73] 自 1578 年起，英语把这一类笔记称为"札记"。这种称呼的出现早于"杂录"（1638 年）和"选集"（1640 年）。18 世纪末，以上三种术语经常混用。[74]

文艺复兴时期的人文学者曾主张选用涉及荣誉、美德、美好、友谊等经典主题的文章段落，以及有关信仰、希望、罪恶、恩典等基督教概念的内容。最受欢迎的古典作家包括奥维德（Ovid）、维吉尔（Virgil）、贺拉斯（Horace）、西塞罗（Cicero）、尤维纳尔（Juvenal）、卢坎（Lucan）、小塞内卡（Lucius Annaeus Seneca）等等。[75] 琼·莱希纳（Joan Lechner）曾在首次对相关内容进行的重大研究中指出，这一类主题在当时有助于"赞扬美德或者贬低邪恶"。[76] "札记"根据适当的标题对各类语录、比喻、谚语或者论点进行分组，构成了人文主义学术的核心内容。德西德里乌斯·伊拉斯谟（Desiderius Erasmus）、胡安·路易斯·韦弗斯（Juan Luís Vives）、菲利普·梅兰希通（Philipp Melanchthon）、鲁道夫·阿格里科拉（Rudolph Agricola）等主要作家曾使用并推荐使用札记。[77] 伊拉斯谟曾在《论正确的教学》（*De ratione studii*，1512 年）中建议每个学生"都应该准备一些有关各类系统和主题的札记，把各种值得注意的内容填写到恰当的栏目中"。[78] 他还在自己那部极具影响力的作品《论丰裕》（*De copia*，1512 年）中提供了一部示例手册。[79] 在这一类倡导之下，札记融入了文法学校和大学培训项目的教学法。修辞学、历史、道德哲学等人文主义研究的核心主题构成了一座内容丰富的宝库，人们可以从中选出各种逸事、谚语、隐喻、铭辞、箴言、警句（伟大的文人和行动家的著名言论），并把这些内容归类到"共同"标题的下方。正如安·莫斯（Ann Moss）所观察到的那样，这种培训"构成了每一名学生初期智力体验的一部分"，"每个接受拉丁文教育的人在能够相当准确地读写时，就开始写一部札记"。[80]

根据有关观点，文艺复兴"在根本上是一种笔记文化"。[81]这种说法主要针对的是札记在写作风格和思想风格的形成中所起到的核心作用。例证、警句等可移动类别会在特定风格中通过各种方式和目的结合并被修饰。[82]约翰·马贝克（John Marbeck）的作品《笔记与札记》（*A Booke of Notes and Common places*，1581 年）是相关概念的典型代表，主张对材料进行采集、简化与整理（这部作品按照字母顺序进行了排列），保存下来留作后续使用。沃尔特·翁（Walter Ong）把这种行为称作"通过某种已知方法进行的有组织贩运"。[83]这种方法的一种复杂的学术应用一直持续到 17 世纪。著名诗人约翰·弥尔顿（John Milton）在 30 多年里一直使用同一部札记，他把札记中的材料按照伦理学、经济学、政治学等三种标题进行了分类，并为这些主题制作了索引。[84]这部札记成为弥尔顿"勤勉的精选阅读"的一部分记录，成为一种研究工具，同时构成了他在创作方面的资源。[85] 牛顿曾于 1661 年 6 月来到圣三一学院。他准备了一部笔记，用于记录自己有关自然哲学的阅读和思考。这是一部四开笔记本，牛顿在做记录时会把笔记的某个部分划分为 37 个标题，通过猜测来决定各个标题所需的篇幅。然而他很少能够作出准确的猜测，因此相关主题（"问题"）的笔记散布在笔记本的各个部分。[86] 诸如制作精良的弥尔顿札记和效率低下的牛顿笔记，均可以反映记录者所拥有的学识和判断力。"札记"在英文中最终出现了"陈词滥调"之意，指的是那些不引人注目或者不值得注意的事物。[87] 在当时的年代，这个词尚未带有这种贬义色彩。

令人费解的是，"杂录"（*adversaria*）这个词在现代早期经常会被用作札记的同义词。"杂录"这个词来源于拉丁语，最初指的是记录的那些难以消化理解的内容组成的各类合集，类似于商人在账簿上进行系统记录之前所使用的"杂记簿"。[88]1728年，钱伯斯在他的《百科全书》中介绍了杂录的使用和大致的衍生情况，"古人把杂录用作账簿，就像我们的日志或者日记……今天的人们有时同样把杂录用作札记"。[89]1755 年，塞缪尔·约翰逊（Samuel Johnson）同样提到了"杂录"，将其定义为"一本书，按照对应的方式记录了借贷双方。一部札记，一部可以作笔记的书本"。这种含义的第二部分表明，无论"杂录"是否采用了装订札记的形式，都可以用来指代笔记。他提到，一些"羊皮纸手稿同样可以作为圣保罗的杂录"。[90] 我在本书中提到的大多数人物把"杂录""札记"当作可替换使用的术语。[91] 17 世纪晚期，奥布里不仅使用"杂录"这个词指代阅读笔记，而且用这个词表示自然界的观察记录，"一位绅士同样可以了解土壤方面的知识。他们研究植物学，记下有关土地和矿物的笔记……记入杂录"。[92] 通过这个例子我们可以看出，笔记的概念延伸到了书籍之外。这个例子同样说明，杂录作为一种笔记原材料，可能与札记产生背离。

众所周知，文艺复兴时期的札记传统早已土崩瓦解，17 世纪中期，札记已开始走向没落。[93] 那些反对书卷气教学法的人士持续反对札记。不过我们很难对札记的没落进行概括，原因在于札记的各个组成部分——如经典文本的权威性、摘录语句包含的价值、亚里士多德的范畴框架、记忆与修辞学方面的培养等等——衰落速度各不相同。尽管很多人一直批评札记，然而这些批评者往往都在使用札记。因此托马斯·富勒（Thomas Fuller）牧师曾在 1642 年称："我知道有些人持有一部用来反对札记的札记。"与此同时，他嘲讽这些人"会私下对自己公开批评的东西加以利用"。[94] 对于那些摆脱了一部分札记习惯的人士来说，札记可以留作一种"工作工具"。[95] 出现这种转变的原因可能是另一种主要的笔记类型——日志。

"日志"和"日记"这两个词反映了这两种笔记的用途，即对日常的事件、行动以及思想进行记录。17 世纪出现了几种类型的日志，其中包括精神日记（清教徒改革人士曾推荐使用这种日记）、使用频率较低的旅行日志、学术日记，以及经过完善的商业账本（账簿）等等。这些日志和日记没有使用札记的主题顺序，而是采用了时间顺序。因此从原则上来讲，所有类型的日志都为快速记录信息提供了自由的选择，人们可以按照预先确定的类别进行常规记录（如船舶航海日志和气象记录），也可以在不挑选最恰当类别的情况下直接记录。[96] 日志具有便携特性；而札记，尤其是对开札记，则适合留在书房或者图书馆里使用。不过根据培根的观点，虽然存在"战争、航海或者其他事件中持续记录日志"的既定操作，人们对日志的利用仍然不够充分。[97] 培根提到，在"航海过程中，在只能看到天空和大海的情况下"，"人们记录日记"，然而在"陆上旅行中，有那么多可以观察的东西"，却没有出现多少日记，这一点很奇怪。他主张，"因此，开始使用日记吧"。培根还建议人们可以避免在某个城镇或某处住所逗留太久，从而扩大观察范围。[98] 值得注意的是，培根列出的一长串需要注意的内容，读起来像一组标题。如人文学者和耶稣会士喜欢采用的旅行建议（*ars apodemica*）等等。[99]

　　不过，单纯地利用日志无法完全发挥其作用。比如，人们普遍存在一种事后记录日记的倾向。1665 年 11 月 10 日，佩皮斯写道，他正在记录"10月28日以来的所有日志，虽然很难记住所有内容，但每天的经历都历历在目"。在其他情况下，佩皮斯会临时记录，以便事后以恰当的方式记入日志。1664年1月24日，他写到，自己"来到办公室，从第二本日志的附记部分开始记录，涵盖了这两年多以来的内容"。1678年1月10日，胡克也写到，他"写下了上周四的内容"。[100]

商业账簿有一种立即入账的原则，目的在于避免可能出现的遗漏和错误。卢卡·帕乔利（Luca Pacioli，1446—1517年）曾在《算数、几何、比例与比例概要》（*Summa de arithmetica, geometria, proportioni & proportionalita*，1494年）中提出了著名的复式记账法，立即入账的原则正是复式记账法的特征之一。[101] 帕乔利是一位方济各会数学家，他把记录每笔交易的借贷双方当作一种在上帝面前进行商业核算的方法，其中包括了高利贷。因此他的记账内容具有明显的道德成分和修辞成分，可以轻易地转化为个人和宗教方面的概念，并进行自我监督。[102] 这种"意大利式簿记"需要每天进行详细地记录。除保证信息之外，同样可以培养道德。[103] 帕乔利的复式记账法要求提供非常详细的细节，如交易人的姓名、交易日期、交易的时间和地点、货物或者贷款的数量与价格等等。另外，编制完清单，内容被分别记入三种笔记——备忘录、日记账和总账。[104] 发生日常交易时，交易内容被记入备忘录（也称日记簿或杂记簿）。帕乔利提到，这部分内容可以由家庭或者企业的若干成员共同完成。他还补充道："一部分家庭成员可以理解其中的内容，还有一部分家庭成员无法理解。"日记簿中的交易内容随后汇总记入日记账，相关信息可以适当地通过借贷双方的格式体现在总账中。[105]值得注意的是，所有这些记录都要求记录者共同遵循特定协议。相比之下，札记通常由一个人掌控，札记内容反映的是记录者本人的兴趣、品位和判断。

商业簿记与札记之间存在很大的差别，不过前者仍然可以为后者的相关研究提供思路。即时记录的概念以及在各种笔记之间传输信息的有关做法，可以提升使用笔记的巧妙程度，其中包括那些旨在制作札记的笔记。弗朗西斯·培根曾针对相关的可能性展开了研究。1608 年 7 月的最后一周里，培根研究了自己现有的纸质资料，其中包括各类备忘录、期刊、法律笔记、写作资料以及至少两本札记。研究内容记录在一部名为《概论》（Comentarius Solutus）的笔记中，现存于大英图书馆。[106]19 世纪的学者詹姆斯·斯佩丁（James Spedding）把这部笔记称为"一部散乱的笔记"，培根则认为这部笔记"类似于商人使用的杂记簿，可以帮助我记起有关自己、我的生意、我的学习等各种各样的事情……不存在任何限制因素"。[107]

培根把这 28 部资料的用途和内容归纳到了"运送"（Transportata）标题下方，意指这些资料来源于其他笔记。在描述其中一部资料的时候，他写道："这本书的主要用途是接收作者的部分思想和作品段落，我在书中作了标记和下划线，随后由仆人誊写。"培根曾反思是否应该缩减目前的分类数量，使内容可以"数量更少、珍稀程度更低，更有条理地进行使用，而非服务于艺术"。为了实现这一目标，他认为除杂记簿之外，还需要"一部类似于商业总账的笔记"，以便更仔细地记下值得保存的内容。最后挑选出可以进行分类的内容以及"具有相同属性的内容"，按照"适当的标题"记录到"几部主题笔记"之中。在这里我们可以认为培根采纳了帕乔利的理念：即时记录所有内容，过后再分类。另外，培根还探索了把日志与札记相结合的方法，使用日志进行初始阶段记录，然后按照札记的标题或主题排列模式整理。培根还决定削减札记材料，有效地减少了札记包含的内容，使其"更有效地辅助记忆和判断"。[108] 在本书其他章节里我们可以看到，哈特利布的社交圈以及皇家学会成员同样试图对材料进行精简和重新分类。这种做法的缺点可能是无法查阅原版笔记。

我们目前提到的所有笔记存在一个假设前提：快速收集材料之后应该对材料进行妥善保存，以备后续使用。帕乔利使用三种笔记践行了这种信息传递原则，并通过严格的程序进行管理。个别学者与名家并没有遵守这一类规则，不过我们可以通过"记事本"（table books，又称写字台、写字板）的使用，看到快速记录材料以备后续重新记录与保存的习惯性做法。记事本是体积最小、最便携的一种笔记本，[109]包含10张左右使用某种物质处理过的纸页，笔记内容可擦除，可以在很多场景中重复使用。[110]一些英国名家记录了如何制作记事本笔记。以下为胡克记录的内容：

> 制作记事本纸页。取一刀纸、一磅铅白、价值一便士的生淀粉。把铅白捣成很细的碎末，用一夸脱清水溶解淀粉，用勺子搅拌，随后把铅白加入水中，静置两个小时。使用一把大号刷子把液体涂在纸的一面。干透之后再涂另一面。两面都干透之后，使用亚麻布或硬毛刷擦拭纸张的两面。擦好之后，使用图书装订工人用来敲打书本的锤子压平纸张。[111]

在法国旅行期间，洛克在1677年10月7日日志中的"记事本"标题下方写道："要抹除记事本上记录的内容，可以用细布包裹浮石粉末擦拭。"[112]在第二天的日志里，他又详细地记录了如何配制涂抹纸张所使用的物质。这里的配方和流程与胡克记录的内容相似。洛克写道："纸张两面干透之后，使用一块粗布擦平。为了取得完美的制作效果，可以像装订工人敲打书本那样对纸张进行敲打，使其更加平滑。这样的记事本可以使用银笔书写。"[113]玻意耳显然很重视记事本包含的价值，他在一部医疗收据本中提到，"从我的龟壳记事本中提取了"一些信息。[114] 佩皮斯的故事则向我们展示了一种截然不同的场景：曾有人向他展示了"一名死者的口袋"里的东西，其中包括"一部记事本，上面写着这个人要去的几个地方"。[115] 从记事本上抹除的信息（如会面日程或者购物清单）显然仅仅具有短期用途。其他类型的笔记则被转录到使用更持久的笔记本上，以便保存、分析以及后续沟通交流使用。记事本上的信息有可能被抹除这一特征，同样促使人们把信息资料从记事本转移到其他笔记本，以便后续查阅或者与其他数据进行对比。[116]

除札记和日志以外，还存在一些定义不清晰的笔记，比如那些有关引文、观察或者思想观点的笔记。这些笔记不一定按照主题划分，也不一定采用日常即时记录的原则。文艺复兴时期的意大利方言把这种松散的笔记称为"齐巴尔东尼"（*zibaldone*），这个词同样用来指代包括食物在内各种杂乱的物品。乔万尼·薄伽丘（Giovanni Boccaccio，1313—1375 年）似乎使用这个词来指代自己的一部分笔记。这种笔记的概念在于那些与正式账簿或其他登记簿形成对比的个人笔记。达·芬奇曾建议人们把想法和草图记录到"随身携带的小本"里，因为"物体的形态和方位是无限的，记忆无法留存所有这些内容"。[117] 因此，17 世纪早期出现的"袖珍本"一词，为即时记录笔记这种早已存在的做法提供了全新的专有名词。[118] 还有一些类型的笔记没有使用笔记本，而是记在了一些松散的纸张上。这种做法最终可能导致信息的遗失和混乱。佩蒂曾坦言自己有"很多天马行空的想法"，他把其中一部分内容草草地记录了下来。奥布里声称，"我在佩蒂的橱柜里看到了大量细碎的笔记"。索思韦尔把佩蒂的很多这类笔记保存在一个"黑檀木橱柜里，我把你的笔记像保存档案那样留存了起来"。[119] 不过这种松散的笔记同样可能具有某种结构，比如那些有关书籍、实验或者发明创造的各类清单等等。[120]

这些清单列表可以使用简短的笔记来汇聚信息。这些信息通常围绕着特定的主题或者问题，具有各种来源，并且能够由几代人补充。[121] 那些来自特定年代，并按照 10 条内容分为一组或者更常见的 100 条内容分为一组作出的谚语、食谱、观察记录、实验记录可以印证这一点。[122] 这一类汇编通常被称为"森林志"，暗示这一类笔记把各种内容混杂在一起。从更积极的角度来讲，这一类笔记就像森林，具有整体大于各部分之和的效果。本·琼森（Ben Jonson）把自己那些简单整合的札记称为"林木"或者"森林"。培根的遗作《木林集》（*Sylva Sylvarum*，1627 年）包含带有编号的观察、实验以及猜想等内容，按照 100 条分为一组进行了分组，共有 10 组。[123] 这部作品与培根未完成的《新亚特兰蒂斯》①（*New Atlantis*）似乎暗示了

①又译《新大西岛》。——译者注

"木林集"这种明显无序的集合可以在乌托邦的条件下充分发挥作用。[124]

日志（日记）和札记这两种主要的笔记类型各有特点，不过二者在现代早期同样出现了一定程度的融合。罗伯特·福瑟吉尔（Robert Fothergill）在调查研究英国日记的过程中，对日记类型进行了细分。不过想要理解不同类别之间的融合，特别是那些采用了札记方法的学术日记，就需要借助综合性更强的描述性内容。[125] 这种对于假定存在的僵化界限的谨慎态度，同样适用于所谓的日志特有属性，即日志能够针对作者的生活和性格提供宝贵的见解。荷兰历史学家雅克·普雷瑟（Jacques Presser，1899—1970 年）创造了"自我文档"（egodocument）这一术语，描述了"那些对自我进行有意无意地暴露或隐藏的文档"。[126] 相比之下，本书提到的一些笔记并不直接从属于"自我文档"。以札记为原型的笔记与回溯式自传的不同之处在于，自传以叙事为目的。札记与日记的差别则在于，札记至少在原则上没有包含作者的活动和思想方面的内容，内容主要来自对他人作品的节选和摘抄。不过这种特征并不代表札记不会暴露作者的智力倾向和情感倾向。诸如马丁·克鲁修斯、伊萨克·卡索邦（Isaac Casaubon）等学者曾为自己的札记融入了文本注释、日期、自传细节等方面的内容。[127]17 世纪，仍然存在这种融合现象，以至于札记开始包含文本节选汇编类的内容。律师兼音乐理论家罗杰·诺思（Roger North）曾把他的手稿《我的笔记》（Notes of Me）看作一部内容远超行为与事件日记的"生活日志"。[128]18 世纪初，伊萨克·沃茨（Isaac Watts）提出，一部札记应该揭示作者的智力发展过程，"每一周、每一个月或者每一年结束之后，你可以通过以下方式看到自己的成长：首先，当你发现自己很多以往的作品相当薄弱或者很轻浮时，就可以对自己的进步作出判断；如果这些作品看起来相当正确且适当，则说明你对这些内容已经很熟悉"。[129] 即便没有自我审视方面的特定意图，很多札记同样与"自我文档"非常相近。原因是这些作品可以揭示与特定的作者、主题、引文、内容格式与细节以及排列模式有关的个人风格和偏好。

截至目前，本书所提到的都是现代早期"笔记文化"的元素。记事本、袖珍本、日志、札记等形式的多种组合，使信息可以通过各种方式被收集和处理。我们可以认为，在日志和札记这两种笔记中，札记被认为是一种已经失宠的传统教学法，日志则是旅行者、朝臣以及全世界各类人士的首选笔记形式。就 17 世纪的笔记而言，目前我们对那些具有广泛代表性的样本仍然缺乏系统的分析，特别是这些笔记在各类学校或大学教育之后继续使用的相关情况。不过，F. J. 利维（Levy）曾对这段时期的英国贵族作出了极具启示性的评价。他认为，英国贵族接受的教育为他们培育了一种渴望，即"对新信息进行获取和编录，将其作为例证使用。这是一种很难消除的札记习惯"。[130]
需要注意的是，那些在笔记方面表现出习惯性和纪律性的人可
能属于例外情况。最初他们记录了很多笔记，但很快便弃之不
用，使大量笔记未能保存到今天。我并没有主张英国科学界人
士在现代早期笔记中占据代表性地位，而是研究了他们的笔记
行为和对笔记所进行的思考。他们为札记带来了全新的用途，
并通过各种方式对札记与日志进行了融合。佩皮斯、玻意耳以
及胡克记录了日志和日记，但没有记录札记。奥布里、伊夫林、
洛克同时记录了日志和札记，有时会在一部札记中记下天气日
志。[131] 在这些名家之前，哈特利布曾在日志页边空白处以标题
的形式记下各类主题，很好地兼顾了两者的优点。在哈特利布
之前，培根曾思考过，将按照时间和内容进行分类的两种方法
进行组合，是否最适用于收集经验信息。

　　培根曾试图使一种全新的笔记类型成为经验博物学编纂的
核心。他认为，首先需要抛弃札记包含的不必要的包袱。在
《学术的进展》（*The Advancement of Learning*，1605 年）中，培
根认可了古代"位点"和"主题"的概念及其在修辞训练中的
作用。他提到，"札记条目"可以在学习过程中发挥很重要的作
用，因为这些内容可以"保障对发明进行复制，并且能够将判
断凝聚为一种力量"。培根认为，札记同样应该用于"指导我们
的调查研究"。[132] 培根赞成使用"札记"，但不支持当时利用札

记的典型方式。他声称，这种利用方式严重地限制了札记的用途，"所有这些札记仅仅表现了学校的面貌，而没有呈现出整个世界的面貌。这些札记提到的都是缺乏生命力的庸俗事物和迂腐的划分方法，对行动缺乏尊重"。[133] 培根在《学术的进展》拉丁文修订版《论学术进步》（De augmentis，1623年）中，对该话题进行了极大地扩展，把札记的制作与适当的记忆培养联系起来。[134] 不过他在《新工具》《博物学的准备》中采取了一定程度上的不同立场，提倡使用一种更适合通过观察和实验收集经验信息的笔记方法。

为了对札记进行改进，培根提出了两个观点。第一，他把注意力从"丰富的词语"（copia verborum）转移到了"丰富的修辞"（copia rerum）。这一点并非完全出人意料。以阿格里科拉、梅兰希通、韦弗斯的著作为代表的文艺复兴修辞学理论已经教导人们把"事物"（res）和"词语"（verba）等内容纳入札记。安·莫斯认为，根据韦弗斯的《论原理》（De disciplinis，1531年），"事物"包括"各类名人、城市、动植物以及矿物"。[135] 培根追求的博物学，不像札记那样单调乏味。他在当时的博物学领域中发现，博物学过于依赖权威文本，而且这些文本往往只是一种由寓言故事、民间传说以及未经证实的报告混合而成的大杂烩。类似于让·博丹（Jean Bodin）的一些通史资料。[136] 培根希望剔除"对权威资料不同观点的呈现与相关内容的引用"

和"简而言之就是语言学方面的所有内容",试图让博物学脱离当时的文学领域。[137] 培根作品（*Baconiana*，1679 年）的出版商认为：

> 正如培根爵士所言，太多的此类著作最初只是为了娱乐和作为茶余饭后的谈资，目的并非哲学。故事是为了道德而编造的，常常被人们毫无根据地信以为真。后来的作家借鉴了古代作家的做法。这些古代作家并非实验人士，而是抄写员。普林尼便是其中之一。[138]

培根的第二个观点为，札记的重点应该是收集必要的信息，而不是精心地呈现示例。他解释道："那些收集并储存造船材料等物品的人，不会像商店那样把物品以美观的方式进行摆放和陈列。相反，他唯一关心的问题是这些物品是否有用，质量是否良好，而且占用的存储空间越少越好。"[139] 培根声称，无论如何，目前的信息不够充足，因为没有人针对足够的数量、种类以及可靠性去"寻找并收集大量细节和素材"。这里的言外之意是，博物学中的札记概念应该比通常的札记更加开放。根据人们通常对札记的理解，札记收集的信息不应该用于强化更大的规范性类别。这种理解方式在某种程度上与培根的观点存在出入。培根抱怨道，迄今为止人们用于追求知识的方法杂乱无章，

"在机遇的海洋中随波逐流，相关经验毫无根据且毫无章法"，类似于使用一把"未经捆绑的扫帚"收集素材。培根承认这种收集方法可能类似于那些无法产生任何模式或发现的杂录。[140] 与此同时，他坚持认为，无论材料具有怎样的规模，都不能像文本研究领域经常出现的那样——对简短的摘要进行懒惰地应用，这种做法通常无法保留论点和主题具有的复杂性。培根提到了一种对知识体系产生侵蚀的"摘要溃疡症"，这种现象只会留下那些"低劣且无益的渣滓"。[141] 他提出谨慎地使用标题。与作为巩固一致观点的方法相比，标题更像是进一步深入研究的一个起点。培根一直使用人文主义札记的术语，不过保罗·罗西（Paolo Rossi）认为，"对于培根来说，这一过程应用于科学领域时几乎没有出现任何变化"。[142] 培根把这些概念引入博物学领域时，相关概念发生了显著地转变。比如，他的"仓库"概念不再是一种随时准备在各类修辞情形下使用的论点宝库，而是一种与观察和实验相关的存储空间，根据特定的主题进行松散且暂时地分组，如天体、空气或鱼类主题。[143] 出于这一类原因，培根认为适用于经验博物学的笔记必须比他所处时代的普通札记更加严格，并且被更好地管理。[144]

记忆与笔记

本书将对笔记的双重功能——缓解记忆负担与促进记忆保存——进行考察。笔记可以把观点与信息记录在纸上以备未来使用，同时能激发记忆，使记忆超出自身所包含的内容，如笔记文本来源的其他部分或者记录笔记时的环境等。今天，我们对于笔记的重点应用在于笔记作为信息记录的第一种功能，而非笔记作为线索的第二种功能。我们通过笔记来保存自己不想忘记或丢失的信息。在数字技术的帮助下，我们可以使用笔记本电脑，按照字母顺序对资料进行搜索和定位，轻松地找到特定的笔记。过去的时代所面临的情形与今天大相径庭。这里不仅指技术层面，同样涉及态度层面。

玛丽·卡拉瑟斯（Mary Carruthers）曾提到，中世纪的人们把书籍视为知识的容器，他们认为知识本身应该由记忆所掌握。托马斯·阿奎纳（Thomas Aquinas）认为，"把事物写在书本上是为了辅助记忆"。由此可见，重点一直是使用外部标记在记忆中巩固图像和文本，或者作为回忆方面的提示。根据卡拉瑟斯的观察，"中世纪文化从根本上来说具有纪念性，程度类似于现代西方文化的纪实性特征"。[145]"现代早期"介于中世纪与现代之间，比较独特。这一时期并不缺少文献，但记忆仍然受到了高度重视。12世纪的英国保留了一些常规文本记录，但重大协议仍然通过仪式来完成，以促进对于可靠证据的回忆。[146]R.H. 劳斯（Rouse）和 M.A. 劳斯指出，索引工具大约出现于 1220 年，"13 世纪 80 年代之后，索引作为研究辅助工具在传播和创新方面开始被普遍使用"。[147]从原则上讲，当时已经可以用检索装置（如字母索引）来取代"心理索引"，实现对不断增长的大量文件的掌握，特别是在外交以及教会法等特定领域。安·布莱尔（Ann Blair）曾指出，从 16 世纪开始，随着印刷书籍数量的增长，一般性的参考著作（主要为拉丁文著作）中出现了各类工具，比如章节内容划分、摘要、各种索引等等，使读者能够在不阅读大量段落或章节的情况下找到特定信息。[148]除特定的礼仪场景和教学场景以外，记忆文本段落的需求出现了衰退。尽管衰退迹象十分明显，但是对于个别读者和学者来说，记忆在文化方面仍然极具重要性。即便存在适当的检索工具，通过记忆来掌控知识的能力仍然令人钦佩。1710 年，汉弗莱·万利（Humphrey Wanley）写道："图书管理员的工作……在于编制目录并铭记于心。目录是图书馆包含的内容，因此图书管理员应该成为目录的索引。"[149]

17 世纪，那些伟大的学者因在对话中能够轻松地再现渊博的学识而闻名。文艺复兴时期的博学人士，如约瑟夫·斯卡利杰（Joseph Scaliger，1540—1609 年）、伊萨克·卡索邦（1559—1614 年）、约翰·塞尔登（John Selden，1584—1654 年）

等，均以"席间漫谈"（table talk）而闻名，进而出现了著名的"漫谈"体裁，如斯卡利杰漫谈、卡索邦漫谈、塞尔登漫谈等等。[150] 据说斯卡利杰拥有"前所未闻的超强记忆力"，加之其他精神道德品质，使其成为"所有科学领域中的永久独裁者"。[151] 亨利三世曾称赞法国历史学家让·博丹可以在谈话中，"依靠出色的记忆力"滔滔不绝地说出"大量最美好的事物"。[152] 培根在对詹姆斯一世的品质进行赞扬的时候也提到了良好的记忆力，其中包括"对您记忆的忠实"。[153] 不过，人们对学术记忆力的赞扬是有限度的：一个人不应该像鹦鹉学舌那样背诵文本，而是应该吸收其中的知识并储存到记忆之中，并随意加以利用。[154] 另外，这种习得性的记忆被认为建立在学习和笔记的基础之上。

"快速的记忆与高度的理性很少能够在同一个人身上共存。"这句谚语经常引发关于不同智力能力所发挥作用的讨论。西班牙作家胡安·瓦尔特（Juan Huarte）的著作《检验诸学的才能》（*Examen de ingenios*，1575 年）曾被翻译为各国语言传遍欧洲地区。这部作品提出了生理学和医学框架，对两种能力进行了对比。胡安·瓦尔特借鉴了希波克拉底学派的四体液（血液、黑胆汁、黄胆汁、痰液）理论并断言道，良好的理解能力要求大脑在一定程度上保持干燥。相比之下，快速记忆则要求大脑具有湿润且柔韧的状态，这样才能产生更牢固、更持久的印象。[155] 瓦尔特作出推断，"根据这种学说，理解和记忆是两种相互对立的能力。简而言之，拥有强大记忆力的人会在理解方面存在缺陷"。[156]奥布里在描述罗伯特·胡克时提到，"我说到他拥有很强的创造力，那么你就无法设想他拥有良好的记忆力。二者之间存在此消彼长的关系"。他认为这是一种众所周知的表达方式。[157]笛卡尔在《人类特点》（*L'Homme*，1630 年）中针对记忆进行猜想时曾忽略了这种二分法。他认为，各类知觉留存在大脑的多孔物质中便形成了印象，这种印象又可以促进"动物精神"沿着这些轨迹流动，创造出一种能够在日后被激活的性情或者回忆。[158]亨利·巴克（Henry Barker）曾翻译了一部匿名法语著作《文雅绅士：关于几种才智的思考》（*The polite gentleman; or, reflections upon the several kinds of wit*，1700 年）。这部作品同样提到了相关话题。作者陈述了"良好的记忆力和可靠的判断力"很少出现结合，随后声称在记忆力良好的人身上，"动物精神"非常活跃，能够迅速留下强烈的感知线索和观点，因此能够"按照在大脑中留下的印象的顺序"回忆。不过，拥有这种能力的人很可能无法"驱逐自己头脑中蜂拥而至的大量思想"。与才智相比，作者试图肯定判断力，认为才智仅仅来自良好的记忆，并非合理推理的产物。作者嘲讽了那些毫无保留地赞扬非凡记忆力的行为，"如果说忘记所有事情是一种愚蠢，那么记住自己读到或听到的所有内容同样是一种愚蠢"。[159]他认为这就是那些"着重培养记忆而忽略培育思想"的人所面临的窘境。[160]

不过仍然有摆脱记忆与理解（判断）之间僵化的二分法的方法。亚里士多德曾经对记忆与回忆进行了区分，声称记忆是一些动物同样拥有的物质能力，而回忆则涉及刻意寻找储存在记忆中的事物。[161] 瓦尔特认为，这里的表达尽管不够精确，但亚里士多德主张"记忆是有别于回忆的一种能力"，回忆则与"强大的理解能力"有关。[162]17 世纪的情况与今天类似，记忆与回忆之间的这种区别往往遭到了隐藏或者模糊，人们把"记忆"作为一种笼统的术语进行使用。不过，撰写智力和情感等内容的大多数作者仍然接受了这种区别，有时还会澄清。[163] 一方面，人们认识到，根据盖伦医学的传统观点，记忆的物理结构基础位于大脑后方的第三脑室，这个部位很容易受到损伤，进而暂时或者永久性地丧失记忆。[164] 牛顿曾在年轻时记录过古代和当代的一些案例，"梅萨拉·科菲努斯忘记了自己的姓名。有个人被石头砸了一下，忘掉了自己所有的学识。还有一个人从马背上摔下来，忘记了自己母亲的名字和其他亲属。蒙彼利埃的一名年轻学生因受伤丧失了记忆，不过他仍然可以重新学习字母表"[165]。从更加积极的角度来讲，提升健康水平有助于提高记忆。富勒曾经提到，"适度的饮食和良好的空气可以维护记忆"。[166]

另一方面，人们把回忆理解为一种对储存在记忆中的思想进行搜索、回顾和比较的过程，因而把回忆当作一种具有理性和审慎特征的活动。对于亚里士多德来说，回忆是一种"搜寻"活动，起点可能是思想中"类似、相反或邻近的事物"。[167]霍布斯曾经对这种刻意的搜索和思维缺乏方向的漫游现象进行了对比，认为后者属于思维的默认状态。[168]爱德华·雷诺兹（Edward Reynolds）在《激情论》（*Treatise of the Passions*，1640年）中坚持认为，记忆具有"被拉丁人称为'回忆''记录'"的功能，因而应该被视为"理性运作过程中的一种协作因素"。为了确保记忆通过回忆来辅助理性，雷诺兹建议，对事物进行仔细且有条理地研究，必须优先于为头脑塞满"大量概念"的做法。[169]牛津学者奥巴代亚·沃克（Obadiah Walker）提出了类似的观点。在提到西班牙哲学家弗朗西斯科·苏亚雷斯（Francisco Suarez，1548—1617年）对奥古斯丁的作品"烂熟于心"时，沃克补充道，苏亚雷斯本人认为这"不是记忆，而是一种回忆。原因是其中涉及了大量的判断活动"。[170]从这个角度来讲，我们大概可以把辅助回忆的各种方法解释为对头脑进行适当维护的一部分。

下一章我们将看到有关笔记话题的现代早期手稿。这些手稿主张，良好记录的笔记可以充当记忆辅助手段，进而可以在各类智力活动中发挥作用。不过一种更古老的观点认为，所有形式的书写都会促使人们惰于记忆。令人有些出乎意料的是，着重探讨过回忆的雷诺兹对这种批评意见持赞成态度，"柏拉图告诉我们，通过书写的方式来整理杂录会对记忆形成阻碍。把所有内容写下来摆在书桌上会为我们带来安全感，进而疏于记忆"。[171] 这里有一种不甚明确的替代方案，即根据古老传统中的人工技术来提升回忆方面的自然能力。这种记忆术使用的是内在线索，并非书面笔记等外在辅助手段。

任何现存的古希腊文献都没有详细地描述过记忆术。最早的相关作品为匿名拉丁文著作《献给赫伦尼》（*Ad Herennium*，约公元前88—前85年）。作者解释道，这种技术涉及两个概念：背景或位点及图像（*imagines*）。[172] 修习这种技术的人可以想象出一种建筑结构，如一座有若干个房间的宫殿，然后在精神层面给这座建筑的各个部分添加清晰的标志，如"一处柱形空间、一个凹处、一座拱门等等"。使用记忆把各个部分串联成一种具有特定顺序的序列，形成一种自己熟悉的永久性心理背景。接下来把那些特别构筑的生动图像储存到各个部分，作为特定事物、言词或观点的回忆标志。这里需要注意的是，图像的选择涉及个人因素。这部作品解释道，"在我们自己看来很明确"的一幅图像，"对于其他人来说则相对模糊"。因此每个人都应该找到适合自己记忆的图像。[173] 当一个人在脑海中按照严格的顺序走过自己想象出的空间时，各个部分的图像会对相关内容起到提示作用。这种技术通常被称为"局部记忆"或者"位置记忆",因而要求人们在记忆稳定背景的同时,还要记忆一组个人化的心理图像。[174] 随后,被特定图像占据了特定位置的心理背景将内化为心理框架,在回忆方面发挥视觉线索的作用。[175]

西摩尼得斯(Simonides)、老加图(Cato the Elder)、老塞内加(Seneca the ELder)等古代先贤的故事讲述了他们准确回忆大量姓名、方位、数字以及文本等信息的壮举。其中的很多故事在今天看来仍然令人叹为观止,却又毫无用处。[176] 相关事例具有一定的误导性,这里需要搞清楚哪种记忆才是预期的记忆类型。几乎可以肯定的是,其中不包含伊恩·亨特(Ian Hunter)所谓的"冗长的逐字回忆",即针对50个或更多单词的信息序列进行逐字地准确回忆。[177] 古代的记忆表演不会对照文本,不过有人确实声称自己完全复述了书面文字段落。乔斯林·斯莫尔(Jocelyn Small)等学者曾解释道,古希腊人和古罗马人对于一段故事或者对话感兴趣的部分在于"主旨",并非"逐字逐句的准确性"。柏拉图和修昔底德从来也没有要求"精确地逐字表述"他们传达的言论。[178] 此外,古代和中世纪的评论人士针对"事物记忆"与"词语记忆"进行了区分,认为后者没有充分利用相关图像进行辅助。昆体良(Quintilian)曾观察到,即便一篇中等长度的文章,单词数量也已经超过了能够有效辅助记忆的图像数量。他发现一篇文章可以被划分为几个诗节或者其他类型的分组。不过昆体良并不喜欢这种方法。[179]
对于那些为了作秀而进行的口头背诵，昆体良持批评态度。昆
体良与西塞罗等古罗马修辞学家类似，更倾向于"事物记忆"，
其中包括涉及历史、法律、自然等知识内容的概念、主题、观
点等等。昆体良建议，如果一名演讲者希望"熟练地背诵一段
文字"，就应该"把文字写到石板上，然后通读"。他提倡使用
"特定标记"（如符号、标题等）作为提示，防止"偏离正轨"。
值得注意的是，与昆体良提到的古希腊"辅助记忆系统"相比，
他本人更喜欢把书写与记忆相结合。[180]

　　文艺复兴时期，人们逐渐质疑古代的"局部记忆"技术所
具有的价值。1531 年，康奈利·阿格里帕（Cornelius Agrippa）
提出，这些记忆技术依赖于自然记忆所构成的基础，而自然记
忆本身可能被所需的位点和图像打乱。[181] 意大利耶稣会士利玛
窦（Matteo Ricci，1552—1610 年）在中国居住了 28 年，其间他
传授西方记忆术。澳门总督的儿子仔细听完利玛窦的课程之后
评论道："课程中的准则涉及记忆方面真实的规则，不过一个人
必须具备出众的记忆力才能应用这些准则。"[182] 不难发现，现代
早期的诸多作家一再对记忆术发表了反对意见。以记忆力惊人
著称的托马斯·富勒曾宣称："人工记忆与其说是一门艺术，不
如说是一种把戏。"[183] 我们将在本书的其他章节中看到，伦敦
"情报人士"哈特利布一直在寻找精神层面的捷径，他发现传统

的记忆辅助装置过于繁重，"不应该使用人工记忆，原因是这种方法在制造图像方面纯属徒劳，或者可以说无法如实地呈现图像。另外，这种方法在有关位点、图像和相关事物等三个要素的理解方面会造成负担，因而使记忆和心智变得迟钝"。[184] 佩蒂声称自己能够"在听一遍的情况下记住 50 个毫无意义且不连贯的单词"，与此同时，他认为"这件事除了获取愚蠢之人的赞赏以外毫无用处"。[185]

17 世纪，古典记忆术的名声已大大衰退，但这种技术对有序排列的强调仍然具有一定的影响力。[186] 人文主义学者在谈及札记的组织方式时认可了这一点。不过更普遍的观点认为，书写对于辅助记忆来说最简单且效果最好。约翰·威利斯（John Willis）在那段有关记忆术的著名论述中提到，"（我承认）写作在记忆任何事物方面都是最有效的方法，在速度和确定性方面超越了所有记忆术"。[187] 在这里我们需要澄清一些概念：如果说通过内在线索进行回忆的方法属于一种对比行为，那么威利斯在这里的意思大概是，书写除了能够针对特定信息提供近乎永久性的记录，还能在回忆训练的过程中充当外部刺激因素。任何有关笔记的讨论都会假定笔记具有这种提示作用，我们可以在培根针对各种记忆辅助方法的思考中看到这一点。培根曾提到其中一种方法，"借助大量详尽的细节或便签，就像不连贯的段落书写，进而辅助记忆"。[188] 换句话说，笔记和其他各种"不连贯"的书写形式，不仅记录信息，而且促进记忆。

不过我们需要认识到，笔记之所以有价值，原因同样是它可以在回忆失效的情况下留存那些可能丢失的思想。培根习惯在散步冥想的时候有秘书陪伴，这种习惯恰恰可以说明这一点。奥布里曾提到，"他是一个非常喜欢沉思的人，他在戈兰伯里（Gorambery）散步的时候会陷入沉思，并且向他身边的绅士们进行口述……这些人会携带纸张和墨水在一旁侍候，随时准备记录他的思想"。霍布斯就是这些秘书中的一员。霍布斯曾提到，培根"与那些不太了解培根的人相比"，"对这些记录或者笔记更加满意"。霍布斯采用了相同的方法，并提到他在创作《利维坦》的时候，"走了很多路，一直在沉思。他在手杖顶端准备了一支笔和一个墨水瓶，口袋里总是装着一个笔记本。一旦产生某个想法就马上记到笔记本里，否则可能就丢失了"。奥布里补充了一些细节，"他（霍布斯）有一块 16 英寸见方的白板，上面贴着纸，用来记录想法。当他获得一些想法的时候，就会在行走的过程中大致记录下来，保存在记忆中，回到房间之后再整理"。[189] 在其他内容部分，奥布里同样认为这些"会不翼而飞的想法"必须被整理，"否则可能永远丢失"。[190] 笛卡尔、玻意耳、洛克以及胡克都曾提到过这种使用简短的笔记对记忆和思想进行辅助的方法。他们认为，通过演绎或者借助联想关联的各种想法，将其记录下来就可以得到更好的保障。而且一旦把想法记录在纸上，就可以进行整理和重新分类。佩蒂的一条格言曾提到，"书写可以为我们的想法提供一致性，否则这些想法可能不翼而飞"。[191] 强调保留转瞬即逝的想法或者论点链条，与传统意义上的摘录所发挥的作用恰恰相反。摘录的作用是摘抄要点，以便对特定的文本主题进行回忆和发挥。[192]

到目前为止，本书针对记忆与笔记之间的关系的概述一直依赖于现代早期作家使用的表达方式。那么，今天的人们如何理解二者之间的关系呢？自 19 世纪末 20 世纪初赫尔曼·艾宾浩斯（Hermann Ebbinghaus）和弗雷德里克·巴特利特（Frederick Bartlett）的实验著作问世以来，现代心理学发展出了特定的术语来描述各种记忆类型，如短期记忆、长期记忆、映像记忆、情节记忆、语义记忆、视觉记忆、听觉记忆。肌肉记忆、程序记忆、前瞻记忆等等。[193] 早在 17 世纪，不同类型的记忆之间虽然存在区别，但并非所有的记忆类型都被划分为独立的记忆过程并拥有名称。剑桥学者麦瑞克·卡索邦（Meric Casaubon，1599—1671 年）曾一针见血地指出："有些记忆来得快，去得也快，其他类型的记忆则恰恰相反。有些记忆涉及语言，还有一些则涉及事件和结果。"[194] 另外，记忆与回忆之间的差别对于笔记的实践和准则来说至关重要，这种差别与后来的"扩展思维"及"分布式认知"理论有关。默林·唐纳德（Merlin Donald）、苏珊·赫尔利（Susan Hurley）、安迪·克拉克（Andy Clark）、约翰·萨顿（John Sutton）等哲学家认为，思维不应仅仅被视为一种内在的心理过程，对认知行为的全面描述必须考虑到人类思考和行动的整体环境，从而摆脱"孤立思维的神话"。[195] 从这个角度来看，记忆不仅依赖于大脑内部的化学反应和生理学现象，而且依赖于与大脑相互作用的物体和物理空间。[196] 具体来讲，包括不同的书写形式在内的各类人工制品和技术，可以作为记忆线索发挥作用。"语法练习"一词现今已应用于各类外部提示，如韵脚、图表、绳结，同样包含笔记本或者电子记事本。[197] 以"扩展思维"理论为指导的研究，一直在探索记忆和认知在内部心理过程、外部对象以及社会系统之间的分布方式。近年来，林恩·特里布尔（Lyn Tribble）和尼古拉斯·基恩（Nicholas Keene）把这种模型应用到了历史研究领域，提出可以将清教的宗教文化与教育文化特征理解为记忆环境的变革。[198]

皇家学会的一部分成员设想了一种自然界分类，这种分类或许可以作为对记忆进行"扩展"或外化的一种形式。约翰·威尔金斯的《论真正的文字和哲学语言》（*Essay towards a real character, and a philosophical language*，1668 年）同时提到了记忆辅助与哲学分类学方面的内容。威尔金斯建议按照亚里士多德的理论，通过"40 个主题或者属"来理解世界，并细分为各类"差异"和"种"。他在"表格"中列出了"事物和概念的列举"，这种表格的意图在于表明"所属的一般性标题和特殊标题"。[199] 威尔金斯声称，他所谓的"字符"是为了类似于"一种公正的列举和描述"那样反映"事物的自然概念"。换句话说，设计这种人工语言符号的目的不仅是提供对事物或思想的参考，而且可以传达各类关系，如相似性、对立关系等等。威尔金斯解释道：

> 如果这些标记或者注释能够按照适用于其所代表的事物与概念的本质，彼此之间建立依存关系和关联关系……另外，自然方法是辅助记忆的最佳方法，能够大大提升理解。[200]

威尔金斯提出，笔记可以按照他的划分方法预先排列，这一点为他争取到了支持者。安德鲁·帕斯卡尔（Andrew Paschall）曾告诉奥布里，他对 40 个属的修订版本可以浓缩在一部袖珍札记中。[201] 约翰·雷曾针对威尔金斯的植物分类提出建议，奥布里向约翰·雷转述帕斯卡尔的话时谈道：

> 或许可以根据你在主教论文中制作的表格，按照花园别墅中悬挂的地图规格来制作一些表格……这些表格可以成为很好的别墅装饰品，对于那些对这类知识感兴趣的人来

说，同样极具实用价值……还可以把同样的内容浓缩进袖珍本，在没有大型记事本的情况下使用。[202]

或许正是因为受到威尔金斯项目特点的启发，奥布里曾在自己的教育思想中提出，儿童不应该仅仅听和读一些谚语，"还应该按照真正的文字记忆，这种方法可以使相关内容更好地刻在他们的头脑之中"。[203] 牛津学者托马斯·皮戈特（Thomas Pigot）不赞同"帕斯卡尔先生的方案"，不过他认为只要奥布里提到的方法能够"展示事物之间的依存关系"，将能够成就"一部最值得称赞的袖珍本、札记或者其他具有类似属性的作品"。[204] 不过还有一些同时代的人士认为，这种分类法在处理新知识方面存在困难。

上述这些对于集体札记的期望，是各种形式的笔记作为记忆辅助工具在现代早期文化中发挥作用的一种体现。时至今日仍然如此。由此我们才会看到，"扩展思维"理论的主要支持者提出了这样一种思想实验：让阿尔茨海默病患者把笔记作为内部记忆受损情况下的外部替代品。[205] 患者的记忆能力遭到严重损坏，笔记可以留存患者无法记住的关键信息，如姓名、日期、地点等等。除这种极端情况以外，笔记能够发挥的作用不仅仅在于保留信息，而且可以与记忆储存的信息和思想产生协同效应。在现代早期的欧洲文化背景下，人们曾经思考过，这种联系可以并且应该按照怎样的方式运行。为了把握不同方式之间存在的一种关键差别，我将在本书中把"回忆"称为一种在没有提示的情况下回想所需信息的能力。17世纪的相关主要案例是死记硬背各种材料，如拉丁语词汇、语法、选文等等。人们同样使用类似的方法来掌握祷文和宗教仪式。一个单词或者一个短语能够激发对文本的背诵，但这种方法只在最初阶段以最低限度依赖书面文字。相比之下，正如我们在上文中提到的，回忆是一种对记忆无法直接获取的材料进行恢复的活动。回忆由特定的注释或者图像引发，通过各种方式在记忆中寻找与最初的触发因素相关的材料。在现代认知心理学领域，"回忆"的概念在很大程度上已被"线索回忆"所取代。"线索回忆"指的是一种刺激因素（如词语、声音、图像等等）引发其他事物相关记忆的过程。[206] 不过根据亚里士多德提出的理论框架，最高级形式的回忆带来的产物远远不只是自动触发的联想。文艺复兴时期，笔记的一个重要功能是为记忆唤醒大量材料，如事实、引文、论点等等，供演讲或写作使用。对这一过程进行培养是人本主义学习理论的核心原则之一。我希望能够深入思考的要点是，笔记在17世纪作为一种收集并分析自然界信息的手段，具体如何发挥作用。

下一章将根据现代早期的观点，着重考察应如何对笔记进行记录、组织，并用于辅助记忆、管理文本与经验方面的信息与知识。令人惊讶的是，一些规模最大、内容最广泛的札记由那些与皇家学会关系密切的名家保存。这些"现代人"曾为人们留下了一些不愿阅读的刻板印象，因而这种现象尤为出人意料。因此，笔记虽然处于书卷气文化的核心位置，遭到新制度拥护者的抨击，却在现代早期科学领域的形成中发挥着作用。

不过，把札记方法扩展至经验信息积累与分析，需要作出重大调整。使用笔记从公认的引文和修辞资料库中选取范例，与通过笔记从互不相关且繁杂的细节中归纳结论，两者之间存在极大的差别。调整之一在于质疑记忆（特别是死记硬背）在同时代的教育和学习中所占据的核心地位。不过这并不代表记忆与笔记必然处于对立位置，而是指二者之间的关系是一种严肃的话题。根据主题和情境的差别，这种关系有时会引发各种感知。调整之二在于，回忆和回想都可能遭到培根研究方法预料的庞大信息规模与信息多样性所带来的挑战。在这一类项目中，笔记或许正是对特定的详细材料进行检索的最佳保障。一些英国名家即便使用笔记来辅助记忆，他们的个人笔记内容仍然超出了记忆所能容纳的规模。

第二章—广袤的记忆与浩瀚的笔记

"书写的人没有记忆。"

——乔瓦尼·托利亚诺（Giovanni Torriano），
《意大利谚语大学广场》（*Pizza Universale di Proverbi Italiani*，1666 年）

上面这句著名的意大利谚语最初由苏格拉底提出，公元前 380 年前后柏拉图也提到了这句话。这句谚语反映了书写与记忆之间的紧张关系。苏格拉底声称，依赖于书写会削弱记忆，并讲述了埃及国王与书写的故事：文字的发明者提修斯（Theuth）说道："我的发明为记忆和智慧提供了一剂良药。"然而国王回应道："人们一旦掌握了这门技艺，就会在灵魂深处埋下遗忘的种子：他们将依赖于书写，疏于记忆。他们将不再从内心深处唤起事物，而是借助外部标记来记忆。你的发明针对的并非记忆，而是提示。"[1] 安提西尼（Antisthenes，公元前 445—前 360 年）在回复一位抱怨丢失了笔记的朋友时说道：

"你应该把那些内容记在心里，而不是写在纸上。"[2]从这个角度来看，笔记存在一定的风险，或者含有懒惰的成分。弗洛伊德曾经说过："如果我不相信自己的记忆力——我们知道，神经病患者很容易遗忘，不过正常人同样有足够的理由质疑自己的记忆力——那么我就可以通过记笔记来补充并辅助记忆。这样一来，那些记在笔记本或者纸张上的笔记，就成为我随身携带的不易被人察觉的有形记忆装置。"[3]从柏拉图到弗洛伊德或许跳跃性过强，不过弗洛伊德的上述观点同样发人深思。对于苏格拉底和柏拉图来说，依赖书写会削弱记忆。而对于弗洛伊德而言，笔记是一种外部提示手段，属于记忆的延伸部分。那么，我们应该如何对现代早期欧洲针对记忆和笔记所扮演历史角色的观点进行定位呢？

意大利学者、诗人弗朗希斯科·彼得拉克（Francesco Petrarca）曾在他的著作《秘密》（*Secretum*，据猜测成书于1347年）中，虚构了一场自己与圣奥古斯丁之间的谈话，这部分内容或许可以作为对以上问题具有参考性的回答的开端。彼得拉克把谈话背景设定为奥古斯丁的《忏悔录》（约公元397年）第十卷的内容，这里的内容曾被广泛引用。奥古斯丁把记忆描绘成一座巨大的宝库，其中包含大量的图像、思想以及情感。他对这座"伟大的记忆宝库"进行了令人费解的描述，有时他十分自信，认为自己有能力"按照正确的顺序自主"操控记忆，在其他段落却又以"令人敬畏"的表达方式描述记忆，认为记忆那"巨大的回廊"深不可测，远远超出了作为宿主的人类所拥有的心智水平。[4] 在彼得拉克与奥古斯丁的对话中，奥古斯丁出于人文主义教育家的直觉发表了关于笔记的建议。彼得拉克表示自己读过西塞罗和塞内卡的著作，然而，"一旦放下书本，这些著作与自身的联系似乎马上消失了"。在这里，奥古斯丁建议记录"要点笔记"。彼得拉克问道："那是怎样的笔记？"奥古斯丁阐述道，他的阅读方法是标记"关键段落"，这里指的是可以提供道德与精神指导的内容段落。把这些标记作为一种信号，让那些"有益的思想""根植于记忆"，随后通过"勤奋钻研"进行巩固。总之，彼得拉克敦促人们，"一旦读到这一类有用的内容，就在段落旁进行标记。这些标记就像钩子，可以把那些有用却易于消逝的信息牢牢地固定在记忆中"。[5]

　　蒙田和笛卡尔常被人们称为"现代人"。我们可以发现他们在不同程度上表现出了现代人在记忆方面的缺陷。在作品《散文》（*Essays*，1580 年）中，蒙田没有表现出彼得拉克（与奥古斯丁）对记忆的高度尊重，而是把记忆看作人与人之间存在的一种与生俱来的差别。蒙田未曾质疑记忆在精神世界中的关键地位，不过他认为自己的记忆就像一把靠不住的筛子。他安慰自己，正是因为自己的记忆力不够好，才不会滔滔不绝地讲话，也不会因为一些无关紧要的细节而毁掉一个好故事。值得注意的是，蒙田认为有必要把一些内容写下来，或者告诉他人，"我无法回答那些包含若干论点的命题。在没有携带笔记本的情况下，我无法接受任何委托"。蒙田还提到，"在自然记忆不足的情况下，我就用纸张进行伪造"。[6]当被问及记忆力水平低下的问题时，笛卡尔同样给出了类似的建议。1648年，笛卡尔告诉一个名叫弗朗斯·比尔曼（Frans Burman）的荷兰神学学生："对于记忆的话题我没什么可说的。每个人都应该自我检测，看看自己是否擅长记忆。在这一点上但凡存在疑问，都应该求助于书面笔记之类的辅助工具。"[7]笛卡尔接受了记忆的局限性，并推荐使用笔记作为必要的辅助手段。他的回应很直率但也很含糊，我们无法得知他认为笔记可以辅助记忆与回忆，还是会削弱或替代记忆。

彼得拉克提出的问题——"怎样的笔记"，理应得到奥古斯丁更完整的回答。我们可以避开记忆与书写之间简单的冲突，把重点集中到如何正确地使用笔记，进而对完整的回答进行猜测。长久以来，研究文艺复兴的历史学家一直强调，古文献的复兴与印刷并没有妨碍人们记忆精选段落的热情。R.R.博尔加尔（Bolgar）曾提到：

人文主义学者把希腊文学和拉丁文学转化为一系列笔记的目的是生产易于保存与复制的材料。他们花费了大量心血去记忆自己编纂的笔记的内容。文艺复兴时期是记忆的时代。[8]

不过即便拥有强大的记忆力，只要笔记具有足够的数量和内容，就能对记忆提供有力的扩展。因此有人评论道，文艺复兴晚期资深且博学的学者约瑟夫·斯卡利杰尔（Joseph Scaliger）"可以为所有的作家留下满车的笔记"。[9]

我们需要更深入地研究笔记辅助记忆的有关观点，然后对那些通常被归类为记忆的各种功能进行区分。约翰·威尔金斯曾在他的著作《论述》（*Essay*，1668 年）中列出了人工语言方面的一系列记忆术语，并对"内在感官"中的"记忆"进行了分类，其中包括"回忆、回想、纪念、记住、想起、记起、联想、记录、讲述、记诵、背诵、死记硬背、脱稿、指读、难忘、追忆、备忘、留意"等等。威尔金斯还对这些术语与"健忘、遗忘、未留意、疏忽"进行了对比。[10] 我认为我们完全可以想象，结合各种笔记对上述记忆行为进行理解，比如，借助布道或演讲方面的笔记对相关内容死记硬背，利用涉及商业账目、行政备忘录方面的笔记，或者通过摘要笔记来回想暂时遗忘的内容，等等。

皮埃尔·伽桑狄（Pierre Gassendi）曾在他的著作《尼古拉斯·克劳德·法布里·德·佩雷斯克的一生》（*Life of Nicolas-*

Claude Fabri de Peiresc，1657 年）中提到过一种把记忆与笔记结合使用的好方法。佩雷斯克是一位伟大的法国文物学者与收藏家，伽桑狄曾这样描述佩雷斯克：

> 他的记忆力很好，极少出现问题。他也曾抱怨自己很容易忘事、记忆力水平低下，不过我们仍然无法用语言来形容他究竟记得多少事情。即便年轻时候的事对于他来说仍然历历在目。另外，他的记忆并非仅限于一般意义上的印象，对于那些特定的场景、行动、语言以及特定的人物等细节，他都记得一清二楚……他总是可以从记忆的仓库里提取相关内容，并通过巧妙的语言表达。[11]

在这里，伽桑狄使用的是文艺复兴时期的标准赞美方式，赞扬那些博学的学者可以对自己那满载学识的记忆力加以利用。不过几页之后伽桑狄便提到，佩雷斯克"会把自己遇到的所有事情都记下来，孜孜不倦地书写"。伽桑狄作出解释：考虑到佩雷斯克希望了解的事物类型的范围，加之担心自己的记忆可能会"遗漏很多细节"，这种做法很有必要。接下来，伽桑狄提到了有关记忆与书写之间的经典辩题，"后来他（佩雷斯克）意识到自己无法像苏格拉底或者毕达哥拉斯那样信任自己的记忆力，为了确保相关内容不会被遗忘，他就把这些内容写下来做成了备忘录。通过以往的经验，他发现，努力书写确实可以让一些东西更好地刻在自己的脑海中"。[12] 即便对于记忆力十分强大的人来说，笔记仍然极具价值。以上内容针对这一观点进行了有力地论证。

对于 17 世纪的英国人来说，约翰·奥布里的著作《名人小传》（Brief Lives）极具内涵，且十分具有启发性。奥布里大约花费了一半篇幅来评论特定人物的记忆力水平。我们姑且认为奥布里的观点具有代表性，那么就可以看出 17 世纪的人们与文艺复兴时期相似，对于强大的记忆力持有很明显的认可态度。奥布里对约翰·霍斯金斯、詹姆斯·朗（James Long）、威廉·普林（William Prynne）、埃德蒙·沃勒（Edmund Waller）等人进行了描写，声称这些人拥有强大或者"惊人"的记忆力。他还强调，记忆是一种以物质现象为基础的能力，这种能力可以受到生理疾病或者包含忧郁在内的其他体液失衡现象的影响与破坏。因此他在探讨詹姆斯·哈林顿（James Harrington）时提到，"一场疾病夺走了他的记忆与话语"。奥布里还描写道，塞思·沃德主教（Bishop Seth Ward）在一名宿敌〔塞勒姆主管托马斯·皮尔斯（Thomas Pierce）〕的"邪恶仇恨"的影响下，"精神出现了混乱，最终丧失了记忆"。[13]

奥布里对那些最有效的记忆方法同样很感兴趣。他在著作中提到一部分人士会刻意地练习人工记忆技巧，这些技巧通常来自古典记忆术。约翰·伯肯黑德（John Birkenhea，1615—1679 年）"掌握了局部记忆术。他把万灵学院（All Soules college）的大约 100 个房间作为记忆的蓝本，能够轻松记住 100 件事"。[14] 这里的描述或许暗含了奥布里对这种毫无学术气息的技巧所持有的怀疑态度。[15] 在本书其他内容里，奥布里强调那些拥有强大记忆力的人不需要使用这种特殊的技巧。比如，托马斯·富勒以"对从伦敦路德门到查令十字街的所有标志符号倒背如流"而著称，奥布里表示这是因为富勒"天生具有强大的自然记忆，并在此基础上应用了记忆术"。不过，学者兼律师约翰·塞尔登"从未使用特殊方法辅助记忆，他凭借的完全是自己的自然记忆"。奥布里提出了自己的观点——认真地整理思绪可以达到的记忆效果，堪比刻意使用"局部"或"场所"记忆所能起到的作用。奥布里认为，诗人约翰·弥尔顿"的记忆力很好，不过我相信他那优秀的思考方法和处理方式对记忆起到了很大的帮助"。[16]

记忆的类型

奥布里在《名人小传》中没有直接提及笔记所发挥的作用，不过他在作品中提到的一位人士曾针对笔记展开过探讨。富勒曾在《神圣国度》(The Holy State, 1642 年)中提到, 记忆有两种运作方式:"一种是对事物进行简单地留存, 另外一种是在忘却事物的情况下重新获取。"这里重申了亚里士多德区分记忆与回忆的著名观点。富勒强调, 动物("野蛮的生物")拥有记忆能力, 往往在"简单地留存"方面超过人类。不过这些动物"无法对记忆进行后续处理, 并且无法通过话语的调解重拾遗失的记忆"。富勒像其他很多人士那样提出警告:记忆是一种十分脆弱的能力, 位于"头部的底部"。他建议不要把一切托付给记忆,"不要把自己所有的学问储存在记忆中, 不过可以把这些内容分别通过记忆和笔记进行保管"。[17] 富勒随后提到了那些对札记持有批评态度的人, 由此可见, 这里的笔记指的是札记。培根也曾经提到,"人们对于札记的使用存在一种偏见, 认为札记会阻碍阅读, 使记忆变得松弛或怠惰"。[18] 这里的"阻碍阅读"指的是完全依赖笔记内容的懒惰行为。至于札记可能使人疏于记忆的批评(《论学术进步》曾反复提到这一点), 似乎是在质疑笔记对记忆的辅助作用。我们可以借助这种批评观点所持有的依据, 针对"不依赖书本或笔记进行记忆所具有的重要性"这种普遍存在的文化信念展开思考。随后才可能认真思考笔记本身的原理, 以及札记与第二种记忆运作方式(即回忆)之间的联系。

在这里, 我们不应该低估人们对书写和笔记依赖现象普遍持有的怀疑态度。1679 年，沃尔特·波普（Walter Pope）在塞思·沃德的传记中写道："主教曾全身心地投入书写，损害了身体。即便在身体恢复到最佳状态后，他的记性仍然不好。"[19] 这一点与"笔记有助于记忆"的观点产生了矛盾，与此同时，得到了众多尊重不依赖笔记的记忆能力的人的支持。威尔金斯的记忆行为列表曾提到类似于"不依赖笔记"的记忆行为，指的是不借助文本或者具有总结功能的笔记，对信息或者知识进行背诵的能力。1612 年，身为校长的约翰·布林斯利（John Brinsley）提出，学生每天必须"通过脱稿复述的方法，进行一些特殊的记忆练习……原因在于，日常练习是获得出众的记忆力的唯一手段"。[20]1559 年（英文版资料记载时间为 1563 年），新教殉教者传记作家约翰·福克斯（John Foxe）赞扬了背诵能力在宗教活动中的重要性。他提到，英国的众多的男男女女"经常通读《圣经》，以至于可以背诵大量圣保罗书信"。[21] 随着印刷书籍的普及，书本作为外部记录可能为逐字背诵和死记硬背提供了前所未有的便利条件。[22] 此外，17 世纪，针对大学生的一些口头背诵表演，要求学生通过听的方式来记忆大学布道等材料。[23] 这项任务最初可能需要记笔记，不过练习中的要点是"脱稿"。约翰·弥尔顿的剑桥学生曾被要求记忆大学布道内容的要点，弥尔顿则亲自为学生朗读段落，作为周日的一部分练习内容。[24] 大约 20 年后，声名显赫的剑桥导师詹姆斯·杜波特（James Duport）建议学生，"经常去教堂……记录布道笔记"。[25]1662 年，年轻的牛顿曾在一本小笔记本上写下自己的 49 宗罪进行忏悔，其中的第十一条为"漫不经心地倾听了很多布道"。[26] 以上这些要求不仅仅局限于学校教育或者大学培训场景。麦瑞克·卡索邦曾于 1668 年前后坦言，自己非常仰慕西塞罗的作品《论义务》（De Officiis），并提到，"如果我拥有某些人的记忆力，将能够凭借记忆学习"。令他感到遗憾的是，他从未能够"自信到不带笔记就冒险走上讲坛"，倘若能够重获青春，他将努力做到这一点。[27] 据说，牛津学者罗伯特·桑德森（Robert Sanderson，1587—1663 年）"能够凭借记忆复述《贺拉斯颂歌》（Odes of Horace）和《塔利办公室》（Tully's Offices）的所有内容，以及《尤维纳利斯与佩尔西乌斯》（Juvenal and Persius）的很多内容"。[28]

这一类态度有助于了解与培根同时代的一些人士为笔记辩护的原因。耶稣会教士弗朗切斯科·萨基尼（Francesco Sacchini，1570–1625 年）和耶雷米亚斯·德雷克塞尔（Jeremias Drexel，1581—1638 年）曾就这个话题写下了著名的文章。他们承认有人反对笔记，并在很大程度上把这种现象归结为反对苏格拉底、柏拉图以及毕达哥拉斯所产生的持续影响。罗马学院修辞学教授萨基尼的作品《论阅读过程中的笔记》（De ratione libros cum profectu legendi libellus，1614 年），可能是历史上第一部主要研究笔记的理论特征与实践特征的著作。萨基尼认为，认真做笔记是学习过程的重要组成部分。不仅对于修辞学，而且对于哲学、神学、法律以及医学等主要学科而言同样如此。[29] 在回应那些针对苏格拉底的批评意见时，他提到其他的古代名人同样依赖于书写，比如狄摩西尼（Demosthenes）和老普林尼。狄摩西尼曾多次摘抄修昔底德的著作；而根据老普林尼的外甥小普林尼的描述，老普林尼经常从自己阅读的书籍中摘抄，或者根据奴隶为他诵读的内容记录笔记。[30] 萨基尼进一步指出，通过书写或印刷的方式对书本章节进行总结，有助于对文本进行记忆和理解。他断言：更准确地说，精心挑选内容节选非但不会削弱记忆，还能使人集中注意力，对记忆起到辅助作用；书写行为可以加深记忆。这种观点对那些由来已久的批评意见进行了正面反驳。在萨基尼看来，标记书页上的段落的做法是远远不够的，尤其是那种用指甲进行标记的行为。他认为这种行为是一种恶习，不仅无法辅助记忆，而且损坏书籍，使人无法看到最重要的内容。[31] 即便像是折页（牛顿的偏好）或者添加标志符号等更容易令人接受的做法，同样没有效果。原因是这一类做法仅仅维持了笔记与文本之间的物理关联。根据通常推荐的札记使用方法，应该从一系列文本、对话或者观察中收集相关内容。[32] 这种泛泛的阅读行为缺少深思熟虑的笔记记录所要求的注意力和思考，因而可能只会产生肤浅的知识。对文本进行转化和摘抄同样非常重要。萨基尼建议进行两次摘抄：发现重要内容的时候进行第一次摘抄，随后把内容按照标题分门别类写进另外一部笔记，完成第二次摘抄。[33] 他强调，这样做的目的并非使用各类条目填满笔记，而是让笔记包含可供记忆和理解的材料。至于那些为了消遣而阅读且没有记录笔记的人，是在放弃储存记忆财富的机会。

耶雷米亚斯·德雷克塞尔是奥格斯堡的一名修辞学讲师，他对萨基尼的观点进行了强调和补充。德雷克塞尔的作品《奥里弗迪那》（*Aurifodina*，发表于德雷克塞尔离世的 1638 年）采用了对话形式。在作品中，学生"福斯蒂努斯"针对笔记提出了反对意见，通常这些意见的理由是懒惰，但有时也会引用一些古典权威观点。作品中的导师"欧洛西奥"在回应中同样引用了普林尼、奥古斯丁等古代作家的观点，认为记忆是一种能力，具有脆弱特性，且常常受制于身体的虚弱状态。[34] 德雷克塞尔由此得出结论：记忆必须借助外部支持手段和技术手段。[35] 古典记忆术声称可以提供这一类辅助手段，把内在图像按照特定顺序排列并转化为回忆提示。不过德雷克塞尔认为，笔记同样是一门"艺术"，可以发挥与记忆术同等的效用，而且从长远来看更可靠。他对笔记的信念主要来自两个方面：一是抄写可以加深记忆，笔记本身有助于对丰富的相关材料进行回忆。不过人们有时会省略这两种利用方式。萨基尼强调通读摘要以便加深记忆，这种观点相当于主张死记硬背。[36] 不过总体而言，萨基尼和德雷克塞尔一致认为，笔记可以按照札记法的主张，通过标题下方的简短摘要提供线索，它是效果最好的一种回忆模式。从这种意义上来看，两个人的作品对那些认为札记会削弱记忆的观点进行了直接回应：标题下方的适当笔记不仅不会削弱记忆，而且能辅助回忆。奥布里曾对上述观点发表了直接评论。在教育主题的手稿中，奥布里对他所谓的"德雷克塞尔神父就习惯性的笔记行为的告诫"表示赞同，认为这种观点堪称对未来的投资。不过与此同时，他暗示道，笔记所收集的材料不应该局限于书本里的内容，笔记同样可以成为"观察摘要"，超越"一般意义上的准则，就像旅行者所拥有的知识远超地图可以提供的内容"。[37]

最理想的札记利用方式包含了一种判断，也就是在挑选并记录材料、选择适当的标题作为回忆提示的过程中进行判断。很多古代文献曾经提到过这一点，古典权威著作与中世纪权威著作均针对字词的死记硬背与各类事物的细致记忆进行过区分，认为应该同步培养习得性记忆与判断力和创造力。[38] 塞内加曾使用蜜蜂进行比喻：蜜蜂在采集蜂蜜的过程中同样会挑选和转化，因此优秀的演说家也应该对自己的材料润色和修饰。[39] 笔记的使用，特别是对于学者来说，并不是为了盲目地背诵摘要内容，而是为了把标题与简短的引文结合起来作为提示，对已经储存在记忆中的知识进行回忆。在《论丰裕》中，伊拉斯谟提到了把"位点"——比如美德和邪恶——对应的内容细分为对立概念的方法，用适当的引语、谚语、比喻修辞等内容对各个概念进行填充。这种二元框架可以辅助记忆，帮助人们回忆起对话、演讲和写作中使用的材料，其中包括关于某个主题的支持和反对立场。伊拉斯谟曾自诩道，他的方法所提供的示例"可以随时应用"。[40] 不过这种材料必须在完全掌握和熟练应用的情况下才能运用自如。伊拉斯谟的方法与塞内加在卡尔维西乌斯·萨比努斯（Calvisius Sabinus）的故事中提到的记忆表演截然不同。萨比努斯是一名记忆力较差的罗马贵族，他雇用了奴隶，"一个奴隶熟读荷马作品，另一个奴隶对于赫西奥德的作品烂熟于心"。客人在场的时候，萨比努斯就让自己的奴隶为他提供适用于特定场景的经典作品语句。塞内加极其轻蔑地评价道："萨比努斯坚持认为，奴隶了解的内容，他同样可以掌握。"[41] 即便某个人通过恰当的方式阅读并吸收了材料，同样必须在记忆与笔记之间取得平衡。昆体良在讨论适当的演说姿态时提出了以下建议：

> 手不应该戴太多戒指。戒指在任何情况下都不应妨碍手指的中间关节。最得体的手势为抬起拇指，其他手指微微弯曲，除非手中持有演讲稿。不过我们不应该特意持稿，持

有演讲稿意味着我们对自己的记忆力缺乏信心。另外，演讲稿还会妨碍各种姿态。[42]

不过，大量札记未被当作记忆力不佳的辅助工具，而是被视为能够产生大量记忆的基础。这里的关键在于"丰富""简短"。[43] 札记法要求人们从大量材料中进行挑选，同时对最合适的标题作出判断。伊拉斯谟认为，一个人如果可以做到把材料浓缩为精华，那么同样可以使用大量阐述性内容来补充材料。[44]在此过程中，反复查阅摘录可能有助于牢记一部分段落，不过这里的重点在于通过简短的笔记衍生大量示例与题外内容。这样做的目的并非逐字逐句地记忆特定段落，而是为了学会就某一话题即兴发挥。通过札记提升的记忆，与那些死记硬背的记忆不同。用当时的话来说，有别于牢记、"默读"、学舌或者"脱稿"等记忆方式。当然，顺序和线索同样有助于死记硬背和回忆。很早之前人们就已经发现，不同内容之间的顺序会对通过背诵掌握的内容产生影响。因此即便那些具有最高水平的表演者，一旦被打断也往往必须重新开始。[45]与死记硬背的记忆方式相比，札记标题辅助的回忆通常不会产生逐字回想。这里的一部分原因是人们对润色和创造力的赞赏态度。

培根、萨基尼、德雷克塞尔都曾强调，挑选摘要和标题的时候，适当的注意力和判断有助于回忆。耶稣会教士把记录笔记的整个过程分为两个阶段：阅读的同时使用纸张记录笔记（内容可能为摘录或者评论），随后在札记中为相关内容分配标题。这种做法类似于针对旅行者的笔记建议：先把笔记记到袖珍笔记本或可擦拭的记事本中，随后再把材料转抄到更大规格的笔记本里。[46] 这里的潜在风险是，纸张上的笔记可能自始至终不会出现对应的标题。这一点同样是耶稣会学校只允许高年级学生稍后再为笔记分配标题的原因之一。[47]

约翰·福克斯曾针对札记的写作和使用发表过观点。福克斯的著作《伟绩与丰碑》（*Acts and Monuments*）对脱稿背诵的能力进行了赞扬，但他仍然认为，记录札记的过程应该通过适当的标题来培养习得性记忆。福克斯的作品《札记汇编》（*Locorum communium tituli*，1557 年），向读者展示了一种正式的层级结构对笔记的收集和排列起到的支持作用。[48] 这部作品含有介绍性内容，此后的 647 页均为空白页。空白页的作用是让读者按照他提出的标题方法记录笔记。[49] 福克斯在介绍性内容里解释了如何根据亚里士多德的十范畴来排列标题。[50] 从原则上来讲，各个标题还可以继续细分。比如，"实体"可以包含从上帝到人类再到生命链条最底端层级的各类标题。[51] 这部作品的修订版本《札记总论》（*Pandectae locorum communium*，1572 年）是一部笔记本。介绍性内容之后总共有 1208 页空白页，每隔三页的页面顶部都印有一个或多个标题。福克斯在作品的副标题中表达了自己的期望，"阅读任何作者的作品时，但凡遇到值得记忆的内容，勤奋的读者可以根据自己的选择在这里进行自由地记录与忠实地展现，以备记忆"。[52] 作品背面的"字母表索引"（Index locorum Alphabetarius）列出了 768 个标题的页码，[53] 涵盖了"神学、物理、法律、医学、数学等领域"的主题。这些标题可以指导阅读与研究，读者可以在各个标题下方填写重要的引文。[54] 与第一版不同的是，修订版本按照字母顺序在页面顶部布置了标题。这种做法可能源于该作品出版商、伦敦印刷商约翰·达耶（John Daye）的提议。根据安·莫斯的观点，这种按字母顺序排列的方式或许可以表明该作品在时代变更的背景下所作出的让步，"当时的观点认为'困境模型'（predicament model）缺乏可行性"。[55] 福克斯认为，这种排列方式稀释了关联概念的基础框架，他显然不愿对各类相关主题和术语进行分散。因此，即便索引对"回忆录"（Reminiscentia）和"备忘录"（Memoria）进行了区分，二者（根据传统做法往往同时出现）仍然出现在同一个页面中。[56] 福克斯还对同源主题进行了整合，让每一组主题按照第一个词进行字母顺序排列，如"厄运、人生苦难"（Adversitas, misereria humanae vitae，第 6 页），"和蔼、礼仪、受欢迎"（Affabilitas, comitas, popularitas，第 9 页），"违抗、反叛"（Inobedienta, rebellio，第 303 页），"蠕虫、爬虫"（Vermes, reptilia，第 565 页），等等。福克斯不希望简单的字母顺序影响各类内容关联性方面的记忆。[57]

　　培根对福克斯采用的传统排列方法没有表现出兴趣。不过培根同样强调，对材料进行合理分配可以使人更轻松地找到所需内容，类似于在"封闭的公园"比在"广阔的森林"更容易猎捕野生动物。[58]这种比喻类似于昆体良通过打猎和钓鱼来形容回忆的表达方式：猎人必须了解自己的搜索范围和猎物的行为模式。[59]不过，昆体良的重点在于按照合适的位点来定位"论点"。培根主要考虑的是如何在广阔的范围内寻找文学、哲学、实证材料等方面的信息。培根认为，一定有方法可以实现他所谓的"对无限的切断。当一个人试图记住或者回忆某些内容的时候，如果缺乏对目标的认识和感知，必然需要费力搜寻，就像在一个无限的空间里东奔西跑。如果这个人拥有对目标的认识，就可以立即切断无限，更接近记忆"。[60]威廉·菲利普斯（William Phillips）在《法律研究方向》（*Directions for the Study of the Law*，1675年）中强调了培根的观点，即需要限制搜索参数。他告诫学生不要迷失在"庞大的法律体系"之中。具体预防措施为，通过"标题"或者"札记"来"吸收法律案例"。这种流程能够搭建一种框架，把全新的信息纳入框架进行集成和搜索。因此札记有助于"保存并延续学生的记忆，减轻学生的压力"。[61]

这些通过笔记辅助记忆和回忆的原则针对的是个人记录者，不过同样得到了社会实践层面的支持。每个人都拥有属于自己的札记，而其他人同样可以阅读这些笔记并从中受益。原因在于人们对收集并吸收材料、后续把相关材料应用到公开演讲和布道中的各类主题达成了广泛共识。西塞罗认为，演讲者可能"凭借卓越的独创性"进行辩论，但他们依赖的是"易于理解且借助格言广泛流传"的"共识"。[62] 安·莫斯提出，印刷版札记的出现为人们带来了现成的标题、列表乃至示范引文，对这种共识起到了强调作用。[63] 各类学校手册均支持了这一观点。布林斯利曾提到，"品德或者政治方面的各类普通话题，往往处于人与人之间以及生活场景中出现的普通话语之中"。托马斯·法纳比（Thomas Farnaby）的《索引修辞学》（*Index Rhetoricus*，1634 年）包含两页有关古典与基督教层面善恶标题的字母顺序列表，还有一张文学主题列表。他希望学生可以在阅读、记笔记的过程中用到这张列表。[64] 这些共同主题可以促进笔记在提示回忆方面发挥作用，使文本能够像福克斯作品所展示的那样，根据一系列主题和类别进行阅读、注释以及挑选。札记的使用包含了一种集体层面的意义：记忆可以在教室、大学、议会、法庭以及礼貌交谈等社交情境中被唤醒。因此我们可以认为，札记培育并维持了一种集体记忆。这里指的并非人们共有的情节记忆，而是从共同的文本中获取的思想、引文、比喻修辞等内容所组成的普遍集合。[65]

　　牛津大学和剑桥大学的学生都需要在各个学年的特殊场合参加公立大学辩论赛。辩论主题来自当时以道德和自然哲学标准文本（如亚里士多德的著作）为核心的学术课程。学校为学生指定辩题并分配正、反两方，辩论赛开始之前，学生同时练习为正、反两方进行辩论。[66]剑桥大学自 1660 年之后采用了杜波特的"规则"列表，列表内容提出，"辩论的时候你应该把自己的论点牢记于心"。[67]据此我们可以猜测，根据伊拉斯谟对引文进行对比和比较的排列方式，正、反两方的思辨方式可以起到辅助记忆的作用。18 世纪早期一本广为流传的手册建议，在"一部小型笔记本"上针对"哲学问题"进行简短地注释，这样一来，"遇到任何问题你都可以知道具体参考哪本书来查找正、反两方的观点"。[68]

　　培根曾对这种教学法提出指责，认为这是一种"学究派的练习方法"，对记忆和笔记的作用产生了误解。在《学术的进展》《论学术进步》中，培根认为，学生过早地接受了逻辑和修辞方面的训练，而此时学生的头脑"仍然空无一物，尚未收集到西塞罗所谓的'林木'（Silva）和'陈设'（Suppellex），也就是各类实质性的内容与事物分类"。[69]教学与真实的"生活与行为"之间落差的示例之一是"创造力"与"记忆"的培养之间的背离。学校规定的口头练习可能会"通过事先准备好的语言进行表达"，毫无创造力可言，也可能"即兴发挥，缺乏记忆的空间"。[70] 针对市民生活与职业实践，培根断言："笔记和记忆可以充当预设语言与创造力的黏合剂"。[71] 他在 1596—1604 年写给亨利·萨维尔爵士（Sir Henry Savile）的《一篇有关智力能力所发挥作用的论述》（*A Discourse, touching Helps, for the Intellectual Powers*）中阐述了这一点。培根认为，使用笔记与使用记忆之间的适当平衡，只能在恰当的经历中进行培养，"大多数行为允许且可以记录笔记；然而一个人如果不习惯做笔记，笔记就会对这个人造成妨碍"。与此同时，培根认为各类技能应该与特定情景相适应，他认为只有律师才需要培养"叙事记忆"，也就是针对事件、行为、人物以及相关情境所具有的顺序进行回忆的能力。[72]

霍尔兹沃思的提示

17 世纪存在的一种共识认为，记忆和笔记应该根据特定情况进行调整。剑桥大学伊曼纽尔学院院长理查德·霍尔兹沃思（Richard Holdsworth，1590—1649 年）自 1637 年起在他的《大学学生指南》（*Directions for a student in the Universitie*）中提到这一问题。这是一部学习手册，后世的导师和学生也曾对其进行过复制和使用。[73] 这部手册针对的是为期 4 年的学士学位学习，描述了书籍以及阅读学习方法。记忆各类内容所具有的重要性不言而喻，不过霍尔兹沃思仍然对死记硬背和札记法进行了区分。他认为，死记硬背对于学习一门外语的语法和词汇来说是必要手段，不过书写和笔记在其中同样发挥了作用。他告诫学生，没有其他方法"能够像这种方法，在没有书本的情况下习得一门语言"。不过使用这种方法要求人们必须反复记忆，否则学到的内容就会"从记忆中不翼而飞"。[74] 当时的各类学校已经开始教授拉丁文，不过霍尔兹沃思发现学生在大学学习希腊文的时候往往忽略记忆。因此他敦促学生写下"怀疑自己记不住"的希腊文单词，并且"绝不能忘记语法"。霍尔兹沃思并不认为死记硬背适用于所有学科，他提出，"这种单调乏味的学习方法会使记忆产生疲劳，无法产生阅读效果"。[75] 对于各类实质性话题和著名作者的思想，他建议学生把记忆和经过深思熟虑记录的笔记结合起来，认为学生应该"花点时间回忆一下他（导师）讲解的内容"，"搭配简短的提示性笔记进行阅读"。"搭配笔记阅读一本书……可以更好地建立学识储备……做笔记的同时你可以把相关内容永远转化为属于自己的东西"[76]，因此，仅仅依赖于记忆是一种愚蠢的做法。

霍尔兹沃思倾向于把笔记作为提示来辅助记忆，并非替代记忆。[77] 他建议学生"每次听到辩论、演讲、布道、讲话或者论述的时候……至少应该记住一些东西……回到书房之后把自己听到的内容记录到对应的笔记本中"，"把其中最精华的内容记录到特定标题下，以备未来使用和记忆"。由此可见，他在这里提到的笔记指的是札记。"夜晚经常阅读笔记……日后这些内容将随时出现在你的记忆中。"在笔记方法方面，霍尔兹沃思强调了单独使用笔记本的重要性。这个笔记本应该按照标题对各类内容进行分类，不应该使用松散的纸张或者书籍空白处做笔记。他还告诫学生，"针对自己在学习中不理解的内容制作笔记或者目录，直到通过导师和朋友把相关内容搞懂为止。把相关内容记到笔记本里，不要使用松散的纸张。各部分内容后面留出一定的空间，用于记录解释性内容。几年之后你同样可以通过这部笔记找到有关内容"。[78]

所谓知易行难，实践这些方法要复杂得多。霍尔兹沃思知道一部分学生比较懒惰，他承认，大部头札记会抑制学生的积极性，因为他们"需要费力阅读大部头对开本书本，每写一小段就在书页之间翻来翻去"。对于这个问题，霍尔兹沃思提到过一种可以不使用笔记本的做法：

　　有人告诉我，为了避免这种麻烦可以准备一个盒子，按照笔记标题的数量在盒子里制作间隔。使用纸张记录笔记，然后放入对应的标题间隔，偶尔对各部分内容进行检查即可。[79]

这种实体版本的札记可能需要一种假设前提，即预先已存在各类标题（主题），便于对各类摘录进行分配。霍尔兹沃思还提出了另外一种可能更激进的做法：阅读时根据自己的需求把摘要写进对应的八开本小型笔记本。经常阅读，这些摘要就会"不时地出现在你的记忆中"。如果难以找到对应的内容，可以按不同笔记中的主题或者作者编制索引，"按照名称或字母顺序进行排列"。这样一来就可以通过一部"大型索引"把"多部笔记压缩为一部札记"。[80] 不过这种札记如果主要按照作者或书名编制索引，就无法强调主题。牛津大学的学习指南曾提供了类似的替代方案。这部指南的作者是托马斯·巴洛（Thomas Barlow），他曾于 1652—1660 年担任牛津大学博德利图书馆管理员：

最后，我来补充一点有助于你提升理性的建议。准备两本札记，确切地说，是用来记录良好建议与有益内容的笔记。第一本笔记只记录参考内容，每个标题下方写下相关要点的出处页码，避免读到相关内容时无法找到原文。在第二本笔记中，使用文字记录自己读到的重要内容。第一本笔记比第二本更实用。不过条件允许的话，应该同时备好这两本笔记。[81]

在这里，我们可以看到福克斯和萨基尼提到的传统方法的影子——使用主要标题直接分配摘录内容。17 世纪中期，杜波特曾试图阻止这种做法，向剑桥大学的学生提出了建议。他敦促学生使用"袖珍笔记本"，这样一来，"即便四处走动也可以制作笔记。如果记录到大型笔记本里，你可能会把笔记放在一旁永远不去查看"。他建议使用"黑色铅笔"对一本书中"最重要的段落"进行标记，"之后再记录到自己的笔记中"。[82] 奥巴代亚·沃克曾在《论教育》（*Of Education*，1673 年）一书中提出，阅读过程中感到"困惑"的时候可以写下笔记，随后"按照你的意愿"为笔记内容分配标题。[83] 这种观点对笔记与判断适当的标题进行了分割，与耶稣会在记忆和理解的最佳方法的观点出现了背离。不过这种方法或许可以起到把重心从回忆转向信息检索的作用。与此同时，英国的那些学生手册从未完全放弃对大量记忆的追求。杜波特放宽了一些早期限制，但仍然通过"规则"来鼓励学生"经常阅读这些准则，每周至少阅读一遍。这样一来你才能更好地记住准则内容并付诸实践"。[84]

丹尼尔·莫尔霍夫（Daniel Morhof）的《博学者》（*Polyhistor*，1688 年）以及文森特·普拉奇乌斯（Vincent Placcius）的《摘抄的艺术》（*De arte excerpendi*，1689 年）等著作曾回顾了与做笔记有关的大量文献。[85] 文献包含主要学者的有关观点，同样包含了上文提到的学生手册。这些著作为现代早期的笔记方法和原理提供了宝贵的见解，不过与实践层面相比，这些著作更偏向于对规则进行概括。不过，学生和大学生的行为示例仍然证实了相关规则：学生们记录笔记的数量各不相同，但确实做了笔记；他们可能没有按照规定的方法做笔记，不过在阅读过程中仍然特意根据各种公认的分类记录了摘要，以备未来学习研究使用。[86] 个人实践方法的多样性使主题的精准分类在某种程度上不够稳定。至于 17 世纪的诸多笔记是否应被称为"札记"，至今仍然是一个存在争议的问题。彼得·麦克（Peter Mack）曾认为，"从标题下方整理引文的严格意义上来讲"，亨廷顿图书馆里的那些样本不能被称为札记。[87]

这些笔记与标准札记之间的差别其实事出有因。17 世纪中期，即便那些有关笔记的明文规定也开始在笔记的记录与保存模式方面允许进行自由程度更高的个人选择。早在 1638 年，德雷克塞尔便提出了允许的观点。[88] 在 1645 年的一封信中，麦瑞克·卡索邦似乎对于学习方法建议过多的现象感到恼怒，他写道："现在已经有多少人给出了有关札记的建议？又有多少人遵循这些指示呢？"[89] 卡索邦认为，任何建议都应该考虑到学者与学生在能力和目的方面的特殊性。不过，针对笔记方法的限制性规定的放宽，并不代表对笔记在辅助回忆方面所起到的作用丧失信心。德雷克塞尔强调，利用适用于个人的方法来记录笔记可能最有效。霍尔兹沃思认为，一名成熟的学者或者读者可能会震惊于自己早期的记录，这些记录往往包含了"大量无用、异类、生硬、普通且幼稚的内容"。后来，"无论在法律、神学、医学或者其他类似"的职业领域，札记都更倾向于针对特定领域量身定制。[90] 不过各类笔记方法均保留了通过笔记来辅助回忆这一理念。

17 世纪晚期，使用特殊方法记录的笔记仍然发挥作用。约翰·诺思（John North，1645—1683 年）是一位博学的学者，曾任剑桥大学圣三一学院院长，也是罗杰·诺思（1651—1734年）的哥哥。罗杰曾对约翰那特殊的笔记习惯进行过描述：他"一边读书一边记笔记，不过用的不是普通的札记法，而是针对每本书分别记录笔记，记下书中他认为有价值的内容"。换句话来说，约翰·诺思突破了霍尔兹沃思那种较为激进的笔记方法，只是简单地记下自己感兴趣的内容，没有把笔记整理到统一的标题下方，也没有参考任何更大的分类框架。约翰曾做出指示，他离世之后把所有这些文件通通烧毁。不过有一部笔记幸存了。罗杰认为这部笔记的内容虽然似乎缺乏条理，但"极具价值，不容遗失"。他对这部笔记进行了抄写，发现笔记的内容"完全没有秩序。一部分内容使用了墨水笔，不过大多数内容是用红色粉笔和黑色铅笔随意书写的"。于是罗杰根据自己的取向，"按照某种秩序把笔记整理到标题下方"，对笔记内容进行排列。[91] 罗杰并未质疑约翰有能力结合记忆使用这些笔记，但罗杰对这些笔记作出反应足以说明他希望这部笔记能够更有条理、更便于他人理解。通过这一点我们可以看出，笔记所包含的问题之一：可以帮助笔记作者进行回忆的笔记，不一定便于他人使用。

培根谈笔记、回忆与检索

关于这里所涉及的问题，培根曾提出两个观点。他强调，笔记只能对作者本人起到辅助回忆的作用；在细节方面，笔记必须包含准确的记录，不能仅仅作为回忆的提示性工具。培根曾在与富尔克·格雷维尔（Fulke Greville，第一代布鲁克爵士）的通信中，对一个大型项目记录笔记的工作委托进行回应时，提到了上述第一点内容。[92] 培根提出，"通过阅读收集资料以供他人使用的人，（我认为）必须使用摘要、概略或者札记标题"。他认为，格雷维尔的意图不适合使用摘要和概略，并表明自己倾向于使用札记，"对于那些具有实用价值的内容，我会使用札记法记录到标题下方。原因是这种做法可以包含一种观察"，并伴随着判断。不过，这类笔记委托工作存在一定的风险，原因是一名助理很可能"不假思索地按照字母顺序进行整理并填写索引"，使得"整部笔记遍布不假思索的痕迹"。[93] 培根警告，如果必须雇用这一类帮手，就要求他们只使用那些适用于工作内容的标题，而且标题数量要"远低于"标准情况下的使用数量。不过即便使用这一类预防措施，培根仍然质疑把笔记工作委托给他人的做法：

> 因此，关于标题或札记的收集工作，坦率地说，一个人的笔记对于另一个人来说没什么作用。因为人与人之间的想法千差万别。另外，单纯的笔记内容不如笔记为读者提供的引导更有价值。[94]

在这里，培根触及了札记法的核心：笔记的作用是回忆方面的提示或"引导"，不是笔记内容本身，记录笔记的整个过程更有利于笔记作者本人。因此，委托他人记录笔记的做法会极大地缩减笔记包含的有益之处。诸多学者的笔记和草稿虽然普遍受到高度评价，但是存在一些令人大失所望的事例。[95] 伊萨克·卡索邦是一位出生于日内瓦的古典学家，同时是一位博学多才的学者。安东尼·伍德（Anthony Wood）为伊萨克·卡索邦的儿子麦瑞克·卡索邦书写传记的时候，曾暗示过伊萨克·卡索邦的那些不为人知的笔记资料发挥的作用。根据伍德的推测，麦瑞克·卡索邦之所以在文献学评论方面享有领先地位，原因"可能是他父亲的笔记为他奠定了基础"。[96] 事实可能确实如此。不过这些笔记于 1710 年发表之后，人们对笔记内容大失所望。[97] 马克·帕蒂森（Mark Pattison）猜测，"卡索邦的笔记只是一种参考资料，参考内容并非相关著作中的特定内容，而是他希望重温的内容或语句。对于这一大堆资料而言，只有卡索邦本人的记忆才是唯一的钥匙"。[98] 罗杰·诺思在试图搞懂约翰·诺思那缺乏条理的笔记时，面临了相同的问题。

培根的第二个观点出现在他与第五代拉特兰伯爵罗杰·曼纳斯（Roger Manners，1576—1612 年）于 1595—1596 年来往的三封信中（信件发表于 1633 年）。[99] 培根在这些信件中证实了笔记辅助记忆（特别是通过回忆的方式）的普遍假设前提，"为了辅助记忆，你必须书写或思考，或者兼顾二者。这里的书写指的是针对自己希望记住的内容记录笔记并书写概略"。关于初次到陌生国家旅行记忆各类信息的最佳方法，培根给出了更明确的建议。他强调，必须更谨慎地为笔记的内容提供保障，满足笔记所有者或其他人士的后续使用需求。在第二封信中我们可以清楚地看到，培根指出，书面笔记的首要作用并非提示——记忆无法避免出现失误，笔记可以作为永久保存的准确记录用于检索特定内容。他敦促拉特兰伯爵确保自己观察的内容"不要仅仅保存在记忆中（记忆可能随时间而消退），而要保存在质量较好的记录中，为后续使用提供保障"。在这里，培根并没有否认笔记在提示回忆方面的功能，不过他认为这种功能缺乏可靠性，特别是在第三封信提到的"旅行过程中收集笔记信息"的细节方面。培根在第三封信中列出了"气候特征与气温……土壤状况……国土长度或宽度"等信息，并预料到了可能存在的反对意见，"如果阁下告诉我这些内容过多，无法记忆，那么我会回答，我希望您相信自己的笔记，而不要依赖记忆"。[100] 培根曾在第一版《随笔集》（*Essays*，1597 年）中提出相关问题，"读书使人渊博，交谈使人机智，而书写使人准确。因此一个人如果很少书写，就需要拥有很强的记忆力"[101]。

对准确性的关注，至少可能在某些情况下解释"脱稿"能力在记忆和学习方面逐渐丧失地位的原因。奥布里曾对拥有强大记忆力的事例大加赞赏，对于记忆不准确的现象则相对不认可。他写道，凯瑟琳·菲利普斯（Katherine Philips）"经常听人布道，她的记忆力很好，可以记住一整篇布道"。谈到威廉·普林的时候，奥布里表现出了不认可的态度，"他是一位博览群书的博学人士，却因引文不够精准而备受指责"。[102] 约翰·洛克流亡荷兰期间曾为莱顿医学界存在的各类争论而感到惊喜。他在 1684 年 10 月 31 日的日志中写道："他们记录下自己的论点，因而可能不会出错。我认为他们的研究可能更倾向于在争论中进行巩固，就我听到的情况而言，没有人提出超过一个或两个三段论的论点。"[103] 洛克认为，这种对文字的依赖是一种积极的现象。17 世纪 90 年代，他曾把"脱稿"这个词作为贬义词进行使用。约翰·洛克曾在《教育漫话》(*Some Thoughts Concerning Education*，1693 年) 中，针对"在脱稿的情况下通过艰难地重复对记忆进行练习和提升"的观点展开了严厉批评。约翰·洛克与奥布里一致认为，那些在细节方面依赖于记忆的人缺乏严谨性和准确性。[104] 洛克曾在致伍斯特主教爱德华·斯蒂林弗利特 (Edward Stillingfleet) 的回信中补充道："为了向读者展示我在这个问题上并非缺乏根据，我将把阁下的原话记录下来。"[105] 他在这里提出了一个非常重要的观点，即"脱稿"形式的学习无法保障准确性。[106] 这种观点暗示了对札记法的应用。我们在前文中可以看到，札记法可以提供一套书面提示，比如，通过在标题下方整理引文来刺激人们回忆储存在记忆中的重要材料，在这一过程中，可能会遗忘、部分地回忆或者完全回忆起自己所寻找的主题以外的内容。不过培根认为，从另一个角度来看，笔记不仅有助于回忆主要内容，而且可以保障细节的准确性。除回忆提示作用以外，笔记可以为特定信息提供可靠的记录。准确性和可靠性对于经验细节的广泛收集来说至关重要，不过笔记只有在需要的情况下能够轻松地进行检索，这些特征才能发挥作用。随着学者记录的笔记数量逐渐增多（抑或逐渐变得冗长），检索工具也开始变得越来越重要。在下一部分的内容里，我们将探讨英国名家如何处理记忆、回忆以及检索方面的各类需求。

英国名家和他们的笔记

1704 年前后，84 岁高龄的约翰·伊夫林曾对他的孙子进行了广泛的指导，其中包括阅读和学习方面的提示。他说道：

> 充分消化各类内容的同时，绝不要忽视札记的作用。在阅读过程中记下自己认为最重要、最有用的内容，不要完全依赖于记忆。过不了多久你就会发现，你记录的内容可以（为你）提供所有主题方面的材料。在这里，简短的笔记和参考信息已经足够了，除非你发现需要对一些非常重要的段落进行抄写。[107]

这表明，札记的各类假设前提虽然存在一定的缺陷，但札记本身并未消亡。对于文艺复兴时期的人文学者来说，笔记的主要用途是对著名古典作家的拉丁散文与诗歌进行节选。

笔记同样可以在书籍之外的领域发挥作用，比如记录演讲、布道、谈话、证言和观察。与此同时，伊夫林指出，笔记应该适应培根提出的协作精神，任何有价值的东西都无法"独立"完成，"人类无法在缺乏他人帮助的情况下创造任何东西，而这些东西可能不会比小小的昆虫产出的蜘蛛网更加持久"。[108]

科学界的诸多名家在某些方面延续或借鉴了人文主义前辈

采用的方法。约瑟夫·莱文（Joseph Levine）对伊夫林进行了巧妙的定位，称其"处于古人与现代人之间"，意指伊夫林继承了早期传统，同时接受了现代人的新发现。[109] 伽桑狄所著佩雷斯克传记的英文版译者，曾把这部译著献给伊夫林，并断言，"一个完全拥有知识的人必须像双面神那样，了解过去的时代……同时了解刚刚逝去的日子，或者自己生活的时代"。[110] 这是一种伟大的理想。伊夫林曾于 1682 年向佩皮斯提到，真正"准确"的历史学家"必须读遍无论好坏的一切内容，并在奠定基础之前清除大量垃圾"。[111] 伊夫林曾在很多笔记的开头写下了自己的座右铭："汲取所有，留住精华（Omnia explorate，meliora retinete）。"根据他的解释，这句话体现了从旧来源和新来源之中收集信息的基本原理，能够逐步对无用的材料和有用的材料进行分离。[112] 伊夫林选择了人文学者使用的札记作为实现这一目标的工具，并对札记的传统意图进行了拓展。我们可以在前文中看到，札记法原本的目的是收集与既定主题相关的范例，并非收集和过滤各类信息。

在本章接下来的内容里，我们将着重考察一些英国名家的笔记是否对人文主义方法进行了刻意地修正，而并非单纯地因懒惰而与传统方法产生背离。在后续章节中我们将重点关注那些与科学研究（包括实验研究）密切相关的人物，如玻意耳、洛克、胡克等等。在这里，我将重点描述三个人，他们对于通过阅读和其他来源收集信息表现出了极大的热情。第一个就是朝臣兼日记作家约翰·伊夫林，奥布里曾将他描述为"我们最早的名家之一"。[113] 此外，我们还将探讨商人亚伯拉罕·希尔（皇家学会的创始成员兼秘书）以及外交官罗伯特·索思韦尔（1690 年任皇家学会会长），看一下这些人记录了怎样的笔记，并如何运用这些笔记。

伊夫林是一名多产的笔记作者，不过最初他没有记录札记，而是写日记。自 1631 年起，年仅 11 岁的伊夫林用"一部空白的年鉴"，"仿照父亲的做法"，针对一些事件粗略地记录了日志。1660—1664 年，他借助这些日志写下了日记，部分地采用了追溯法。伊夫林把这部日记称为"历书"（Kalendarium），日记的开始时间为他的出生时间——1620 年 10 月 21 日"凌晨 2 点 20 分左右"。[114] 记录 1645 年 2 月的内容之后，伊夫林暂停了这一项目，并于 1680 年开始继续写作，但直到 1684 年才开始为日记添加新内容。[115] 该项目出现了中断，不过伊夫林声称自己一直坚持记录笔记。1649 年，他在巴黎为好友安·拉塞尔（Ann Russell）写了一封信，提到自己会密切关注拉塞尔的健康状况，因为"我在记录一部包含了所有过往内容的历书，只要这部历书没有出现严重的缺陷，就不会漏掉这么重要的事件"。[116] 正是在这段时期，伊夫林开始对包含了各类信息的手稿进行汇编。身处巴黎的他开始使用一部专用的笔记来记录布道笔记，他还指示自己的抄写员理查德·霍尔（Richard Hoare），大量利用约翰·阿尔施泰德（Johann Alsted）《百科全书》（*Encyclopaedia*，1630年）中的内容，起草一部知识手册，这部手册同样是一部药方文摘。[117] 这一连串的活动或许使得伊夫林注意到自己忽略了札记。他觉得需要记录一部札记，这可以说明他对阅读记录的重要性的认识，这种记录与他写日记的那些材料存在差别。1649年6月，伊夫林在给自己的岳父理查德·布朗爵士（Sir Richard Browne）的信中提到，他打算指导霍尔完成这项工作，"我比较喜欢读书，而且现在应该有时间把我的研究简化为一种方法，这样一来我的助手就可以帮我记录一些内容（虽然只能进行初步地记录），这样将使我感到轻松愉快"[118]。我们可以通过伊夫林后来给孙子提出的札记法指导看出，伊夫林意识到自己培养札记习惯时为时已晚。伊夫林回顾自己的一生时曾懊悔，"无数次微不足道的整理和尝试，杂乱无章，未经消化且毫无章法。我用黑铅蜡笔在几百位作家的作品上留下了记号，本来打算把相关内容转写为杂录，但一直没找到时间去完成这件事"。[119]

伊夫林的第一部札记使用的是大型对开笔记本（约22cm×48cm），根据主要学科对不同的内容进行了划分。这部札记的起始时间为1649年前后，内容分为神学（包含伦理学）、数学与物理科学、人文科学（包含建筑、绘画、雕塑和格言）以及政治学（包含法学），各部分内容标记了卷名，并进一步细分为各个章节。[120] 上面提到的知识手册以阿尔施泰德的学习划分为基础。上文提到的知识手册以阿尔施泰德的学习划分为基础，而这部札记按照主要学科对内容进行了划分排列。从某种意义上来说，这部札记是扩充版本的知识手册。[121] 这种划分方法同样符合保皇党人约翰·科辛（John Cosin，1592—1672 年，后来的达勒姆主教）于 17 世纪 40 年代流亡法国期间写下的指导意见。约翰·科辛推荐使用丹尼尔·提伦努斯（Daniel Tilenus）《句段》（Syntagmatis，1607 年）中的 170 个标题中的神学标题，并且建议"每个总标题后面都应该留出一两页空白页，把后续可能出现的内容写在此处进行整理排列"。[122] 伊夫林札记中的第二个主要分类为"历史哲学、科学、数学、医学等"，他似乎不愿进行更详细地分类。[123] 札记的第一部笔记原标题为"首要部分"（Tomus Primus），伊夫林添加了另外两部笔记之后，把标题更改为"三部分"（Tertius），三部笔记组成了一部札记。这部札记中的内容，最初大概由霍尔按照伊夫林在书籍中标出的段落来提取引文，或依照伊夫林的其他指示写成。札记中的笔迹自霍尔的专业手写体向伊夫林那紧凑的笔迹发生的转变十分明显。其中，佩皮斯曾称赞过霍尔的笔迹。[124]

　　伊夫林曾在自己的一本札记的开头宣称自己是一名"现代人"：

大约在 1648 年之前，在普通的学习过程中试图进行任何创新，都被视为一件十分放肆的事。他们认为没有什么能与大学中的物理学、哲学以及科学相提并论，认为人只能像投影装置那样学舌，并且认为任何内容都可以添加到他们的假设条件之中。[125]

不过，有关"现代人"的自我认同并没有致使伊夫林摒弃札记具备的传统功能——储存在阅读过程中收集的摘要。1649—1652 年，伊夫林身处巴黎期间，他获得了涉及广泛主题的大量书籍。[126] 我们可以认为，伊夫林采纳了麦瑞克·卡索邦的"一般学问"的概念，或者说"对于整部百科全书的一般追求"。[127] 不过伊夫林在此基础上又接受了很多新兴科学。他曾告诉自己的孙子，自然哲学、实用数学以及解剖学都应该得到"重视和培养"。[128] 他对古代作家和当代作家的大量作品进行了深入地阅读，并把相关内容记录到自己的札记之中。不过在诸多古代以及当代人文学者之中，他最常提及的仍然是培根。

伊夫林札记中的很多内容来自吉尔伯特·沃茨（Gilbert Watts）翻译的英文版《论学术进步》（1623 年）。[129] 伊夫林一连列出的 34 个栏外标题表明，相关内容来自这部作品。[130]

培根对于收集信息的态度可能至少在两个方面影响了伊夫林的观点。[131] 第一，在札记的内容形式方面，与死板的体系相比，伊夫林可能更倾向于格言。他曾经抄写了一段话，培根在这段话中认为知识"分散在格言与观察之中，这些内容可能萌发和生长；一旦使用'方法'进行封锁和理解，知识的相关内容可能更加完美……不过知识在体量和实质内容方面不会再次增长"。[132] 伊夫林的作品通常由简短的摘录组成，并且与多个关键词存在关联关系，似乎在体现"以小见大"（multum in parvo）的理念。第二，伊夫林在一部分笔记中热衷于收集各种信息，然后放置在同一个位置或者作为后续筛选的起点。他曾在早期"手册"（Vade Mecum）的开篇作出评论："这部纲要的内容主要来自阿尔施泰德、德穆兰（de Moulin）等人的作品，很多内容是虚假的且谬误百出。"[133] 伊夫林对自己的一些药方摘要和烹饪食谱摘要作出了类似的评价。[134] 他曾把一组具有大约 100 个标题的 54 个条目描述为"收据，成分、其他药物配方与人工合成配方，阅读和交谈过程中的偶然发现"。[135] 伊夫林似乎与培根类似，对于错误材料的收集持有容忍态度，以便积累大量数据并在数据基础上尝试归纳。

伊夫林记录相关内容的时候，放弃了为特定主题预先分配空白页的做法，而是在笔记本的某个部分依次写下了同一本书中的所有摘要。其中一本笔记的标题概括道："历史、物理、数学……杂录，在阅读或闲谈中发现之后进行的混杂记录。"[136] 伊夫林的兄弟曾向他征询记录札记的建议，通过伊夫林的回应我们可以看出，伊夫林对各种选择进行过深思熟虑。伊夫林说道：
"我曾对自己的杂录所具备的框架或理念进行过多次试验和修改，最后采纳了最有益的方法。"据推测，伊夫林这样做是为了对各类学科搭建系统性组织架构。不过他同样提出了一种更务实的方法。伊夫林提到，有些人"不会强迫自己采用特定的方法，也不会进行有序地删减。一旦得到观察结果，他们就会混乱地抄写。就我个人而言，我体验过自己所采用的方法的益处。每天我会读一两页，直至读完整部作品，并频繁地参与相关内容的探讨。我对自己的方法相当满意。你可以选择任何适用于自身的方法"。[137] 最后，他引用了西塞罗对粗略备忘录与正式账簿作出的区分，正式账簿的权威性来自录入信息时的严谨。[138]
不过伊夫林认为，笔记的装订形式比笔记的顺序更重要。因为装订有利于笔记内容的保存和查找。他告诫自己的孙子不要积累太多"未经装订的书本和松散的纸张"，甚至指示孙子烧掉那些松散的笔记，"我要你烧掉或者利用其他方法处理掉一捆捆预备录入书本和杂录的有关各种学科的松散笔记。否则这些笔记的数量会迅速增长"。[139]

伊夫林背离了自己早期使用的学科排列方法，这种现象或许可以表明，他意识到自己需要一种便捷的方法在大量笔记之中寻找特定内容。当在笔记的某个位置写下某本书的摘录时，他开始使用拉丁文为相关条目添加页边关键词，同时为霍尔编写的内容添加了页边关键词。他按照字母顺序把这些关键词罗列在一部 113 页的大型索引中，将其称为"通用表"。[140] 伊夫林倾向于在引文的几乎所有命题、主旨或者自己的评论旁添加关键词，有时还会在一个条目中重复多次地添加关键词。比如，他曾经充满热情地在霍尔编写的神学以及形而上学内容里添加页边关键词，使得一部笔记中的索引涉及的参考资料多达 65 页。[141] 在索引第一页的连续 7 条提示中，他指出，"注意，相同的词语或内容可能出现在'旁注'/：v.g.T. Ⅱ：p：84 的若干个位置。'精华'在这一页出现了 8 次。因此对于特定内容而言，需要看过整页的所有边缘区域"。[142] 虽然浏览几页内容才能找到特定条目，但这些内容目前至少拥有了便于检索的标记。每一页索引都有两列标题，每一页大约有 45 ~ 55 个标题。索引总共 184 页，至少包含了 8096 个标题。然而伊夫林仍然没有满足，随后他又制作了一部专有名词（很多名词没有附带参考页码）索引、一部《圣经》选段索引，以及一部英语法律术语索引。[143] 伊夫林针对索引所表现出的狂热，类似于安·布莱尔形容一些前辈学者及同时代学者具有的所谓的"信息欲"（info-lust）。[144]

伊夫林的索引所具备的密度以及札记所拥有的庞大规模，与伊拉斯谟、萨基尼、霍尔兹沃思等人提到的更有选择性的便携笔记形成了鲜明的对比。17 世纪早期，札记的边界早已得到了扩展和检验。仅仅在英国就有加布里埃尔·哈维（Gabriel Harvey）、威廉·德雷克（William Drake）、塞缪尔·哈特利布等最多产的笔记作者使用标准的札记法完成了各种具有高要求的任务。[145] 伊夫林作出的努力可以与雅各宾时期的律师朱利叶斯·西泽爵士（Julius Caesar，1558—1636 年）相媲美。朱利叶斯·西泽曾以福克斯的《札记汇编》为蓝本，自主编写了一部大型札记，在福克斯作品原有 768 个标题的基础上又添加了 682 个标题。[146]1629 年，他完成了这部札记，《札记汇编》已问世将近 60 年，内容几乎填满了 1200 页的所有位置。[147] 福克斯曾遗憾地预测，札记一旦变成一部大型信息概要，个人就无法依靠记忆对其中的内容进行检索。所有使用者或许已经在各类相关主题之间完成了关联关系的内化，西泽显然已经掌握了他所处时代的法律概念。然而在处理全部主题的时候，只有使用字母顺序的标题索引才能完成检索。西泽可以对福克斯的"字母索引"（现有 1450 个标题）进行扩充，用作一种"搜索引擎"，借此找到笔记中的任何一个条目。[148]

伊夫林显然曾对自己使用的方法进行过思考。不过与德雷克塞尔、霍尔兹沃思、巴洛等人针对笔记建议作出的让步相比，伊夫林最初的计划在格式方面出奇地保守。他曾像西泽那样，在传统标题下方按照标准的大学学科整理信息，与此同时，收集了更贴近自己主要感兴趣的领域的材料。[149] 当他开始针对某一本书制作条目，却没有把相关内容分配到特定主题页面时，笔记中的材料很可能丢失。伊夫林坚持记录了笔记，却没有尝试对札记条目进行定期的年代测定，以其作为组织和检索的合理工具。西泽阅读福克斯的《札记汇编》时，参照了按字母顺序排列标题的笔记。但伊夫林没有这样的现成笔记，因此他需要一套按照字母顺序进行排列的检索工具。至于他在多大程度上使用索引来检索并查阅大量信息，目前尚不清楚。可以肯定的是，伊夫林与西泽的差别之处在于，伊夫林分别使用了几部笔记，并且在书本之外，通过观察和证词收集了材料。针对书籍内容记录笔记的时候，他有时还会根据个人经验添加评论。[150] 伊夫林借助笔记收集了农业、园艺、绘画、手稿存档等领域的材料，为自己的园艺通史作品《至乐之境不列颠》（*Elysium Britannicum*）以及有关树木栽培的著名作品《森林志》（1664 年）整理了信息。[151] 与此同时，伊夫林还使用了成捆的松散笔记，笔记上标注了有关特定项目的标记，如 "Agr"（农业）、"S-Sylva"（森林志）、"Rx"（药方）、"Y"（野兽的聪慧之处，已开始记录但存在缺陷）等等。他在日期标注为 1697 年之后的一份笔记中坦言，自己并没有一直按照计划抄写材料，"标记（两圈交叉符号）的这一捆或这一卷材料包含了摘录和选集，随意地从几位作家的作品中收集而来，准备针对若干个学科领域转录到杂记中"。[152] 这一点或许同样可以说明，把项目经常使用的材料储存到札记中，可能不会带来任何认知层面的优势（不过伊夫林知道，对于材料的保存而言另当别论）。最后，伊夫林意识到如果没有相应的大型索引，他的大型札记就无法发挥效用。这一点表明，这些笔记的首要用途不再是回忆辅助工具，对记住和理解的内容进行背诵也就无从谈起。这些笔记已经成为一种个人数据库，可以对其中的引文等信息进行检索和更新。1661 年，伊夫林已经读完并翻译了加布里埃尔·诺代有关图书馆设立与内容摆放的著作。在这些图书馆里，大型札记手稿与书籍并排摆放在了一起，编目为"准参考书"，"你绝不能遗漏所有类型的札记、字典、混编材料……以及其他类似的资料"。诺代是一位法国学者，同时是一名图书管理员。根据他的界定，这一类材料包含了"那些有能力的人随时可以使用的内容"。[153] 伊夫林认为自己的那些大型笔记就是自己的劳动产物，这些笔记现今正在通过信息仓库的方式发挥作用。伊夫林在皇家学会的一位同事亚伯拉罕·希尔对这一点进行了拓展。

亚伯拉罕·希尔曾收集了大量资料，大英图书馆收藏了他的 9 部四开本笔记和 1 部涵盖了所有笔记内容的索引。[154]1767年出版的亚伯拉罕·希尔书信选集的序言指出，希尔并没有发表"独创性劳动"的重要作品，但仍然因"学识渊博且成果卓越"而备受尊敬。[155] 约翰·蒂洛森（John Tillotson）主教曾表示，"他在与希尔先生的对话中享受到乐趣，经常把希尔先生称为自己博学的朋友以及为自己带来启发的哲学家"。[156] 希尔是皇家学会的一名正式官员，皇家学会的其他成员曾通过希尔为理事会会议作出的贡献了解到他的阅读与学识范围。莱布尼茨曾针对"泛代数"致信胡克，希尔于 1681 年 1 月 19 日作出评论，认为这封信的内容极具代表性。希尔在会议记录中评价道："（约翰尼斯）斯图尔缪斯（Sturmuis）教授曾写了一部欧几里得普适论，在某种程度上就是为了书信中的目的。现在他已经拥有了这部作品。"在某些情况下，亚伯拉罕·希尔似乎还扮演了非正式研究助理的角色。比如，他曾应要求查阅塞缪尔·珀切斯（Samuel Purchas）的旅行记录，寻找潜水员"在水下停留"时使用的"技术"的有关信息。[157] 可能由于希尔享有的声誉，一些皇家学会成员也曾经向他询问各类信息。[158]

希尔被誉为"行走的图书馆"，部分原因是他拥有大量笔记。希尔把自己的这些笔记称为札记，却没有按照标准方法进行编写。他的笔记与西泽和伊夫林的笔记不同，没有按照标题整理材料，而是把松散的笔记和文章（包括其他作者的文章）按照广泛的主题分类整理，然后装订成册。前两卷笔记的主要内容为神学，根据大英图书馆的描述，"主要包含后世神父和神学家的摘录，涉及教堂、戒律、纪律等内容"。其中一卷（MS Sloane 2899）涵盖了博物学与科学方面的内容，收录了弗朗西斯·威洛比（Francis Willughby, fols. 6-10）关于昆虫产生的文章，附带希尔对文章要点所作的注释。希尔似乎把松散的材料按照主题进行了分类，把所有"文集"（按照霍尔兹沃思的表达方式）装订成笔记本，给每一页都添加了对开编号，然后按照字母顺序单独编制了索引。由此编制而成的索引卷（MS Sloane 2900）内容详尽，其中包含了主要话题的很多细分主题以及大约 9000 条术语。每一条术语都提供了特定卷页码的参考信息。比如，包含了科学材料的一卷，页码从"1"一直排到了"960"。不过希尔的笔记并没有使用主题标题。由此看来，与伊夫林相比，希尔与传统的札记法产生了更大程度的背离，形成了霍尔兹沃思激进选择的极端示例，也就是编制虚拟的札记，只通过内容索引来展示一种虚拟的札记。

现存的一部罗伯特·索思韦尔爵士的札记与伊夫林和希尔的札记形成了鲜明对比，这部札记的内容采用了更严格的限制，并且更严格地遵循了标准模型。[159] 索思韦尔在这部小型札记的第一页写下了三个词："艺术术语""定义""疑问"。不过实际内容比这些标签暗示的范围更宽泛，主要涉及道德与政治哲学领域。这部札记共有 572 页，索思韦尔提前为每一页分配了标题，按照字母顺序从"禁欲"（Abstinentia）一直排到"妻子"（Uxor）。这里包含了一般类型的主题（如伦理学、哲学、政治），也包含了一些更具体的概念（如平等、友谊、议会、办公室、真理等）。

一般来讲，这部札记的每一页都有一个标题，不过偶尔也会出现一个主题占据两页的现象。比如，"良知"主题占据了一页半。札记中的一半篇幅保持着空白状态，标有"简洁""好奇心"标题的部分各自占据了不止一页，内容却空空如也。通过这些空白页可以看出，索思韦尔预先设定的主题与他的实际经历之间存在着差距。不过，在必要的情况下，有些内容延伸到了下一页。在其他情况下，索思韦尔把内容（如"政治"）延伸到了笔记本末尾没有编号的页面。页边空白处标注了主题，使用字母进行了标记。索思韦尔在细节方面并没有做到一丝不苟："办公室"相关内容本来可以放在相关主题对应的部分，却放在了笔记本末尾的几页。预先分配主题的行为表明，索思韦尔正如约翰·福克斯希望的那样，能够（通过拉丁语）回想起主要的相关标题，在罗列和编写的过程中自然也能回忆并且生成更多的内容。这部札记中的大多数内容是从书籍中抄写的简短摘录，附有提示出处的引文，同样包含了一些对话以及索思韦尔的思考。他还在最后几页记录了主要内容没有预料到的主题，因而出现了"书籍""征服""衰落"等条目。总体而言，这些增编内容更多地涉及索思韦尔没有预料到的主题，并非早期条目的延续。

　　这段时期的大多数札记包含了"记忆"这一条目。希尔编写的相关内容大概比较有代表性。[160] 他收集了有关记忆超群人士的奇闻逸事：

> 乔治·班克斯（George Bankes，W. 佩蒂爵士的仆人）
> 能够一字不差地复述一周之前听到的布道……隆戈利乌斯
> （Longolius）的记忆力非常好，几乎从未忘记过自己读过
> 的内容……每晚他都会回忆当天学到的东西……苏亚雷斯
> （Suarez）可以复述诸位神父特别是圣奥古斯丁的原话……
> 他能准确地回忆自己讨论任何问题的确切地点。[161]

希尔引用了威利斯的《记忆术》（*Mnemonica*）中的内容作
为当时对古典记忆术的最新概述，并且声称记忆术能够"治疗
记忆衰弱"。不过他似乎对其他各种有效的记忆方法或习惯同
样感兴趣。他记录了伊拉斯谟的观点，"重复沟通对于记忆很有
帮助……能够理解秩序"。[162] 另一方面，希尔并没有提到笔记
对于记忆起到的辅助作用。耶鲁大学贝内克图书馆（Beinecke
Libirary）现存的一些笔记包含了更典型的内容，其中包括在
"记忆"标题下方记录札记使用方法，以及从法纳比、富勒、沃
克等学者（其中可能也包括霍尔兹沃思）的指导手册中摘抄相
关内容。[163] 索思韦尔遵循了这种典型的记录模式，他所编写的
其他内容同样展现了对记忆与思考的辅助手段的专注。[164] 他在
"记忆"标题下方记录了这样一条建议：当读到"需要推理和说

明"的内容时，我们应该放下书本，"设想自己在同样的情况下应该怎样去做"，写下自己的想法，然后"与书中的内容进行对比"。[165] 关于这些问题，索思韦尔通常会参考培根有关辅助提升智力的论文或者《论学术进步》（1640 年由沃茨翻译为英文）。伊夫林同样对这部著作进行过引用。[166] 在"记忆"标题下方，索思韦尔根据特定的任务和情形，引用了培根关于"笔记和记录""即兴演讲"的适当作用的论述。他还补充了关于自己与一些朋友尝试"通过某种好方法提升记忆与创造力"的评论——"一个主题应该由相关的 6 个话题以及论点构成"，这些话题和论点相互轮换，每个人对自己分配到的内容进行回应。[167] 具有讽刺意味的是，"冥想"（Meditatio）与"创造"（Inventio）本来应该作为回忆的辅助工具。然而这两个标题的下方却一直是空白（见图 2.1）。

我们可能无法完全了解索思韦尔在札记的使用和组织方面的思想，不过仍然可以通过他写下的内容进行观察。在一份日期为"1664 年 11 月 7 日"的备忘录中，索思韦尔总结了自己从法官兼作家马修·黑尔（Matthew Hale）那里得到的建议。[168] 黑尔建议按照相对标准的原则使用札记，同时暗示笔记的所有者应该对笔记进行掌控，使其为自己发挥效用。根据索思韦尔写下的摘要，黑尔提到，"我会按照字母顺序编制札记，比如'Ab.''AC''AD'……如果特定内容可以归于若干个标题，

图 2.1 ——约 17 世纪 60 年代, 罗伯特·索思韦尔爵士札记中的"冥想"（空白）条目与"记忆"条目（MS Osborn b112, pp. 361-362）。耶鲁大学贝内克珍本及手稿图书馆, 詹姆斯·马歇尔与玛丽·路易斯·奥斯本收藏馆（James Marshall and Marie-Louise Osborn Collection,）授权使用。

就把所有的内容简化为标题"。黑尔强调了个人与笔记之间不断发展的关系，并预言道："即便你一开始不擅长对一些内容进行归纳，只要频繁地重复，你就会了解自己所做的事情，每天对自己的工作进行改进，三四年后就会变得非常熟练。这个时候你会与自己最初所作的笔记之间产生分歧，这些笔记对于他人来说可能毫无用处，但仍然可以为你所用。"他同样暗示道，对条目内容进行定期检查要比精心排列更重要，"你将详尽地掌握一些内容。即便你的札记中的记录看起来仍然混乱，但对你个人而言已然十分清晰"。[169] 这一条建议可能是在索思韦尔开始编写我们看到的札记之后提出的。不过就黑尔有关如何最好地利用笔记的观点而言，一部分条目与之产生了共鸣。[170]

一些英国名家仍然把札记当作阅读与学习的默认的笔记形式。不过著名人文学者显然已经开始背离编写札记的标准规定。17 世纪，著名人文学者的笔记成为一种对信息进行保存和组织的方法。与道德主题和修辞主题的经典文献相比，这些信息更具有多样性，而且与教育课程之间的关联性更弱。笔记内容与日志类似，收集自特定来源并制作为条目，而且没有按照主题的页码分配来安排具体页面。[171] 罗杰·诺思曾提到约翰·诺思"在阅读过程中进行记录，但没有采用札记的一般做法"。伊夫林和希尔的札记显然采用了同样的方法。这种方法可能已经削弱了札记与记忆训练之间的关联关系，使标题的主要功能自传统"字母索引"中的标准分类转变为索引词。由此可见，洛克在编写札记方面使用的所谓"新方法"其实是一种全新的索引方法，这种方法同样从根本上对主题进行了分类。我们将在第七章看到，洛克认为，每个人都应该选择最适用于自身目的的标题。加布里埃尔·诺代同样建议对于图书馆目录进行自由选择，伊夫林翻译了相关内容。[172] 可以看出，洛克和诺代主张笔记或者图书馆的所有者可以按照方便检索的方式排序，而不必遵循传统的分类方法。

值得一提的是，17 世纪末，笔记在上述趋势的基础上发生了功能方面的变化。笔记曾是人们试图对一些材料进行记忆或回忆的材料库，在这段时期开始成为人们针对那些永远无法记忆的信息而采用的保护手段和检索工具。标题不再发挥回忆提示的作用，而是成为在篇幅日益庞大的笔记中检索的标签。黑尔和索思韦尔认为，使用笔记作为回忆和思考的辅助，不一定取决于笔记材料的主题排列。相反，定期回顾松散的笔记，以及在没有笔记的情况下对观点进行演练，同样可以起到很多练习作用。[173] 不过，个人对信息的掌握是存在限度的。下一章我们将探讨培根对经验细节的要求如何构成了巨大的挑战。

第三章——信息与经验感性

刻在大英图书馆外墙上的诸多格言里有这样一句话："知识分为两种，一种是我们掌握的话题本身，另一种是知道在哪里可以找到相关信息。"[1] 这句话出自 18 世纪伟大的文学家塞缪尔·约翰逊之手。大英图书馆坐落于尤斯顿路（Euston Road），走在尤斯顿路的人行横道上思考这句话可能面临生命危险。我们可以在更安全的情况下思考，这句话表达了约翰逊怎样的态度。这句话透露出一种信心，并且勾勒出一种世界观：在这个世界里，各类主题的信息都可以通过当地语言获取，其中一部分信息由约翰逊等博学人士整理、编纂或删节而来。在评论"把大量引文转移到札记中"的做法时，约翰逊曾因为什么"要抄写书中可以随意查阅的内容"而困惑。[2]

约翰逊的态度似乎在一定程度上支持了爱德华·吉本（Edward Gibbon）的早期观点，即"现代人"是现成信息的受益者。吉本曾在《论文学研究》（*Essai sur l'etude de la literature*，1761 年）中提到，同时代的人享受着获取所需信息的便利。与此同时，他作出推断："古人"缺乏足够的信息，特别是在自然研究方面。因此他们在"缺少仪器、实验单一的情况下，只能收集到少量的观察结果。这些观察结果混杂着不确定性，随着时间流逝而损坏，零星且随意地散布在书卷之中"。[3]古人设法收集并整合的信息从未得到有效地巩固，吉本的那些启蒙运动读者则受益于一种群聚效应，使得他们能够作出可靠的概括与对比。大约仅仅 50 年前，通过当地语言快速查阅"参考"著作仍然是一种相对新颖的方法。[4]第一次在英语里使用"查询东西"（to look something up）这一短语的人是牛津古生物学家安东尼·伍德。他在 1692 年提到过一次谈话，在这次谈话中，他和一些朋友暂停了手中的工作查找东西，"他们决定查询（伍德的牛津校友传记登记簿）……看一下我提到的长老会"。[5]伍德的《牛津雅典》（*Athenae Oxonienses*，首次出版于 1691—1692 年）具备了约翰逊于 18 世纪 70 年代认为书籍应该具有的特征类型。约翰逊对于可靠信息渠道的期望，在一定程度上有赖于 17 世纪出现的辞典和百科全书。[6]

　　这样一来，我们就可以理解为什么 18 世纪的作者认为信息的定位相对比较容易。不过也仅限于相关资料已被收集和记录的情况。吉本阅读塞巴斯蒂安·勒奈恩·德·蒂耶蒙（Sébastien Le Nain de Tillemont，1637—1698 年）关于早期基督教会的精细著作时发现，这部作品"把各种松散且分散的历史信息放在了我的接触范围之内"。[7] 不过对于比较新颖的研究课题而言，辞典和百科全书充其量只能提供一块敲门砖。17 世纪追求自然知识的人们必须成为自己的蒂耶蒙，不得不长期地艰苦搜寻那些未经收集和整理的资料，并将其与现有资料进行对比。这就是英国名家的处境。他们必须从广泛的来源中收集、存储并处理信息，一方面供个人使用，另一方面可能用于共享。[8] 在本章里，我们将探讨英国名家对于笔记的看法如何与我们所谓的经验信息的探索产生交集。不过我们首先需要阐明现代早期的人们对这两个术语的理解。

信息

我们可以通过钱伯斯的《百科全书》作出推断，18 世纪早期，"信息"的定义仍然往往局限于法律的技术层面的意义，即"对于法律而言，参见'指控'"。约翰逊曾在《约翰逊字典》（Dictionary，1755 年）中把"信息"归类为名词。不过他所有的扩展解释都涉及行动，"授予的智慧……指令……出示的控告和指控……告发或指控的行为"。[9] 这种用法证明名词形式的"信息"（information）与及物动词"告知"（"to inform"）。拉丁文

"*informare*"，意为"形成、指示"等）之间存在一种联系。约翰逊经常借用 17 世纪作家的表达方式进行说明，这些内容没有明显地把"信息"解释为可以供检查、阅读或者储存的事物，而是强调了一种有意的获取和快捷的沟通。杰弗里·农伯格（Geoffrey Nunberg）认为，这种寻找并收集信息（"情报"）的需求一直持续到 19 世纪中期。因而在此之前，人们"无法真正地从抽象的角度探讨信息"。[10]今天的我们已经完全可以从数量的角度来探讨信息，我们一致认为今天的"信息"概念与以往相比囊括了更多的内容。[11]根据数学传播理论在技术层面的严格定义，"数据"与"信息"不一定包含"语义信息"。"语义信息"指的是针对客观世界作出的"知识性"或者"事实性"陈述。[12]然而在日常交流中，我们经常把未经处理的数据与那些为了特定目的或论点而发现并挑选的信息混为一谈。因此，我们往往会把有关金融或天气的数据称为信息，正如我们把历史学家针对法国大革命或立体画兴起的相关情况所发现并挑选的内容称为信息。另外，我们还会理所当然地认为，自己需要的大量信息已经被收集和储存，等着我们立即或者在未来某个时刻访问与分析。

诸多名家谈到"信息"的时候，他们指的往往是通过各种来源获取的特定事实、报告、书中的段落或者有关特定事件的消息。在这段时期，信息经常与地理位置相关联，只有在特定地点才能对信息进行可靠地收集与评估。根据信息类型，这些地点可能包括皇家法庭、议会附近的区域、法院、大学、咖啡馆、港口或者集市。[13] 奥布里曾经记录了这样一个地点，"约瑟夫·巴恩斯书店（Joseph Barnes，圣玛丽教堂西侧对面），这里有来自伦敦的消息"。[14] 无论是特意搜索还是偶然发现了"消息"，把"消息"视为"信息"的一种后果是需要根据具体来源对所有内容进行评估和确认。因而玻意耳曾提到，"我从不止一名目击证人那里获取了相关信息"。[15] 玻意耳与同时代的人交流的时候，还用到了"信息"的复数形式。[16] 在探讨对民政知识的追求时，培根表示这种追求取决于收集"有关个人的良好细节信息"，其中包括性格、行为、习俗等等。[17] 约翰·比尔曾对玻意耳提到，"如果我在格雷沙姆有一处住所，那么将非常乐意收集并编写各种完整信息"。[18] 培根和约翰·比尔使用了复数形式的"信息"，传达了自多种来源传递某种事物的含义，每一种来源都必须经过评估、信任、接受或拒绝等流程。

对于生活在现代早期欧洲的人们来说，面对信息问题的时候，他们可能作出的一种反应就是查看自己的个人笔记本，看一下自己是否记录过相关内容。这种笔记通常包含从书籍、期刊和小册子里摘抄的摘录、概要和总结等等，其他人听到、看到或者提到的事情，还可能包含了从朋友的笔记本里抄写的内容。个人之所以进行这种记录的部分原因是，他们无法追溯信息源头。因此 17 世纪 80 年代初,伊夫林开始把公告和报纸上的内容抄写到自己的日记中。[19] 洛克的札记包含的很多内容来源于其他人拥有的书籍,此后他才打造了自己的大型图书馆。[20] 通过这些方法收集的信息依赖于特定的活动,比如,借阅某一本书,来到一个特定的地点,询问某人,或者在旅行途中听到了一段对话,等等。这种记笔记方法要求人们付出艰苦的努力和心力,因而一部分材料具有一定的特殊性和偶然性。我们可以通过 1704 年洛克收到的一封信来观察这种收集过程,"我将遵循你的意见,我刚刚从银行获得了好消息。为了满足你的要求并帮助我记忆……我听说自 1702 年 3 月 25 日起,银行将派发以下股息"。[21] 这些内容的下方列出了股息清单。通过这封信我们可以看出,在商业和日常生活的很多领域中,信息获取渠道(无论是手稿还是印刷品)相当有限,因此人们需要记住或者写下从各种渠道获取的各类信息碎片。19 世纪早期的作家曾因整个欧洲遍布有关天花疫苗的使用和功效的出版物而提到"信息洪流"这个词。17 世纪的人们决然不会使用类似的表达方式。[22] 有这样一个看似合理的推论:17 世纪,人们还没有把信息看作一种易于获取的数据,无法按照达成共识的方法收集信息,也无法随时获取信息并查阅信息。[23]

那些致力于提供新闻和信息的人(如外交官、旅行者、间谍、学者等等)曾被称为"情报人士"或"信息提供者"。培根指出，对于某些高层次的知识，国王"用他们的财富也无法购买"，"他们的间谍和情报人员同样无法提供消息"。[24] 不过早期皇家学会的成员意识到，他们不能忽略这些信息的传播回路。比尔曾对奥尔登堡说道："沟通必须贯穿你的所有主要工作内容。"[25] 比尔还在写给玻意耳的信中强调，从事新科学的人必须从"印刷机"产生的白噪声中提取"可靠信息"。他曾敦促皇家学会必须发出"最及时的信息"，并且从"律师学会、交易所、威斯敏斯特大厅等所有重要渠道，圣保罗大教堂以及大学机构等全英格兰的相关渠道"获取最及时的信息。[26] 两周之后，比尔向玻意耳透露了外交官亨利·沃顿爵士（Sir Henry Wotton，1538—1639 年）通过泄露错误信息来追踪信息传播渠道的事：

> 沃顿派出了他的所有随从，想看看他指示发出的谣言可以散播到什么程度，并且如何从现有的消息获得回报。他激励我们通过成功来证明自己的智慧和能力，为我们分配了特定的活动，规定我们应该纠正怎样的名声。我们很快就找到了威斯敏斯特大厅、交易所、著名的书店、酒馆、旅店、文具店里的消息小贩和接头人，以及宫廷、律师学会、贸易商店（理发师和游吟诗人同样不容忽视）里的关系网。[27]

比尔还提到，可以从耶稣会士的沟通网络中进行学习，"这样我们就可以从世界各地获取有用的情报和实验信息"。[28]

针对获取某些信息存在困难的认识与那些针对"大量"书籍的强烈抗议曾经共存，这一点看起来似乎有些自相矛盾。[29]1450 年前后印刷机在欧洲出现之后，人文主义学者曾对书籍数量的迅速增长表达过担忧。古罗马斯多葛派作家小塞内加认为，"大量书籍给学生带来了负担，却没有为他们提供任何指导"，他并没有因"亚历山大图书馆的 4 万本书遭到焚毁"而遗憾。[30]安·布莱尔指出，自 16 世纪 50 年代起，大型参考著作的编纂者曾声称要通过笔记对日益增多的书籍所包含的信息进行简化和巩固。[31]因此可以认为，莱布尼茨于 1680 年发出的抗议是一次姗姗来迟的声明，针对的是一场早已发生的危机。他抱怨道："书籍数量正以可怕的速度持续增长"，最终"混乱局面将达到几乎无法控制的程度"。[32]不过，仍然存在书籍供应不均衡的现象。皮埃尔·培尔（Pierre Bayle）在编写《历史批判辞典》（*Dictionnaire historique et critique*，1697 年）时提到，"书籍的严重匮乏对我的设计产生了极大的影响，我每天不得不停笔一百次"。[33]

与书籍数量过多的现象比起来，英国名家对于信息匮乏的担忧有过之而无不及。他们认为，书籍虽然已经很多了，但正确信息的数量过少。约瑟夫·格兰维尔认为错误类型的书籍过多，他提倡彻底"清除那些垃圾作品……丢弃那些百无一用，并且对知识或者生活毫无益处的书籍"。[34] 培根关于这个问题的观点同样极具影响力。他没有为书籍过剩而担忧，而是敦促评估"哪部分学识处于丰富且进步的状态，哪些内容贫瘠又匮乏"。在他看来，"书籍数量过多的现象显示的是过剩并非匮乏"，补救措施"不是抑制或清除已经面世的作品……而是出版种类正确且质量较好的新书"。[35] 培根曾呼吁对自然世界进行调查，而不是对那些受到声誉和传统认可的文献进行研究。不过，他同样希望看到更多的书籍提供经验信息与实验信息，这样就有可能避免洛克在医学领域发现的情况——"书籍增加，知识却没有增长"。[36]

作为《哲学汇刊》(*Philosophical Transactions*，1665 年创刊)的创始人与第一任编辑，奥尔登堡曾收到过一些来信。来信人士认为，这部刊物开创了论文和报告的累积汇编，原则上覆盖了整个欧洲的"书信共和国"。他们为此兴奋不已。[37] 想要理解这种反响，就需要理解，定期进行的大规模科学信息收集，在当时是相对比较新颖的做法。不过一些专制国家此前同样进行过大规模的信息收集。西班牙国王菲利普二世(1556—1598 年执政)有时会在一天之内签署 400 份文件，人们戏称他为"文件国王"。[38] 由威尼斯人开创的外交报告曾为本国带来了大量有关贸易和政治的情报。17 世纪初，几个国家的耶稣会传教士曾定期地向他们的欧洲上级提交报告，逐渐产出了大量文档。[39]这些报告进行了例行信息收集，类似于教区内的出生、死亡以及婚姻登记，通常按照商定的协议开展活动。"伦敦死亡率报告"（London Bills of Mortality）同样具有这种特征。这份报告自 1603 年起每周发布一次，目的在于对瘟疫进行预警。[40] 类似的天气记录相当少见，不过有一个例外，那就是 1654 年 12 月至 1670 年 3 月由佛罗伦萨的西芒托学院（Accademia del Cimento）保管的每日记录。估计奥尔登堡对这份记录不会陌生。[41] 奥尔登堡希望《哲学汇刊》能够针对皇家学会涉及的诸多自然知识领域定期地提供类似的信息。

经验信息

19 世纪出现的时代错误一直困扰着"经验主义"的历史研究。1857 年，德国哲学历史学家库诺·菲舍（Kuno Fisher）提出，伊曼努尔·康德的学说化解了理性主义（理想主义）与经验主义之间的矛盾。他把培根纳入了这段历史。把培根誉为"英国经验主义哲学家之父"。[42] 究其原因，自培根在皇家学会取得举足轻重的地位以来，哲学历史开启了新篇章：自然科学被认为是经验主义认识论。菲舍的著作被翻译为英文版本的原因之一是，他的作品与约翰·斯图亚特·密尔（J.S.Mill）和威廉·休厄尔之间的争论产生了共鸣。根据密尔和休厄尔的观点，经验主义与理想主义是一对相互竞争的孪生兄弟，二者之间的冲突遍及从科学到道德、从美学到政治的诸多领域。约翰·帕斯莫尔（John Passmore）一度认为，如果休厄尔不存在，密尔将不得不亲手创造一个休厄尔。密尔也曾亲口承认，在表达自己的经验主义观点之前，他需要看到科学理想主义哲学方面强有力的陈述。[43] 这就是休厄尔关于归纳科学的历史和哲学著作所呈现的内容。[44] 不过，发生在 19 世纪的经验主义与理想主义（或称"理性主义"）之间的冲突，并没有抓住 17 世纪自然哲学与博物学领域的重点。19 世纪的思想家争论着科学取得成功的最佳哲学描述，现代早期的名家则面临着如何捍卫经验主义研究与实验研究真实存在的理由。

英国名家并没有使用"经验主义""经验主义者"这两种表达方式。由于盖伦的影响，17 世纪比较流行的说法往往参考了古希腊医学流派，把相关概念称为"经验论"（empirick，emperical）。[45] 培根曾经提到，"那些与科学打交道的人要么是经验主义者，要么是教条主义者"。这句话的拉丁文原文中的"经验主义者"（Empirici）明显地参照了古代医学流派的表达方式，与"教条主义"（dogmatici）和"方法论"（methodici）形成了对立关系。[46] 这种表达方式向来含有贬义，表达了培根的个人观点，"把自然的身体托付给经验主义医师是一种错误"。[47]
关于这一点，我们可以在洛克写于 1678 年 3 月的一封信中，看
到一种口语化的贬义表达。当时有人向洛克寻求医学和精神方
面的建议，洛克在信中回应道："如果我针对你提到的三种弊
病只提供一种治疗方法，那么我不就是为了一种伟大的经验主
义而欺骗你吗？"[48] 托马斯·布朗（Thomas Browne）曾提到，
有些人可以作出重大承诺的原因是，他们的治疗方案没有受到
理论和学识的约束。[49] 麦瑞克·卡索邦宣称，自己对"实验哲
学"具有强烈兴趣，同时警告，这门学科对于那些声称可以揭
开自然奥秘的人来说可能极具吸引力，这些人会表现得"更像
是一名经验主义者或者江湖骗子，而不是一个严肃的人或者哲
学家"。[50]

　　在现代早期的英国，形容词"经验主义的"（empirical）描
述的并非一种具有参照物的认识论立场，而是表明了与"系统"
对比之下对"细节"的一种偏好。玻意耳曾在他的著作《序文》
（*Proemial Essay*，1661 年）中怀疑"系统""上层建筑"并非建
立在观察或者实验的基础之上。[51] 亨利·鲍尔（Henry Power）
曾在《实验哲学》（*Experimental Philosophy*，1663—1664 年）中
奚落道，对系统的过度依恋与新科学的精神完全不一致：

　　　　我想我明白了为什么必须丢弃那些旧垃圾，推倒腐朽

的建筑，任其被强大的洪流带走。现在必须为一种更宏伟的哲学奠定一种永远不被丢弃的全新基础：以经验主义和理智的方式描绘自然现象。[52]

鲍尔声称新科学将以"经验主义"的方式研究自然现象。那么，在当时的医学讨论中，一个带有负面含义的词是如何得到积极使用的呢？一部分答案存在于比较复杂的故事中："经验主义的"（以及"经验主义"）与那些通过经验而获得的信息产生了关联，人们开始将其理解为感官输入。特别是在英语中，相关概念开始具有积极的含义。[53]

雷蒙德·威廉斯（Raymond Williams）曾在《关键词》（*Keywords*）中把"经验主义的""经验主义"列为"英语中最难的词语之一"。后来安娜·威尔兹比卡（Anna Wierzbicka）提出，出现这种现象的原因之一是，这些术语与在 17 世纪形成的"经验"一词的新用法产生了重合，这种新用法有别于"经验"描述一生之中积累技能和知识的最初含义与延续含义。"经验"一词在 17 世纪同样被用作"可数"名词，描述的是在离散的情形下，针对具体事件或感觉所产生的自觉意识。[54] 这种现象对于科学界而言具有特殊的意义，原因是"经验"一词取代了亚里士多德学派的传统概念"共同经验"。传统概念描述的是事物通常的发生方式，认为物体遵循着其具有的本质特性，比如石头下落、空气上升、橡树种子长出橡树等等。彼得·迪尔（Peter Dear）提出，新的实验群体所追求的"事实"（matters of fact）并非对世界在某些层面普遍运作规律的一般性描述，而是世界在特定情况下的运作方式。[55] 这一点在探讨新实验哲学的出现时已经被强调了，不过同样十分重要的是，认识到"观察"同样被认为是经验的一种重要来源。[56] 玻意耳曾在报告观察和实验时提到，"我自己的经验"。[57] 洛克声称，他的作品包含的观点与"有助于本人的经验和观察"同样可靠且全面。[58] 不过这类观察必须是一手观察，或者来自可靠的见证人。威廉·哈维（William Harvey）曾对一手经验进行过强调，要求他的"读者"不要"在没有亲身尝试"的情况下依赖于"他人的评论"，并且要相信"自己眼睛的忠实证言"。[59] 胡克解释道，这一类经验包括"针对事物本身的视觉调查、亲身操作以及其他理性研究"。[60]

这种对一手经验的强调往往与笔记联系在一起。当玻意耳、胡克、约翰·雷提到观察或者实验方面的具体经验时，他们无一例外地记录了笔记。当然他们也会依赖于记忆，不过他们强调了笔记作为一种更可靠记录的重要性，可供未来查询或向他人传播。雷曾经信誓旦旦地提到，他与弗朗西斯·威洛比"通过观察并调查实物，对每一种鸟类分别进行了仔细地描述"。他强调，这种精确的描述促使威洛比发现了"每一种鸟类的具体特征"，而此前的其他作家仅仅描述了"一般特征"。[61] 雷曾经对奥布里提到，小约翰·特雷德斯坎特（John Tradescant）发现了"弗吉尼亚当地没有的珍稀物种"，但由于"他的一些描述过于简单且晦涩，只包含了一般特征，并且没有表明这些植物此前是否被描述过"，因而掩盖了这些物种的重要性。[62] 克里斯托弗·梅里特（Christopher Merrett）曾针对自己为不同树木嫁接树皮作出了准确描述："1664 年 3 月中旬，我对桦树和一棵被错误地称作梧桐的树木进行了树皮嫁接。"[63] 记录这一类笔记要求遵守程序并进行前瞻记忆。胡克曾在 1675 年 7 月 12 日的日记中透露道："我已经遗忘了这一周内的大多数细节。"[64] 不过在一份有关皇家学会管理方法的提案（可能写于 17 世纪 70 年代）中，胡克把遗忘细节的现象转变为一种优势，认为会议上的口头报告相对来说更容易保守机密，"单凭记忆无法带走任何确切的细节"。[65] 胡克更是慎重地提出建议，"观察和特定环境一旦形成"，就应该当场记录实验细节。这不仅是为了弥补"记忆的缺陷"，而且有助于回顾"一些微不足道的环境细节"。[66] 他的观点针对有关时间和地点的一手经验提出了全新的重点，强调了个人记忆以及大脑处理当时所谓的感官"信息"的能力。

来自感官与世界的"信息"

　　关于人的头脑如何处理来自客观世界的知觉和经验，我们需要从现代早期的相关假设谈起。有关模型来自古希腊和古罗马的医学理论以及亚里士多德、伊本·西拿［又名阿维森纳（Avicenna），980—1037 年］、阿奎纳的哲学观点。这是一种在 17 世纪仍然极具影响力的生理学理论，根据这一理论，感官（sensibilia，来自五官的印象或感知）会通过想象转化为图像保存在记忆中，并通过理性（判断）进行对比。[67] 在这种心智能力或"内在智慧"的框架中，感官印象会传递到大脑的前脑室，通过一种能够对各种感官输入进行比较的能力转化为知觉，这种能力名为"常识"（sensus communis）。培根认为这是一种亚里士多德式模型，并接受了这一模型。他提到，"个人图像由感官占据，并固定在记忆中。这些图像以出现时的完整面貌输入记忆，大脑对这些图像进行回忆和思考，使其发挥真正的功能，并对各部分进行组合和划分"。[68] 记忆被认为是一种位于大脑后部且具有物质基础的内在感官，负责储存来自其他感官（以及"常识"）的"信息"，供想象和判断使用（见图 3.1）。[69] 培根认为记忆和理性"各司其职"，记忆的功能接近于"智力过程"的开端。[70] 在感官上产生的外部印象会"按照出现时的情形"，作为图像固定在记忆中，直到"大脑对这些图像进行回忆和回

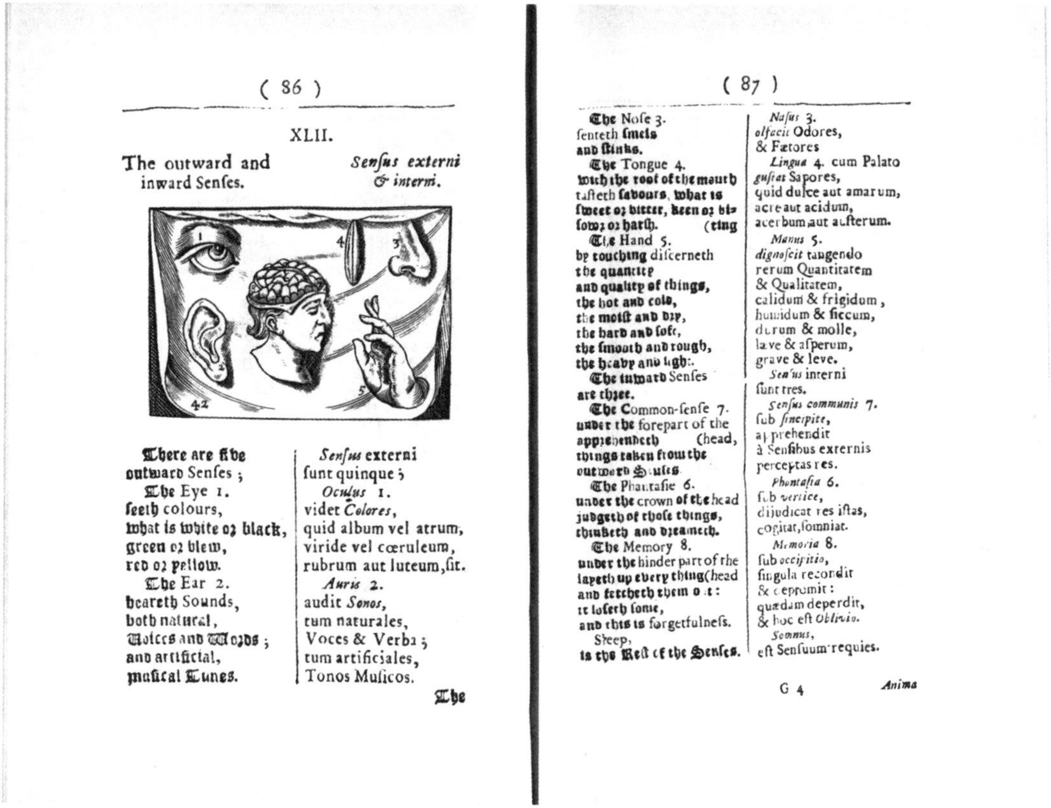

(86)

XLII.

The outward and inward Senses. | Sensus externi & interni.

There are five outward Senses;
The Eye 1.
seeth colours,
what is white or black,
green or blew,
red or yellow.
The Ear 2.
heareth Sounds,
both natural,
Voices and Words;
and artificial,
musical Tunes.

Sensus externi
sunt quinque;
Oculus 1.
videt Colores,
quid album vel atrum,
viride vel cœruleum,
rubrum aut luteum, sit.
Auris 2.
audit Sonos,
tum naturales,
Voces & Verba;
tum artificiales,
Tonos Musicos.

The

(87)

The Nose 3.
senteth smels
and stinks.
The Tongue 4.
with the roof of the mouth
tasteth savours, what is
sweet or bitter, keen or bi-
tong or harsh. (ting
The Hand 5.
by touching discerneth
the quantity
and quality of things,
the hot and cold,
the moist and dry,
the hard and soft,
the smooth and rough,
the heavy and light.
The inward Senses
are three.
The Common-sense 7.
under the forepart of the
apprehendeth (head,
things taken from the
outward Senses.
The Phantasie 6.
under the crown of the head
judgeth of those things,
thinketh and dreameth.
The Memory 8.
under the hinder part of the
layeth up every thing (head
and fetcheth them out:
it loseth some,
and this is forgetfulness.
Sleep,
is the Rest of the Senses.

Nasus 3.
olfacit Odores,
& Fætores
Lingua 4. cum Palato
gustat Sapores,
quid dulce aut amarum,
acre aut acidum,
acerbum aut austerum.
Manus 5.
dignoscit tangendo
rerum Quantitatem
& Qualitatem,
calidum & frigidum,
humidum & siccum,
durum & molle,
læve & asperum,
grave & leve.
Sensus interni
sunt tres.
Sensus communis 7.
sub sincipite,
apprehendit
à Sensibus externis
perceptas res.
Phantasia 6.
sub vertice,
dijudicat res istas,
cogitat, somniat.
Memoria 8.
sub occipitio,
singula recondit
& depromit:
quædam deperdit,
& hoc est Oblivio.
Somnus,
est Sensuum requies.

G 4 Anima

图 3.1————记忆被视为一种感官，位于脑后。该位置不易被观察，在图中第 87 页标注为 8 号。扬 · 阿莫斯 · 夸美纽斯，《世界图解》(1672 年，第 86—87 页)，悉尼大学图书馆珍本图书文库授权使用。

顾"。[71] 玻意耳和胡克接受了这种框架。此外,他们思考了这种框架对于新型实证科学所需信息的类型和数量产生的影响。

根据现代人的表达方式,玻意耳把"感官信息"理解为一种可以获取并储存在记忆中,供后续推理使用的"输入"。[72] 他把所有感官(视觉、听觉、嗅觉、味觉、触觉)囊括进了"信息途径":"我们在不自觉的情况下拥有的知识,大部分来自大脑通过感官获取的信息。"[73] 每一种感官都提供了相互区别且相互分离的"信息",这些信息必须相互对比。他提到,"对于同一个风箱吹出的气流的温度,通过气象仪器和感觉可能得到截然不同的信息"。[74] 培根把这种检查、比较和记录的过程称为"对感官信息的反响",认为这一过程构成了人类与那些"缺乏理性的动物"之间的标志性差别。因此,倘若"仅仅接收了印象而没有作出改进",那么"我们将错失我们的理性能力最崇高的用途之一以及最高等的乐趣之一"。[75]

玻意耳曾明确地提出,无论记录个人经验的需求多么迫切,所有针对自然现象或者实验现象的描述必须相互对照。他在《基督徒的品德》(*Christian Virtuoso*,1690—1691 年,写于 17 世纪 80 年代)中认为,尽职的调查研究不应该仅仅依赖于个人经验,而应该通过各种来源寻求信息。这样一来,"当代名家的勤奋努力"才得以产生"比恒星和行星的数量与表象更加全面的信息"。[76] 这些研究者通过接受"所有信息途径,以此获取各种不属于抽象理性的知识"。[77] 与其他假冒者不同的是，当代名家会对来自各种来源的信息进行仔细地收集和研究：

> 当我在这篇论述中提到实验哲学家或者名家的时候，我指的并非头脑聪慧的浪子，并非好奇心旺盛的感官主义者，并非纯粹的经验主义者或者庸俗的化学家。他们除实验以外目空一切，却无法应用化学、力学等。我指的也不是那些频繁做实验却从不思考的人，他们使得实验目的更多的是产生效果，而不是发现真理。我指的是这样一种人：他们不仅从自己的实验中搜集经验，而且用心观察其他各种事实。即便他们可能没有参与其中。[78]

玻意耳把自己和其他微粒理论拥护者归入了这一类人群。他宣称，这类人通过研究尽可能广泛的信息，从而避免哲学系统学家所犯的错误。

这种更广泛的信息就是"历史经验"。玻意耳认为，"个人经验"是一种"自己直接获取、通过自身的感知生成"的经验，因此"历史经验"比"个人经验"更宽泛。我们可以看出，玻意耳意识到，个人和"直接"的经验承受了全新的压力，原因是玻意耳声称自己在讲话的时候能够拥有更大的"自由度"，类似于"经验告诉我们这些从未离开过英国的人，炎热地带适于居住而且有人居住"。他指出，无论是普通用法还是学术用法，都没有把"经验"一词局限于"个人"。[79] 玻意耳意识到，对各个领域的细节进行初步地历史记录，无法立即形成一幅连贯的画面。他解释道，对经验信息的追求，既需要时间又需要一种特殊的思维习惯，"思维的性情可以使一个人成为名家"，这种性情就是"温顺"。他为名家设想了一种角色形象，这种形象与系统构建者形成了鲜明对比。因此对于玻意耳来说，这种理想的研究者对于"自身的知识"并没有什么"强烈的观点"，"他会很容易地察觉"自然研究方面的困难，"意识到自己需要更多的信息，进而意识到自己应该去探寻这些信息"。[80]

玻意耳强调，"信息途径"包括书籍、对话、证言、观察以及其他人撰写的实验报告。他认为，只要采取了适当的预防措施，所有这些途径都可以作为经验"事实"的来源渠道。他并没有坚持主张一手（"个人"）经验，并认为有些信息可以通过其他人记录了观察的著作来获取。玻意耳曾在一部著作的序言中写道："我要让你们了解的主要内容都是'事实'，因此这些内容可以通过博物学家和物理学家的观察著作以及其他历史著作进行探究。"[81] 那些限制自己的信息来源类型的人犯下了一种错误。玻意耳在有关深矿井空气质量较差的内容中提到，"那些只在研究中进行哲学思考的人……没有接收到那些曾造访地下深处的人发送的信息"。[82] 他乐于通过书本汲取各种有用的知识，同时渴望了解那些往往需要通过全新的观察或者他人的证言才能收集的各类细节。玻意耳捍卫了这种立场，反对了霍布斯的观点。霍布斯持有另外一种传统观点，认为目前在皇家学会支持下进行的所有实验研究属于历史范畴，而不是科学。[83] 在培根的鼓励下，玻意耳肯定了观察和实验具有重要性，"因为这些活动丰富了博物学，而没有博物学，自然科学就无从谈起"。[84]

胡克认为，新哲学必须考虑到信息被感官、记忆以及理性接收的过程。他在《显微术》（*Micrographia*，1665 年）和《总纲》（*General Scheme*，可能写于 1668 年）中均提到了这一点。在《总纲》中，胡克认为每一种感官都可以提供有关客观世界的独特信息。问题在于，承载信息的各类印象之间不易产生结合，即便"常识"也无法针对特定现象提供连贯的概念。比如，"发声物体"——比如一根振动的弦——会给眼睛和耳朵留下截然不同的印象。胡克提出的解决方案："针对各类信息进行可对比的理解"，这些信息的直接获取途径为感官，"间接获取途径为其他各类观察或实验"。[85] 他在一篇名为《哲学涂鸦》（*Philosophicall Scribbles*，可能写于 17 世纪 80 年代早期）的手稿中也强调了"一种主动能力"的作用，大脑可以通过这种能力，以"印象"的形式对"感官接收的信息"进行处理。胡克解释道，这种能力可以对"各种印象进行比较和结合，找到其中的相似点和不同之处"。[86] 不过为了作出比较性的推断和概括，进而从特殊性过渡到普遍性，理性必须对记忆中的过往经验和观点加以利用。胡克很清楚，一些古代逸事、常识以及当代医学建议均提到了这种内在物质能力的局限性和生理层面的脆弱性。[87]选择性记忆可能在这里发挥作用，不过根据胡克的观察，记忆倾向于保存无用的"东西"：

> 记忆同样存在类似的弱点。我们经常遗忘那些值得记住的东西，而我们记住的东西中的很大一部分是轻浮或者虚假的内容。即便记住了美好且重要的内容，这些内容也会淹没在时间长河之中，或者被更空洞的概念所埋没，以至于需要这些内容的时候徒劳无获。[88]

如果说记忆脆弱且不可靠，那么培根博物学要求的大量信息会引发一个严重的问题。[89]我们可以通过培根的一些评论看到他对这个问题的担忧。

培根与信息

《新工具》（1620年）发表后不久，培根收到了一封雷德姆图斯·巴朗扎诺（Redemptus Baranzano）写的信（现已丢失）。

巴朗扎诺是法国安纳西（Annecy）大学的一位年轻的哲学教授，他在信中询问了培根概述的项目所涉及的大量信息的问题。巴朗扎诺可能注意到了培根在作品中提到的一些内容。比如，其中一段内容认为，人类的能力会受到资料数量的困扰，"细节大军如此庞大却异常分散，会造成智力的消耗和混淆"。[90] 培根回应，"即便事例描述相当于普林尼历史著作的 6 倍"也没有关系。[91] 老普林尼曾在他的《博物志》（*Naturalis historia*，77 年）中，自称该作品收集了 100 位作者的 2000 卷著作中的"2 万种事物"。[92] 我们将在下文中看到培根提出的应对方法，不过首先我们需要理解培根不断要求的更多"细节"的含义。

培根在考察当代知识探索的缺陷时推断，针对自然现象起因的研究由于"出现过于不合时宜的偏离，与细节脱离得太远"而受阻。[93] 这里的一种参照物是在传统逻辑上与普遍性进行的对比，符合亚里士多德在作品中提出的观点。[94] 培根在《新工具》中反对过早地进入"最普遍公理"，主张谨慎地从细节出发，并进一步阐明他在这里指的是通过感官和经验获取的细节。[95] "细节"和培根所谓的"奇异"（"不规则"）现象之间存在着很明显的相似之处，不过二者不应混为一谈。[96] "不规则"现象包含普林尼所谓的"奇事"，即罕见、特殊、不寻常的物体和事件，如畸形儿、侏儒、巨人、巨大的风暴以及拥有惊人记忆力的个体等等。[97] 这些都是培根所谓的"奇异"示例。而

"细节"指的是自然界中规律性事件的具体细节，想要归纳合理的概括就必须收集这些细节。根据培根的判断，这里的症结是那些罕见且奇妙的事物会吸引注意力，移除了对那些看似"平凡且琐碎"现象的适当研究。而这些现象恰恰需要更充分地研究。培根提出，"与未知事物相比，我们往往更需要关注已知事物"。[98] 由此可以推论，如果针对那些罕见或奇异的"大自然的弃子"收集更多的细节，最终可能会发现"所有不规则或者奇异的现象均依赖于某种共同形式"。[99]

培根呼吁用一种系统的方法寻找"大量细节"，这样一来，姑且作出的概括就可以"很容易地指出并说明全新的细节，使科学活跃起来"。[100] 他的"特定历史目录"展示了如何通过关于"正常的雨、暴雨和不正常的雨"等问题的简短描述来获取相关信息。[101] 此外，培根对于观察并收集细节的要求，不仅限于那些奇异、珍贵以及不寻常的事物，而是包括了他所谓的日常现象以及看似微不足道的事物（ *ad res vulgarissimas* ）。[102]

那么如何管理如此大量的细节呢？从培根在《学术的进展》中对知识的分类来看，似乎需要通过记忆来保存细节材料。[103] "记忆"的能力统领历史相关领域（包括博物学）。记忆的功能之一是"管理或保存知识"，即便有"书写"作为辅助工具。[104] 不过，培根在修订版《论学术进步》中承认，他提到的程序会使记忆负担过重，因而研究了各种补救措施。比如，在各种笔记中使用记忆术、清单、目录、表格等等，还可以在简单或根本性的概念分类基础之上建立一种全新的哲学语言。[105] 从最根本的层面而言，培根强调了各种形式的书写在记录和处理信息方面具有的重要性：

> 书写对于记忆具有很大的帮助作用。我们必须认识到，没有书写的辅助就无法解决记忆的长度与精度问题。另外，未经书写的内容不应成为证据。尤其是对于归纳哲学和解读自然来说。在没有适当排列的表格的情况下，纯粹地依靠思想和记忆的天生能力来掌握自然解读，堪比在没有书写的情况下试图通过大脑来计算星历表。[106]

书写的功能同样与培根所谓的"文化体验"（*experientia literata*）存在关联关系。文化体验指的是对那些按照各种分类标准准备就绪的信息进行组装，用来辅助记忆和思维。[107] 记录笔记就是文化体验的一部分。

培根曾经承认，经验细节的数量可能过多。不过他坚持认为这是人们必须承担的风险。

为了缓和情绪，培根提出，所有人都不应该"惧怕大量的细节"，因为这些细节与那些经由文本注释和"充满幻想的沉思"产生的"智慧捏造相比只占很小一部分"。这一类捏造不受

"物证"的限制，而且会产生"无尽的困惑"。在博物学领域，培根认为早期的混杂记录现象是可以容忍的，原因是只有丰富的细节才能得出合理的结果。[108] 培根的观点是在鼓励人们自由地记录笔记，不用过于担心来源或者可靠性。事实上，培根同样乐于记录那些"完全不可靠"却由于粗心大意或"修辞的使用"而"广为流传"的内容。把这些内容记录下来，相关谬误就可以得到"公开抵制，避免造成更严重的损害"。[109]

在呼吁广泛收集信息的同时，培根主张在没有把信息分配到特定类别的情况下，不要传播信息碎片，至少应该进行临时分配。[110] 他提倡，"在标题和札记下方收集信息"，而不是根据纯粹的杂记或者存在偏见和错误判断的缩影（如一部著作、一部传记或者一个历史主题）进行收集。在写给富尔克·格雷维尔的信中（上一章曾提到过这封信），培根强调这一类标题"自身带有一种观察，在缺乏这种观察的情况下，长时间的生活无法孕育经验，大量阅读也无法产生渊博的知识"。[111] 他还认为，为博物学收集的材料远不及民法和教会法的内容那样令人生畏。培根过早地强调对细节的积累，他把自己称为"一名忠实的抄写员，对自然法则进行记录和誊写"。在这种情况下，"简洁处于情理之中，这是事物本身强加给我的。然而无数的意见、信条和猜测将永存"。[112]

培根对于经验细节的追求要求使用一种笔记模式，这种模式不同于通常的札记规则。第一章曾提到，培根在《论学术进步》中提到了相关内容，后来他又在《新工具》中提出对奇妙或非凡事物的关注无法满足他的计划。在《准备》（*Parasceve*）一书中，培根对这一点进行了更全面地阐述，呼吁摒弃"一切与演说修饰、比拟、词汇宝库或者类似的空虚内容有关的东西"。[113] 培根提出了 4 类必须收集和记录的材料。用他的话来说，他发出了"简明的指示"，因为不进行说明的话，人们会认为"记录这些内容毫无意义"。这 4 类材料包括非常普通的事情和日常内容、"狭隘、偏执、令人厌恶"的事物、"轻浮、幼稚"的事物、"似乎过于微妙"及"毫无用处"的事物。[114] 他主张必须记录那些显而易见且为人熟知的现象，不能仅仅记录那些奇特且与"所探讨的艺术"直接相关的现象，还应该记录"过程中出现"的现象，比如龙虾在烹饪过程中会变得像砖块儿那样红。这种现象与"烹饪艺术"无关，但与"红色特性"相关。[115]

培根认为，仔细地记录笔记可以缓和"经验所受的约束"。关于这一点，他宣称，现代人必须对"古人"记录的内容进行改进。吉本认为古人缺乏信息，培根则持有相反的观点，认为古人收集了"大量案例和细节，按照主题和标题在笔记中进行了排列"。问题在于，古人认为，"公开自己的手稿、笔记以及细节记录，不会带来任何好处，也起不到任何作用……房屋建造完毕，他们就把工具和梯子藏了起来"。培根认为，古人忽视原始数据是因为他们急于追求"最普遍的结论或科学原理"。随后，即便出现"全新的细节"或者反常的案例，他们仍然恪守这些学说理论。[116] 培根认为，笔记对于自己的研究项目来说至关重要，应该对笔记进行记录和更新，以便对理论概括进行支持和纠正，"通过我所谓的文化体验"，对已知事实进行"转移、整合和应用"。[117]

皇家学会的主要成员明白，这项任务说起来容易，做起来很难。《哲学汇刊》中一篇针对斯普拉特的《英国皇家学会历史》的评论，曾对培根提到的细节积累进行了阐述，[118] 作者很有可能是奥尔登堡。这篇评论认为，斯普拉特有效地平息了那些质疑皇家学会生产力的人们提出的"喋喋不休的要求"。作者解释道，皇家学会的很多工作内容"虽然没有公开，却使用登记簿保存了学会成员苦心研究的大量细节"。随后他列出了皇家学会用于收集这些信息的9种方法，其中包括查询、证言、实验、观察等等，还对相关方法收集的数据进行了计算。

相关细节的标题多种多样，涉及的范围与种类众多，或许超过了那些诋毁者与吹毛求疵人士的想象或期望。细节内容共计超过了 700 条：实验与观察内容共计超过了 350 条，关联关系内容约 150 条，查询、指示、推荐和建议等内容超过了 80 条，仪器相关内容超过了 60 条，自然与艺术历史内容超过了 50 条，此外还有大量理论和论述。[119]

奥尔登堡还强调了斯普拉特的主张，认为那些从事这项艰苦工作的人"应该自行决定自己理应采用的步骤和速度"。[120] 这里或许可以看作奥尔登堡对斯普拉特观点的肯定，即皇家学会并没有过早地追求"使用完美的科学填满整个世界"。不过这篇评论对细节分类的划分无法与初期工作的描述相吻合。初期工作仅仅包含了"杂乱无章的收集与无法消化的实验"。[121]

经验感性及其挑战

通过广泛地收集信息，并将其与现有的知识进行比较和证实，构成了我所谓的英国名家的经验感性的一个关键层面。彼得·安斯蒂（Peter Anstey）曾提出，与"思辨"哲学相比，英国名家确实认可了"实验"哲学，不过我们同样不应忽视他们对其他类型经验信息的肯定，其中包括感官经验、证言、书籍、观察以及实验。[122] 根据前文所述，这些更广泛的来源和数据反映了玻意耳对"经验"的定义，并囊括了各种"信息"渠道的感官类型。[123] 根据培根的博物学信息收集项目具有的含义，这里的共同基准是对"细节"经验信息的强调。这种观点承认了对材料进行某些临时性地组织具有不可或缺的重要性，不过正如各类标题或者主题所显示的，这种观点仍然质疑了不成熟的系统。经验感性涉及后来成为经验主义与理性主义之间认识论分歧的相关假设，不过我认为经验感性仍然受到了各类关注点的维持，也就是有条理的笔记在收集和整理经验信息时发挥的作用，以及为了协作而记录个人笔记所面临的挑战。我们可以看到，皇家学会主要成员试图对积累的信息内容与格式进行管理时，这些关注点发挥了特定作用。他们开展相关工作的动力是对可比较的信息的需求，也是长期收集与储存数据的需求。

培根呼吁大规模收集观察数据，这就要求那些没有收集初始信息的人士为了进行比较研究而储存信息。皇家学会之所以出现这种现象，原因是通过各种来源搜集信息。奥尔登堡曾在第三年发行的《哲学汇刊》中提到了观察、实验以及发明的收集情况。这些发明"散落在世界各地"，但目前可以在伦敦"这座著名的英国大都市"中获取。[124] 这种情况或许同样构成了沙德韦尔的《名家》的写作目的之一。在这部作品中，吉姆克拉克收集奇异事物和现象时主要依赖异国旅行者的报告。沙德韦尔对这种做法进行了讽刺："我一直与北部和东北部地区的所有名家保持联络，那些国家有罕见的现象。芬兰、拉普兰以及俄国组成了我的哲学的很大一部分内容。"沙德韦尔还提到，吉姆克拉克会向旅行者或者自己的联络人发出"询问",要求对方回答各种各样的问题。这种描写方式直接参考了玻意耳及其他学者的做法。[125] 对于这种获取信息的渠道,沙德韦尔只需要读一下《哲学汇刊》刊登的各类公告,如"土耳其调查"或者关于格陵兰岛、东印度群岛等地区的类似内容。[126] 沙德韦尔的暗讽在于,通过这些渠道获取的情报、新闻或者传闻缺乏应有的谨慎。

在鼓励与联络人通信交流、塑造针对观察的操作方法与记录方法时,早期的皇家学会确实很难取得二者之间的微妙平衡。奥尔登堡曾尝试为自己的联络人提供指导,让对方明白自己究竟需要怎样的信息。奥尔登堡明确表示,皇家学会需要的是事实,而非毫无根据的假设,当然也不是那些涉及"各学派的形式、特征及毫无用处的要素"的形而上学推测。[127] 他经常通过解释特定信息在更大的程序中所发挥的作用来寻找具体信息。在要求威廉·库尔提乌斯爵士(Sir William Curtius)从下萨克森地区"为我们获取一份硫酸样本"的时候,奥尔登堡写道:"你应该明白,我们的目标是编写一部涉及自然和人工的归纳历史,最终在此基础上打造一种坚实且富有成果的哲学体系。"[128] 虽然重点是经验信息,但我们仍然需要认识到,奥尔登堡并没有排除书籍的使用。他强调,"我们并没有劝阻或拒绝著名的哲学家、博学的语言学家以及古物收藏家撰写的文章。他们的研究、阅读和推理，远比他们的经验更加丰富"。不过奥尔登堡同样强调皇家学会可以"自由"地通过这些来源选择并提取最实用、最可靠的信息。[129] 可以这样认为，皇家学会鼓励成员仔细阅读、搜索和摘录手稿以及印刷品，对各种观察和实验进行对比。所有这些内容均与培根的"文化体验"概念及其在归纳研究准备阶段的重要性相符。

玻意耳针对信息的初步收集工作提出了一些指导意见。他对那些需要技能和特殊仪器的实验（比如胡克身为馆长期间进行的实验）与很多人可能开展的观察进行了区分。他提出，收集信息的时候需要一定的谨慎态度，"那些没有能力、没有意愿或者没有时间进行有条理地历史研究的人，可能会受到邀请，为那些进行此类研究的人士提供帮助，也可能受到邀请和鼓励来记录观察杂记，并得到关于如何以最有效的方式撰写这些内容的指导"。[130] 不过为了对信息进行有效地对比，这里的笔记必须以便于他人使用的方式记录。1666 年 4 月，玻意耳敦促"某些好学人士"，"在英国的不同地点（只要当地没有降雨）进行气压观测……可以通过对比笔记，从重力的角度对气压变化程度进行更好地测量"。不过玻意耳显然无法对经验笔记标准惯例的操作层面作出任何假设。他建议，"观察者不仅要注意观察水银柱高度对应的日期，而且要尽可能地注意高度对应的时间。因为我经常发现，水银柱的高度会在不到一天或者半天的时间内发生很大变化"。他还要求观察人员注意"当地的情况",并提出,遵循奥尔登堡指示的"那些名家","不仅应该在日记里记下水银柱高度对应的日期和时间,而且要单独记下天气状况,尤其是风的情况"。[131] 这种方法对于任何有用的信息对比来说都非常重要。不过,通过玻意耳这种直白的建议我们可以看出,当时在这些问题方面缺乏普遍共识。

20 世纪中期,社会学家埃德加·齐尔塞尔(Edgar Zilsel)提出了一个有关智力进步的独特概念。这一概念与文艺复兴时期的艺术和手工艺领域有关,随后又与科学领域产生了关联。这一概念指出,针对诸多贡献者没有完全掌握的更大层面的智力结构,进行零碎地补充。[132] 这一过程要求付出长期的努力。回到 17 世纪 60 年代,皇家学会的批评者总是倾向于把缓慢的信息收集过程解释为无限期的延迟。培根博物学把相关领域的回报,投射在无限期的未来,因而成为众矢之的。一种无法快速产生概念成果的程序必然需要得到定义和捍卫。其中,格兰维尔曾试图通过推断"皇家学会的宝库"比"所有争论者写下的书卷"更有意义来实现这一点。他驳斥了那些"不理解这项工作博大之处"的人,强调博物学"必须以几乎无法感知的缓慢速度推进",需要几代人付出努力。[133] 格兰维尔对斯普拉特的《英国皇家学会历史》的主要观点进行了复述:少数人无法完成的工作,更容易由"众人合力完成","一个时代中的很多失败的任务，可能会在另一个时代的全新努力下获得成功"。他断言，"除非经过很多双眼睛、很多双手、很多工具以及很多时代的多次徒劳无功"，否则就无法对事物的不可能性作出恰当的判断。[134]

1679 年，伊夫林认为有必要展示目前取得的进展，于是他把诸多"日志、登记簿、通信以及汇刊"称为"见证"。[135] 此前他曾向比尔解释过这样一种立场，"皇家学会成员带来的'偶然的样本'并非'完整的系统'，而是材料和细节。这些内容可能组成一座内容丰富的宝库，为一种最庄严高贵的体系结构提供修饰"。[136] 因此从机构的角度来看，对批评意见的一种回应是，将积累这些"材料和细节"，用于未来的研究分析。不过从个人层面来看，人们认识到，终其一生收集经验并记录笔记要付出一定的代价。1668 年，伊夫林向比尔坦言："近 20 年来，我没有善待自己的眼睛。在此期间我很少在凌晨 1 点前合眼入睡。"[137] 他还以自己的百科全书式园艺学研究为例，解释了一个人试图积累信息所承受的心理压力，即便针对的可能是单一的主题：

> 对于这个硕果累累、用之不竭、我的大脑未能完全消化的学科（我指的是园艺学），当我再次思考自己投入的心血，这 20 年左右的时间里我所写下并收集的内容，把各类（日

益增加）细节植入我在一定程度上准备好的内容所付出的努力，以及那些我必须亲手完成的内容：对于我能否一直拥有能力和时间让这个学科步入成熟，我几乎不抱任何希望。[138]

在应对这一挑战的过程中，诸多名家从古人的经历中汲取了养分。

古代笔记遗产

希波克拉底的一句著名格言为英国名家的笔记提供了理论依据和灵感——"生命短暂，艺术长存"（拉丁文为 *vita brevis, ars longa*）。这句话完整的古希腊语原文为"生命短暂，艺术长存，时机突然，经验危险，判断困难"。[139] 相关解读通常把这句话简化为一个命题：任何艺术或者技巧需要的时间都超过了每个人短暂的生命。这句话成为一种千变万化的隐喻，普林尼、塞内加、普鲁塔克、彼得拉克等学者都曾经对这句话进行过注解。塞内加称，这是"最伟大的医生"发出的"感叹"。[140] 我们可以看到，希波克拉底提出了一个问题：人们如何才能在短暂的一生中，掌握诸如医学等技术层面的艺术或者经验科学。我们还可以想象两种貌似合理的答案：设法缩略艺术（科学），或者在一定程度上延长生命。[141] 关于缩减科学，盖伦曾愤愤不平地提到，古希腊医学流派中的"循道派"曾斥责了"提出'生命短暂，艺术长存'的人"。该流派把这句格言颠倒过来，认为"艺术短暂，生命长存"，主张"一个人只要摒弃那些被错误地用来发展艺术的内容……那么医学并不漫长也不困难，而是简单明了，能够在6个月内完全掌握"。[142]

如果一个人能够借助几代人积累的经验来扩展自身的经验，那么"延长生命"确实是可行的。盖伦在一定程度上支持"经验主义"。与教条式的理论系统相比，"经验主义"更倾向于通过观察获取经验。不过盖伦认为，仅仅依靠记忆来掌握疾病及其治疗方法中最常见的因果模式是不够的。他强调，适当的经验包括"自己亲眼所见的事物""关于所见事物的报告"以及他人"似乎见到的事物"。[143] 因此盖伦赞同希波克拉底记录病人病史的做法。[144] 盖伦认为，"利用历史"是有必要的，"因为艺术如此浩瀚，一个人的一生不足以了解所有内容。我们会通过各种渠道积累并收集有关内容，求助于先辈的著作"。[145] 只要适当地观察并正确地记录经验，那么利用历史就意味着利用集体过往经验。盖伦在提到希波克拉底文献的评论和注释时曾提到了古希腊语术语"备忘录"（*hypomnemata*）。不过现代早期的作家很可能把这个术语理解为自己通常针对书籍和病历制作的那些笔记。[146]

培根曾提到，"生命短暂"是阻碍知识进步的几个因素之一。[147] 培根承认有必要"对'生命短暂，艺术长存'的现象采取补救措施"，他的观点与盖伦一致。培根呼吁回归"希波克拉底的严肃勤奋，他曾经记录了特殊病例以及治愈情况的相关叙述"，并敦促人们对这些"医学史"进行认真地研究。[148] 培根的立场与公认的医学"观察"的重要性保持了一致，这些观察内容来自对各种文献的摘录和概括。德国医生约翰尼斯·申克（Johannes Schenck）曾解释道，他的目的是"把最著名的医生观察到的所有新奇的内容收集入同一卷著作，与其认为这些内容来自学说，不如说它们来自经验"[149]。培根知道同时代的医生确实记录了病历，但他认为这些病历既不能"无限延伸到所有普通病例，又没有保守到只承认奇特病例"。[150] 我们可以看到，培根对于所有当时博物学的批评包含了这样一个要点：博物学看起来"内容庞大"，其实主要包含了"寓言、古物、引语、无意义的争论、文献学以及修饰"等内容，一旦抽离这些内容，博物学将"缩小成一个小型指南针"。而培根设想的博物学应该内容广阔且持续发展。[151] 他向自己的读者保证，广泛的数据收集并没有"超出凡人的能力范围"，因为"这项工作的完成并没有完全托付给某一个时代，而是应该由几代人前赴后继作出努力"。[152] 这里的言外之意是，与培根同时代的笔记作者，可能并不是这些笔记的直接受益者。在回应希波克拉底的名言时，他呼吁人们开展长期合作。这样一来，后世就可以从笔记记录的经验遗产中受益。我们还可以通过培根的其他评论性内容作出推断，大脑会自然而然地"对调查研究感到急躁"，对这种推延现象的接受和忍耐正是追求自然知识所必需的一种品质（见图 3.2）。[153]

英国名家领会了其中的深意，但也不得不面对相关现象带来的挑战。[154] 玻意耳曾在《关于实验自然哲学有用性的一些思考》（*Some Considerations Touching the Usefulnesse of Experimental Naturall Philosophy*，1663 年）中提到，"希波克拉底曾在《格言》的开篇抱怨道：'生命短暂，艺术长存。'"。他还引用了帕拉塞尔苏斯（Paracelsus）的观点——"医学艺术"要求具备化学和哲学等其他学科的知识。[155] 玻意耳后来又在《基督徒的品德》中指出，当代医学知识在某种程度上是"一种历史经验，由希波克拉底、盖伦以及其他医生的个人观察组成，然后传递给了我们"。[156]

胡克曾在《显微术》中，针对医生记录的病历（无论采用了记忆还是笔记）如何被放大为集体数据库的情况展开了设想：

> 如果一名医生因具备长期的经验和实践（虽然关于这些经验和实践的记忆可能很不完善，但确实指导了日后他所有活动），而被认为在相关学科中比其他人更有能力，那么我们应该如何看待这样一位人士：他不仅拥有自身经验的完

图 3.2————培根和玻意耳认为,"耐心"是经验主义笔记作者的必备美德,
而"急躁"(标注为第 11、12 项)则是大脑的自然倾向。扬·
阿莫斯·夸美纽斯,《世界图解》,第 232 页(1672 年),悉
尼大学图书馆珍本图书文库授权使用。

美记录，而且见证了几百年间，成千上万人的经历。[157]

在胡克看来，这里的问题在于无法依赖个人记忆对知识进行保存并传递给他人，[158] 因此需要合作。多人合作不仅能产生信息，而且能保证不同的内容被充分地记录。即便如此，这里仍然存在一种风险，即某一代人传递给下一代人的信息可能仅仅包含了数量更大的未处理信息，比如不相关的细节等。令伊夫林沮丧的是，即便他已经针对某个学科收集了 20 年的信息，仍然必须面对其他人收集的信息，随后便如他所说，需要"把各类（日益增加）细节植入"他识别的各类模式或者概括。

这一点可能构成了通过"缩略艺术"来开发捷径具有吸引力的原因。彼得鲁斯·拉莫斯（Petrus Ramus，1515—1572 年）和他的追随者声称，他们使用分支图对一门学科的关键概念进行了总结，使人们可以在最短的时间内习得相关内容。[159] 这种策略的其他版本吸引了 17 世纪的一些人物，其中包括扬·阿莫斯·夸美纽斯和他的支持者。夸美纽斯等人试图对知识进行简化和浓缩，以其作为快速获取新知识的基础。这一类愿望包含了各种各样的假设，我们可以从莱布尼茨的思想中看到日后一种比较复杂的版本。莱布尼茨曾于 1680 年的一篇文章中要求路易十四安排摘录"最好的书籍的精华"，并加入各行各业的最优秀的专家尚未记录的各类观察内容。[160] 不过，莱布尼茨收集和简化资料，同样出于另外一种目的。在三年前的 1677 年，他曾在《走向普遍特征》(*Towards a Universal Characteristic*，1677年)中提出，通过这种方式对一部包含了普遍观点的字典进行分析和简化，"与目前的演说和百科全书比较起来，不需要付出额外的工作量"。他认为，"少部分被选中的人或许可以在五年内完成相关的所有工作"。[161] 莱布尼茨作出推断，既然所有知识都可以用字母表中的字母表达，那么有可能"计算人们能够表达的真理的数量，进而确定一部包含了所有可能存在的知识的著作的规模。这部著作可以包含所有可能进行了解、书写或者发现的事物。这部著作不仅包含真命题，而且包含能够进行推断的假命题，甚至是那些毫无意义的表述"。[162]

我们将在下一章看到，快速提炼知识要点的做法在塞缪尔·哈特利布的社交圈中大有前景。培根曾保证，相关的基础内容将最终发现"事物的为数不多的简单形式或差异"。在承认细节重要性的同时，哈特利布的联络人受到了培根的鼓舞，[163] 希望能够加快这一进程。他们采用的方法并非降低笔记的密度，而是通过在相对较短的时间内总结基础观点与命题，对各类信息进行收集和整理。年轻的玻意耳曾是哈特利布的联络人之一，他对这种"缩短艺术"的做法有一定的了解。不过他很快发现，对希波克拉底格言唯一恰当的回应是对信息进行缓慢地编写、存储与传播。

第四章—塞缪尔·哈特利布社交圈的笔记

　　在匿名的乌托邦式短文《玛卡里亚》（*Macaria*，1641 年）中，一名"学者"与一名"旅行者"发生了一场对话。在作品开篇的场景中，两个人在"交易所"相遇，旅行者感到疑惑："我认为你在交易知识，可是这里并没有交易知识的场所。"旅行者建议他们一起"到田野中去"，在那里他可以为学者讲述"奇特的传闻和许多知识，我从海外带回了这些传闻，而且没有缴纳关税"。学者欣然同意并回应道："作为学者，我们喜欢听传闻，喜欢学习知识。"这篇作品的作者为加布里埃尔·普拉特斯（Gabriel Plattes），发表人是塞缪尔·哈特利布。哈特利布是伦敦著名的知识人士，皇家学会成立之前曾与玻意耳、佩蒂、奥布里、比尔等学者通信。[1] 从某种意义上讲，《玛卡里亚》中的情节激起了培根的抗议。培根认为，即便饱学之士也听信"某些谣言、传闻，或者是虚无缥缈的经验"，使得"哲学的运行方式就像某个国家或者城邦"，依赖于"城里的闲聊和贫民区的小道儿消息"。培根警告说："松散且模糊的观察会产生不可信且不可靠的信息。"[2]

哈特利布是培根的忠实读者，但他并没有对可靠的报告与小道儿消息进行严谨地区分。根据他的观点，信息和知识来自书籍，但还有很多来自观察和证词，因此信息和知识具有各种来源。他认为，所有信息一经收集就应该被整理、编入索引。不过这种做法会呈现矛盾和反复。为了协调材料，哈特利布计划设立一间"公共讯息办公室"，来收集"有关宗教、学术以及所有具备创造性的信息"。[3] 他在 1648 年的一份声明中表示，自己的目的是"以私人或者公开的方式传播值得注意的信息"。[4] 这种办公室的原型之一为泰奥夫拉斯特·勒诺多（Théophraste Renaudot）在红衣主教黎塞留（Cardinal Richelieu）的支持下，于 1633 年在法国巴黎创办的"通讯处"（*Bureau d'Adresse*）。[5] 其实，哈特利布当时正在筹备建立两处"办公室"，一处为伦敦的实用信息"设施办公室"，由亨利·罗宾逊（Henry Robinson）指导运行，另一处为针对知识内容的牛津"交流办公室"，由哈特利布亲自管理。在有关"设施办公室"的事务里，哈特利布推测劳动就业方面的信息、服务等内容存在更新需求。因此他宣布"登记簿将于 24 小时内注销（旧信息）……以免对已经解决的问题作无用功"。[6] 然而，对"交流办公室"收集的观点和观察类材料进行快速移除是行不通的。这些内容必须得到妥善保管和排列，以供后续使用，设立"办公室"的目的恰恰是通过集中信息来实现这一点，"这里就像一份杂志或者一处市场，把分散在各处的必要、有利、稀有以及值得称道的全部东西集中在一起"。[7] 最终，哈特利布成为发挥这种作用的中心点。

哈特利布的生计和声誉有赖于他对"书信共和国"相关信息的强烈需求和处理能力。[8] 在《农业论述》(*A Discours of Husbandrie*，1652 年)的序言中他声称，尽管缺乏相关经验，"我仍然发现自己有义务成为连接公众的管道"，传达"他人的经验和观察"。[9] 这种比喻方式含有一种被动接受、被动传播的意味，没有充分地展示出他在相关活动中的野心和潜力。1660 年，哈特利布向议会提交了一份请愿书，总结了自己对知识所作的毕生努力，借此说明他自 1649 年起，每年获得 100 英镑政府津贴是一种"促进艺术和学术进步"的手段。[10] 不过在这份请愿书里，哈特利布仅仅明确地提到搜索"珍稀手稿""农业和制造业中最好的产业实验"，以及维护"国内外有关虔诚、美德和学识的永恒智慧"，[11] 没有充分地表现出自己对信息的积极挑选和管理。哈特利布提供有效的沟通的能力，取决于他出于精简的目的，根据各类标题特意整理的个人资料档案。哈特利布的做法表明，培根精神指引下的信息收集是一项艰巨的任务，可能比培根本人意识到或者陈述的程度更艰巨。

关于哈特利布及其社交圈和联络人，现代学术界作出了毁誉参半的评价。休·特雷弗 - 罗珀（Hugh Trevor-Roper）认为，哈特利布、约翰·杜里（John Dury）以及扬·夸美纽斯是"英国革命中真正的哲学家和唯一的哲学家"，与此同时，他们也是"庸俗培根主义"的代表，"缺乏真正的培根主义信息所具有的范围和力量"。[12] 玛格丽·珀弗（Margery Purver）认为，哈特利布和夸美纽斯把培根的学术机构更新计划与他们的泛智学院（pansophical colleges）梦想混为一谈，因此她不承认哈特利布和夸美纽斯对于皇家学会来说占据任何先驱地位。[13] 玛丽·博厄斯·霍尔（Marie Boas Hall）承认，在皇家学会和其他科学机构成立之前，哈特利布"确实属于不无重要的沟通渠道"，不过"他收集的大部分信息以及发表的各类研究发现无关痛痒"。[14] 面对这些评价，查尔斯·韦伯斯特（Charles Webster）认为，哈特利布的社交圈是一种智力网络，动力来自新教千禧年主义、社会乌托邦主义以及培根哲学愿景的结合。他们的改革计划涉及经验科学及其制度安排、社会应用，这些内容组成了知识的"伟大复兴"。[15] 约翰·比尔的《赫特福德郡果园》（Hertfordshire Orchards，1657 年）可以看作一名参与者对哈特利布实现目标的方式作出的理解。用比尔的话来说，哈特利布"是所有国家之中狂热的基督教式和平的游说者……（也是）朴实艺术和有益科学的孜孜不倦的推动者"。[16]

根据韦伯斯特作品的观点，宗教信仰无疑对哈特利布等学者的计划和活动产生了推动作用。[17]当时的英国新教，除了所有人通通追随基督的普遍召命，也出现了一种特殊的"天职"（calling）概念。根据林肯主教罗伯特·桑德森（Robert Sanderson）的说法，这种"天职"指的是"上帝赐予我们能力、对我们进行指导，并把我们放在特殊的道路和生活情境中，使我们发挥自己的能力，运用上帝赐给我们的天赋"。[18]个人的才能与职业身份组成了一种为公共利益服务且受到神圣督导计划，这个计划可以通过科学方面的应用，帮助人们在充满考验的世界中实现救赎。哈特利布的社交圈有一种独特的倾向——坚持认为实现这种目标有赖于分享上帝赋予人的技能和洞察力，因而存在一种"沟通义务"。[19]杜里在《新式图书馆的管理者》（*The Reformed Librarie Keeper*，1650年）中声称，当前的"科学"知识必须被迅速地导向"公共用途"，而非个人利益，否则，"知识的增加只会助长纷争、傲慢和混乱"。[20]哈特利布担心认识到这一点恐怕为时已晚。他曾在1640年的一篇日记中遗憾地写道："如果我们已经收集了所有已知和已经做过的事情，那么我们将享有一个多么有益的世界啊！然而现在所有事物出现了混乱。最初和最后层面的内容被忽略，中间内容却得到了遵循。"[21]哈特利布、杜里、夸美纽斯及其泛智追随者认为，正如约瑟夫·梅德（Joseph Mede）在《克拉维斯启示录》（*Clavis Apocalyptica*，1643年）中宣称的那样，他们将在有生之年见证基督的第二次降临。他们认为《但以理书》（12:4）有关知识增长的预言正是基督降临的最后征兆之一，与组织当前知识使其作为一系列研究发现基础的迫切需求息息相关。[22]

17 世纪的新教徒对于亚当和夏娃堕落的后果的信仰，同样与此相关。彼得·哈里森（Peter Harrison）认为，英国新教徒设想了一场培根式科学改革，用来弥补后堕落时代感官和智力的削弱。避免先验推测并且采用认真的观察和实验方法，有助于恢复亚当曾掌握的一部分知识。不过他同样认为，哈特利布、夸美纽斯及其社交圈中的一部分人信奉的"末日观"，对这种场景进行了复杂化。即将到来的千禧年没有给培根设想的缓慢进步留下足够的时间。[23] 新教改革者需要在末日到来之前取得重大的科技进步，这种知识进步既是千禧年的一种标志，又是千禧年到来的先决条件。

这种进步要求具有记忆和推理的能力，但这些能力被认为遭到了堕落的损害。哈特利布没有详细地描述思维的弱点，而是肯定了对信息进行分类和简化，有助于识别大自然的各类基本属性，并且可以通过全新的方式对各类属性进行结合：

> 末日来临之前，自然界没有任何不完美的事物，然而地球的重要属性包含的可以想象的所有完善，最初并不存在。每一种完美都截然不同且没有缺点。不过，主客体相

遇之后将产生怎样的结合、出现怎样的后果，我认为有待发现[24]。

这里的重点在于，"我们目前严重地缺乏相关知识"，但可以借助分析并通过技术干预对事物的基本属性进行重新组合，进而取得可观的进展。言外之意是，当今有可能揭示各类自然现象（由于不存在相关需求，这种自然现象并非亚当在伊甸园中所引发）。哈特利布等学者承认人类的能力存在局限性，但他们认为各种捷径，如关键词、摘要、纲要、索引、速记、人工语言等手段，可以提升发现速度。这种信念的相关示例比比皆是：比尔自信地宣称，自己可以"在一周之内"教授一种基于通用字符的全新速记法；[25]约翰·威尔金斯提出，一种相关的人工语言可以快速习得，"几天之内就能轻松掌握"。[26]约翰·佩尔认为，所有的数学知识可以通过"一个人"进行归纳与编纂；夸美纽斯信誓旦旦地提出，在他所处的时代能出现一部囊括了所有知识精髓的著作。[27]

然而对于哈特利布的社交圈来说，对这种乐观情绪和大量笔记进行协调并不是一件容易的事。这里同时出现了两种看似不相容的假设：一种假设要求收集海量信息，另一种假设认为记忆能够掌握相关内容的关键要素。从某种意义上来说，两种假设的结合支撑了文艺复兴时期的标准修辞技术，因此这种结合并不罕见。摘抄比喻和引文必须兼顾"简洁"，使用精练的格言和比喻对一种想法进行简化。培根针对收集"细节"提出的要求可能无法兼顾简洁的特点，不过哈特利布并没有因大量细节可能淹没记忆而绝望。有序信息的优点在于能够在回忆相关材料时发挥提示作用。哈特利布强调，能够轻松地定位重要材料才能进行最好地判断和理解。他曾在一则早期条目中对法国法学家雅克·屈雅斯（Jacques Cujas，1520—1590 年）的观点表示了赞同，认为在需要的情况下能够找到（回忆）一篇文章或一种观点的能力，远比能够在记忆中储存大量事物的能力更有价值。哈特利布认为，"记住所需内容的理性记忆，比那些局部方法主义者随机地记住混乱事物的单纯记忆好得多。这是一种最佳的记忆方式，最有利于判断"。[28] 哈特利布的笔记涉及收集、浓缩与整理信息，有助于记忆和推理。这样一来，希波克拉底的名言就有可能得到解答：正确使用笔记可以缩短通往艺术和科学的道路。

哈特利布的各类文件为历史学家提供了异常丰富的资源。[29] 哈特利布于 1662 年 3 月离世，之后他的朋友威廉·布里尔顿（William Brereton）买下了哈特利布留下的信件、日记和其他手稿。约翰·沃辛顿（John Worthington）早在 1655 年便已经与哈特利布通信，1667 年，他在英国柴郡布里尔顿宅邸发现了这些资料。[30] 他曾通过哈特利布得知，一部分资料已经在 1662 年初的一次"火灾事故"中丢失。[31] 沃辛顿描述道："在柴郡的最后一段时间里，我发现了两个大箱子，里面装满了哈特利布先生的资料。布里尔顿爵士买下了这些资料。我本以为这些资料已被整理好，却发现事实并非如此。于是我把这些资料拿出来铺在一个大房间里，按顺序整理成几捆。"[32] 除了沃辛顿整理的一部分信件和资料，很多资料丢失了。1933年，教育历史学家G.H.特恩布尔（Turnbull）在伦敦一名律师的办公室里发现了这些资料。特恩布尔提到，这些资料共有68捆，很可能由沃辛顿进行了整理。特恩布尔把这些资料送给了谢菲尔德大学，自1963年5月起，这些资料一直保存在谢菲尔德大学的档案室，[33] 后来又得到了补充。哈特利布资料光盘的第二版总共包含了72捆资料的内容。[34]

19世纪中期，对哈特利布进行评论的人士开始对他的资料进行应用。这些资料当时保存在大英博物馆，此前由收藏家汉斯·斯隆（Hans Sloane）收藏。1865年，亨利·德克斯（Henry Dircks）列出了哈特利布所有出版作品。不过德克斯错误地把哈特利布当作这些作品的唯一作者。根据德克斯的估计，这些作品包含"两部十二开本、两部八开本，以及大约二十八部四开本。这些论著的篇幅和字体各不相同，不过大多是简短的手册和短文"。[35] 德克斯指出，"他（哈特利布）就是一处机构，他就是这处机构的所有者、委员会以及各类官员。另外，相关资金也由他全部承担"。[36]

《星历》

　　哈特利布的《星历》是于 20 世纪早期被发现的作品之一。这部作品由日记手稿所记内容组成，共计约 30 万字。哈特利布可能早在 1631 年就开始写日记，不过现存日记的涵盖范围是 1634 年至 1635 年、1639 年至 1643 年，1643 年直到 1649年一直处于间断，自 1649 年开始一直延续到 1660 年。[37] 在多数情况下，这些日记的年份都标注在封面或者正文的第一页。现存第一部哈特利布日记的标题为《星历 1634/1635》（*Ephemerides Anni 1634/1635*），涵盖了 1634 年至 1635 年的内容。[38] 这些笔记使用了大约相当于今天 A4 规格的纸张，每六到八张纸折叠为一沓。每一沓纸都添加了标注（比如 6 张纸组成的一沓纸标注了 A1-A6），收入了未经缝合的笔记本。[39] 这部笔记的规格大约为 29.5cm×20 cm，纸张规格约为 20cm×15 cm。每一页纸都使用了标尺，左页的左边和右页的右边分别留出了大约 3 厘米空白处。纸张顶部和底部分别留出了大约 2 厘米空白处，底部空白往往略大于顶部空白。除了首页背面和一部分末页，所有页面都记录了条目内容。这些内容没有设置标准日期格式，但有一些内容提到了日期，比如"1月14日伦敦出现了巨大的雷鸣和闪电"。[40]

哈特利布对笔记内容条目进行了连续排列，使用一条水平线进行了分隔。这条水平线有时没有贯穿整个页面。页面空白处用于记录标题关键词，指示了对应条目的内容。这些标题位于条目第一行旁边。条目内容偶尔跨越右侧空白处边缘。早期笔记使用了概括性标题，主要包括"博学""精选书籍""书评""预期"等等，后来添加了更具体的标题，比如信息提供者的姓名、相关主题或概念（"物理""化学""经验"）等等。有关医学与科学类信息的早期笔记的空白处布满了标题，同时列出了主题和信息提供者的情况。[41]哈特利布有时会把自己思考的内容添加到"思考"标题下方，不过似乎自17世纪50年代开始他才使用这种方法。[42]

人们把《星历》恰如其分地称为"信息日记"，[43]我们可以从两个层面理解这种定位。第一，《星历》包含了通过各种来源以及联络人收集的大量信息，涵盖了从圣经研究、新教统一，一直到化学和园艺学。第二，这部笔记针对信息的收集、整理、索引、沟通等过程进行了审查和评论，包含制作纸张、笔、墨水、速记系统的笔记，还涉及对资料进行摘抄、录入、排列的各类方法。简而言之，这部笔记包含了很多关于"做笔记"的内容，同时包含了对知识理论的思考，为"做笔记"提供了理论依据。

在哈特利布的时代，人们普遍把日记作为一种精神记录手段。[44] 泛智论者把日记用作激发知识洞察力和道德意识的工具。夸美纽斯曾建议人们记录一份"生活历书"，记录下自己认为较好的书籍和作者、谈话中听到的重要内容以及个人思考。[45] 哈特利布同样对自己试图收集的内容记录了笔记，这些内容往往按照知识类型进行了分类，而不是依据主题。1634 年，哈特利布在"星历"标题下方指出，这类笔记既要包含实验观察，又要记录各种观点。哈特利布的一些想法与夸美纽斯的理论基础保持了一致。1648 年，哈特利布提到，"在不知不觉之中获得普遍知识与经验的最佳方法，就是把我们在书本之外听到或看到的一切内容准确地记录下来"[46]。哈特利布的日记同样发挥了情报工具的作用，他收集的各类信息既像是一种数据库，又像是一种关于思想的个人记录。[47] 另外，自早期阶段开始，他的日记内容就不只是来源于各类信息的报告或摘录，同样包含了"预期"（desiderata），也就是针对需要找到或完成的事所做的列表，"我希望安斯沃思（Henry Ainsworth）已经像整理摩西五经那样，对整部《圣经》完成了总结"。[48] 哈特利布与夸美纽斯的区别在于，哈特利布为这类列表添加了科学信息。

哈特利布对于能够促进收集与整理笔记的建议表现出了一种狂热。大多数同时代的人对于制作与使用笔记所需要的材料均有所了解，不过哈特利布对于大量收集这一类信息可能表现出了与他人不同的一面。《星历》中散落着有关纸、笔、胶水类型的条目，记录这些内容是为了让作笔记更容易、更快速且更高效。[49]这部笔记中有很多关于"记事本"的条目，着重关注了如何更好地处理页面，使页面可以擦拭干净再次使用，"最整洁、质量最好的记事本是他（玻意耳）在阿姆斯特丹发现的石板记事本。原因是这种记事本永远不会破损，不需要纸张，可以对写在上面的内容进行清晰地展示，不需要用海绵或者布料努力擦拭"。在"新记事本"的标题下方，他描述了一种"可以使用海绵和温水擦拭100遍，反复书写的纸，用这种纸可以做成更好的新记事本"。[50]哈特利布很可能曾经使用这种记事本粗略地记录了谈话内容，随后转抄进《星历》。当然他也会针对书籍和信件的内容直接制作条目。洛克和胡克都曾经写过关于如何制作可擦拭表面的指导性内容，哈特利布在这方面有过之而无不及。不过哈特利布还曾探索了复制信息以便传播的方法：

　　　　有这样一种黑纸。在它下方垫白纸，随后交叉铺垫黑纸和白纸。在黑纸上用力地写字，字迹也可以清晰地显现在其他白纸上。这种方法对于复制资料和印刷来说可能更实用。[51]

出于对快速书写的追求，哈特利布同样研究了所有最新的速记方法，"威利斯速记法更基础、更规范，且更易于使用其他语言，不过谢尔顿速记法更快速、更便捷"。哈特利布补充道（这里显然没有讽刺成分），一个人改进了谢尔顿速记系统，"却没有时间把方法记录下来"。根据哈特利布后来的观察，谢尔顿速记法"对记忆造成的压力水平最低"，"玻意耳先生倾向于使用这种方法"。[52] 佩蒂的双写装置同样有助于提升书写速度，"这是一种体积小、价格低廉的装置，制作方法简单且经久耐用，任何人……都可以在同一时间写出两份相似的资料"。[53]

　　我们需要通过哈罗德·洛夫所谓的"出版物抄写"的角度来理解《星历》。[54]17 世纪，印刷问世的书籍、手册与那些作为传闻和思想传播途径的手稿并存。洛夫主要考察的是诗、曲谱以及政治观点的抄写手稿的流通情况，而哈特利布的活动则是利用手稿保存医学、技术以及科学信息的典范。他的活动可以保存信息，还可以在某个小型社区内部交流。用洛夫的话来说，哈特利布收集的内容可以被看作"用抄写形式保存的知识"。这种手稿交流活动有利于形成一种自定义社区，与出版物读者组成的社区存在差别。[55] 哈特利布的笔记不仅展示了他如何收集和传播信息，而且展示了他对各类可利用媒介的使用情况。他收集了很多作家的手稿，记录了可能丢失的口头信息，还把那些从印刷资料中提取的事实和观点全部转化为抄写形式的笔记。

在这一类活动的重复过程中，哈特利布向外界传播了相关知识与信息，有时还添加了相关的同源资料。这一过程使各类资料来源得以排列和整理。

哈特利布的笔记同样构成了一座庞大的手稿信息库，这种信息库与唐·斯旺森（Don Swanson）所谓的"未发现的公共知识"的决定性要素十分契合。[56]"未发现的公共知识"描述了这样一种场景：书籍或者日志中离散的数据碎片或者思想碎片，一旦组合在一起就能形成一种全新的实证发现或概念层面的进步。只要相关内容中的各类必要组成部分处于孤立状态且不为"任何人"所知，我们就可以称其为"未发现的""公共的"知识。哈特利布占据了一种通信网络的中心位置，使他能够对抄写信息与印刷信息进行组合，这种组合行为从原则上来讲能够产生不为人知的关联关系。他对抄写文档和印刷文档中未经记录的信息进行了储存，自然也就提升了建立关联关系的可能性。比如，他曾经发现，通过"传统"传递的手工艺技能有可能丢失：

> 任何人都缺乏动机对交易进行记录，对于迄今为止特定商人仅仅通过传统保存的技巧和机密，相关记录更是少之又少。如果灾难降临在这些人身上……整个世界立刻就会丢失巨大的财富，且后果不可逆转。因此，即便今后可能不再

使用，所有发明也应该被记录。我们有理由为过去时代所存在的疏忽而悲恸，过去的人们没有记下指南针出现之前的特殊航海技巧。[57]

哈特利布热衷于收集伟大学者的手稿，其中包括笔记和书信。自 1634 年起，他的政策声明与意图声明就已经体现了收集手稿的目标。1639 年，他为培根的现存手稿编制了一份目录，列出了 25 份手稿，并写下了获取其中一部分手稿的意图。[58] 哈特利布这样做的目的是妥善保管可能丢失的资料，这种做法同样来源于一种观点——这些资料往往包含了书籍中没有的新奇信息和思想。1634 年，哈特利布记下了独立派牧师托马斯·古德温（Thomas Goodwin）的一句话："好的英文书很少。最好的东西往往以手稿形式保存在研究项目之中。"另外，"世界上好的书籍很少"，可能仅有 400 本。这里同样作出了接近实际的一种推测，"旅行者如果有书写的习惯，就应该把精力花费在抄写图书馆手稿上。与他们的通用论题和其他阅读材料比较起来，手稿的作用可能更持久"。[59]

学者的手稿尤为珍贵。这些手稿往往具有附加价值，学者在阅读过程中进行了概括和整理。不过哈特利布发现，这种笔记与作者是分不开的，学者会把这些笔记用作智力工具，"古德温先生曾写下了自己所有的布道内容，他在书写的过程中不会开口讲话。古德温先生不会与他的笔记相分离"。[60]学者的离世属于一种笔记来源渠道，哈特利布一直关注学者离世的情况。培根曾说过，笔记的主要价值仅仅体现在作者身上。不过这一点似乎没有影响哈特利布对笔记的热情。1634年，哈特利布十分开心地表示，一位牧师留下了"一部布道标题目录"，还有一个人"留下了自己的札记"。[61]同年，他听说了"一部完美的理查森［亚历山大·理查森（Alexander Richardson）］笔记复本"，非常兴奋。[62]哈特利布的那些年轻的朋友同样表现出了相同的兴趣，哈特利布曾热情地回应了玻意耳"特别关注一下学者杂录"的请求，"这些杂录极具价值，通过这些杂录可以了解学者自身的情况。博雷尔·伊努斯提努斯·范亚森（Borell Iustinus van Ashen）和莫里安（Moriaen）的杂录能媲美黄金"。[63]奥布里以特有的热情提到，乔纳森·戈达德（Jonathan Goddard，1617—1675年）医生曾在未立遗嘱的情况下离世，他的一部分资料在约翰·班克斯爵士（Sir John Bankes）的"手中"，这些资料包含了"一种药典"，"从中可能找到上述罕见的万能药"。相比之下，奥布里回忆起威廉·哈维在白厅的住所遭到"洗劫"时，哈维为"一部昆虫学著作"所作的"解剖学观察"遗失了，他很痛苦。[64]一旦有人获取了某个人的资料，就可以把这些资料与其他资料进行对比。这样不仅更便于解读资料内容，而且可以识别那些来自不同人士、不同来源的信息所包含的重叠内容。

整理与发现

　　哈特利布究竟记录了哪些内容呢？他患有痛风和膀胱结石，自然急于寻找治疗方法和药方。不过根据他的笔记，持续寻找治疗方案的行为与治疗效果之间似乎出现了落差。哈特利布曾在 1657 年满怀希望地写道："玻意耳先生承诺向我传授一种最神奇的结石疗法。"其他笔记也记录了很多治疗方法，比如"一天吃两次葡萄干，一次吃 20 颗"等等。[65] 这些笔记似乎带有一种莫名的伤感。我们可以在他离世前几个月的一封信中感受到他的痛苦，"结石就像一头疯狂的公牛，无法一击毙命"。[66] 不过这里必须指出的是，哈特利布收集资料的兴趣早于他在 1656 年出现健康问题。[67] 早在 1635 年他就写道："卡夫勒（Cuffler）知道一种很好的痛风疗法，使用盐包激起水疱，可以立即消除痛风的疼痛。"几页之后，他期望高涨地潦草写道："艾伯蒂（Alberti）从这位先生那里获得了一份极好的痛风药方，这位先生此后还将向他转交其他药方。"1648 年 1 月至 6 月之间的一天，哈特利布听说"赫尔蒙特（Helmont）的膀胱结石（也许是肾脏结石）治愈了"。[68]

出于一种原则，哈特利布不仅热衷于收集这些信息，而且对信息进行了整理。1650年，他为一本可能出现的医学笔记而兴奋，"关于哈克（Haack）先生的期望，他曾致信莫里安（Morian）先生，表示应该编写一本适用于普通用途的医药食谱"。[69]1661年，沃辛顿希望哈特利布的健康状况能够允许他"仔细研究你书房里的那几捆资料，挑选一些内容写成一部林木集或者一部备忘录"。哈特利布自然已经很清楚这类著作的重要性，以及把材料"排列在通用标题下方"的重要性。[70]他的早期笔记曾经提到把知识和信息缩减到易于管理的比例，能够减轻记忆负担或者便于检索。这一类内容往往更倾向于表明哈特利布渴望的事情，而不是他已经做到的事情（沃辛顿的请求可能暗示了这一点）。不过这些内容同样可以说明，哈特利布已经认识到，收集那些可能丢失或者没有被充分利用的信息与利用这些信息提炼核心概念，二者之间存在着矛盾。

在第二章里我们提到，只要学生坚持记日记，耶稣会教士就会允许高年级学生自主选择记录方法和索引方法。通过《星历》我们同样可以看到，哈特利布在勤奋记笔记的同时，把日记的时间顺序（这里缺乏常规的内容日期）和能够用于检索的主题标题相结合。与此同时，哈特利布还对德国和荷兰的新教神学家的作品进行了一系列改编。[71]夸美纽斯的老师约翰·海因里希·阿尔施泰德曾沿用了巴托洛梅乌斯·凯克尔曼

（Bartholomaeus Keckerman，1573—1609 年）和自己的学生共同记录集体笔记的做法，哈特利布或许通过夸美纽斯了解到相关内容。[72] 哈特利布显然没有通过类似的方法来操控自己的联络人，不过他主张使用札记来整理可能用于公共用途的信息和知识。哈特利布的意图是使用便利的标题对材料进行浓缩和收集，从现存的古今书籍中提取有用的知识。这种方法的好处之一是，有可能找到一致、矛盾和重复的内容。我们将在下文里看到，这种方法是对信息进行管理的一个步骤，便于检索并且有助于把信息传递给他人。

具体应该研究哪些书籍和资料，是一个非常关键的出发点。哈特利布的早期日记使用了很多有关"精选书籍"的注释。更具体地来讲，他使用了"神学精选书籍"注释。[73]

此外，他希望获得相关书籍的目录来挑选书籍，或者最好是经过其他人筛选的书籍目录。哈特利布了解到，新教传教士彼得·施特雷哈根（Peter Streithagen，1591—1653 年）"曾针对超过 40 名英国作家的作品制作了参考资料和通用论题，每天都在坚持记录，积累了大量资料"。[74] 几年之后，哈特利布写下了这样一条备忘录：

让施特雷哈根先生了解我的意图，并且让他明白，我需要他在一两件非常有用的事情上极大地推进这项工作。首先，我需要一份他已经掌握并且用于编写高地荷兰语札记的英国作品目录。[75]

    哈特利布希望其他人能够对包括材料收集情况在内的信息进行调查和描述。1634年，他饶有兴致地注意到约翰·特拉德斯坎特（John Tradescant）花园中的"草药目录"。后来哈特利布与威廉·兰德（William Rand）一致认为，"应该鼓励特拉德斯坎特针对他的博物馆里的所有内容制作一份精确的目录"。[76]哈特利布在自己的社交圈内迅速发现，一些人士针对自身感兴趣的各类主题材料进行了整理或缩编。对于哈特利布来说，各类谚语已经对"与日常生活有关"的更广泛的意见进行了浓缩，因此收集这些谚语同样非常有用。[77]他听说约翰·弥尔顿"不仅写下了一部英国历史，而且写就了一部有关珀切斯所有作品的摘要"。[78]

    资料整理完毕就必须保存起来，供日后查阅。札记法可以直接生成索引。现代英语中的"索引"（index）其实是"札记索引"（*index locorum communium*）的缩略形式，这种索引通常会列出一部作品包含的主要标题，给出章节编号，以便寻找特定段落。哈特利布在《星历》早期内容里使用的空白处标题可以起到索引的作用。一部分证据表明，哈特利布能够查找有关内容提取材料。[79]他很可能借助了一部单独的综合索引，对空白处关键词进行了整理。1635 年，他曾以赞许的口吻记录了托马斯·古德温对这种方法的描述：“我们应该在为空白处标题制作索引之后，通过空白处标题杂记的方式，对自己思考的内容进行记录。”[80] 不过古德温在提出索引建议的同时，告诫人们应该关注精选书籍及其包含的核心概念。陈述这一观点的时候，哈特利布提到，“要经常阅读精选书籍”。在谈及神学课题的时候，他还曾大胆地提出，“最精选的内容应该出自（教会）神父之手”。[81] 这种阅读策略提升了回忆所选标题以及标题包含内容的可行性，与此同时，预先确定了对新材料作出的反应，并通过既定框架来吸收资料。

哈特利布曾研究了关于“各界学者”如何对笔记进行整理和索引的其他观点。很多观点似乎赞成把资料简化为一组数量较少的稳定标题。哈特利布记录道，人文主义学者尤斯图斯·利普修斯（Justus Lipsius）通过“使自己在某些作家身上做到尽善尽美，然后把自己所读的一切，通过添加或省略的方式，归结到他们身上”来记录笔记。[82] 年轻的德国学者约阿希姆·胡布纳（Joachim Hubner）同样认为，夸美纽斯的“形而上学”可以“服务于更全面的札记和更综合的标题，这样一来，我们所有的阅读和思考都可以更好地简化为各种系统”。[83] 有迹象表明，哈特利布曾试图以代表性读者使用的标题作为起点，针对某些学科建立一套标准的标题。他曾在“实用神性”（Practical

Divinity）部分里记录道，杜里希望要求"施特雷哈根先生按照字母顺序或任何他认为合适的顺序，为我们提供一份他的札记标题，附加相关主题的作者和作品引文"，另外他还希望"请任何人写下……标题列表，附加相关作者和作品引文"。[84]

我们大概可以认为，由泰奥夫拉斯特·勒诺多通讯处主办的"会议"提供了另外一种方案，即建立一组实用的临时标题。继培根的《林木集》之后，这些会议提出了大约 100 个标题，其中包括"方法""原则"以及火、空气、水、土等基本元素标题，还包含了其他更复杂的标题，[85]1640 年，哈特利布罗列了这些标题具备的优点，其中包括"可用于收集或提取概念""可用于通用论题和札记"等等。[86] 不过，哈特利布的一部分亲密同人认为，这种松散的主题无法应用于开放的调查研究。1641年，哈特利布记录了胡布纳的评论：

> 这些法国会议尽可能多地给出了所有普遍学识的缩写和内容，或许能够显示出我们可能掌握的知识的一小部分。这些内容或许可以服务于更全面的札记和更综合的标题，这样一来，我们所有的阅读和思考都可以更好地简化为各种系统。[87]

这部分评论的意思是，相对少数的"综合"标题或许有助于管理协作类内容。1649 年，杜里在一篇有关通讯处的闲谈风格的文章中，更加严格地坚持了固定数量标题的观点。内容可能来自培根的《学术的进展》或者阿尔施泰德的《百科全书》：

> 我们可以利用这些标题囊括所有事物，那些能够被认识或设想的内容就可以被简化，无论这些内容是真实的还是概念上的知识对象。我们的目标仅仅是设定一般标题，这些标题对于所有层面的细节来说具有程度最高的综合性：因为所有真实事物以及其中可以被人们认识的事物，能够被归入这些概念框架的一部分或者全部，任何人都可以通过自己擅长的方式发现它，并且能够向他人传播某个标题的相关内容，或者对内容进行充分地理解。[88]

杜里的意图在于应用所有知识，那么这种预先设立的标题能否在自然界经验知识和实验知识领域中发挥作用呢？哈特利布是否从他人那里听说过这种方法无法发挥作用呢？

就科学信息而言，化学是哈特利布首先关注的领域之一。[89] 早在 1634 年 1 月，哈特利布就把"实验观察"列为自己搜寻的信息类型之一。他认为这类信息与其他主题类似，可以把书籍或者观察作为切入点。1639 年，哈特利布记录了自己听到的关于加布里埃尔·普拉特斯的内容。普拉特斯当时正在阅读可能包含化学知识的书籍。用哈特利布的话来说，普拉特斯的格言是"首先从所有书籍中收集真实的实验。随后发挥自己最好的智慧去进行理性地思考"。[90] 根据哈特利布的日记，他曾于 1641 年 4 月 13 日见到了律师、绅士切尼·卡尔佩珀（Cheney Culpeper），卡尔佩珀加强了哈特利布对于化学的兴趣。[91] 卡尔佩珀在给哈特利布的信中提到了普拉特斯的著作，请求哈特利布对普拉特斯的著作进行适当地整理，并希望"他（尚未发表）的思想均应得到保留。因此如果你对他的各类应用进行回忆和整理，那么（我认为）你将极大地推动公共事业"。[92] 哈特利布对普拉特斯的遗作进行了研究，解释了普拉特斯的工作内容。哈特利布在 1655 年的化学与医学论文中收录了普拉特斯的文章《对炼金术师的警告》（*A Caveat for Alchymists*）。在这篇文章中，普拉特斯宣称，"付诸实践之前，任何人的判断都应该以最好的书籍为根据"，任何人都不应该"在没有书籍的帮助下，仅凭自己的猜测和实践"来尝试化学的"艺术"。[93]

了解了普拉特斯的化学研究方法，哈特利布又在自然哲学领域听说了针对大量书籍共同记录笔记的做法。1648 年，牛津大学瓦德汉学院（Wadham College）院长约翰·威尔金斯成立了一家俱乐部。1652 年，威尔金斯的同事、天文学家、神学家塞思·沃德解释道："我们的俱乐部由大约 30 名成员组成"，"只收集图书馆藏书作家的相关历史，笔记覆盖了自然哲学和混合数学的全部或者大部分标题……我们的第一项任务是收集已经发现的相关内容，编成一本附带总索引的著作"。[94]

哈特利布跟进了这家俱乐部的工作。1651年的一份笔记表明，哈特利布曾与俱乐部成员进行过沟通，"俱乐部的人对整个领域进行了划分或者正在进行划分，委派我负责一部分工作，把所有涉及实验知识的作者整合起来"。[95] 这种方法与哈特利布的其他联络人的观点一致。威廉·兰德曾提到，"人们应该把（扬·巴普蒂斯塔·范）赫尔蒙特简化为一部札记，根据特定主题收集所有相关内容"。[96]

至此，哈特利布接触了关于收集和整理信息的两种方法。胡布纳和杜里主张严格限制标题数量，通过这些标题记录新材料。普拉特斯和牛津俱乐部主要对书籍进行调查研究，通过标题整理相关信息，整理过程中很可能添加新标题。哈特利布似乎更倾向于使用第二种方法。无论使用哪种方法，哈特利布通过自己的日记发现，副标题对于辅助收集信息和辅助信息检索来说都是十分必要的。即便针对某一位主要作者，哈特利布也发现需要一种较好的搜索工具，"很遗憾，目前还没有关于塞内加歌剧的准确索引。作品包含了有关尼禄、卡里古拉等人的大量历史细节，书中的不同内容曾多次提到这些人，并附加了新的有关情境。但在没有索引的情况下，我们应该怎样找到这些内容呢？"[97]

一旦收集到更广泛学科的信息，几乎就不可避免地需要用到更多（且更难以记忆）的标题。

哈里森的索引

考虑到存在各类挑战和要求，我们就不难理解哈特利布发现一种全新的大规模索引时的兴奋之情。1640 年春天，哈特利布在日记中赞美了"哈里森的书籍发明"。根据他的描述，"这是迄今为止由一种便利且完美的艺术或摘抄技巧设计的最优秀、最完整的艺术"。[98] 他相信，这种技术能够"针对所有作者提供一种完美的索引，或者针对所有作者给出最真实、最明智的资料目录，展现任何书籍中的现存学识"。哈特利布有关哈里森的新索引的第一个条目长达 32 行，是同一年中最长的笔记（见图 4.1）。在接下来的几年里，哈特利布经常提到这项发明在浓缩和检索知识与信息方面的应用。哈特利布认为，这项发明可用于"每个人的书房与图书馆"，不过其最具潜力的应用是协作，"这种方法的一个完美之处是它永远不会完美。这种方法涉及的内容属于全人类共同的工作，并非某个人的职责，需要通过所有国家的举国之力进行完善"。[99]

这种方法的发明者是谁？这种方法能起到什么作用呢？

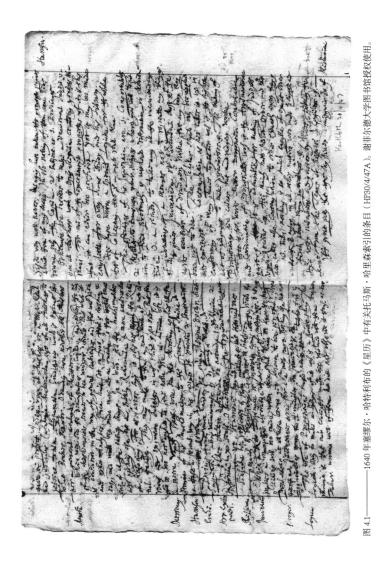

托马斯·哈里森（1595—1649 年）毕业于牛津大学，后成为一名教师。几年前，诺埃尔·马尔科姆（Noel Malcolm）证明哈里森是大英图书馆一份现存拉丁文手稿的作者，使人们重新认识了哈里森。[100] 哈里森曾设计了一种"研究柜"（Arca studiorum），可以用来放置记录了笔记和摘要的纸张或纸条（见图 4.2），把纸张挂在这种橱柜内壁的挂钩上。每个钩子都根据字母进行了编号，纸张按照对应的标题放置。[101] 这一发明解决了此前必须根据猜测来分配笔记内容空间、为标题分配笔记页数的问题。这样一来，哈里森所作的笔记就形成了相互分离的实体，可以从某一个分类（挂钩）转移到另一个分类。这些笔记可以借给他人使用，还可以添加新内容。哈特利布通过胡布纳听说了哈里森，并与西奥多·哈克（Theodore Haak）、约翰·佩尔一同会见了哈里森。[102] 哈特利布把与哈里森有关的消息传播到自己的核心社交圈，不过更广泛的学术界对哈里森的发明仍然一无所知。直到后来，汉堡法学家兼修辞学教授文森特·普拉奇乌斯把一份匿名手稿收进了《摘抄的艺术》，哈里森的方法才为世人所知晓。[103] 普拉奇乌斯在文中添加了自己的观点，提到了"文学箱"（scrinium literatum）。他宣称，这种技术适用于高级笔记方法，可以对"书信共和国"学者的集体笔记进行编排（见图 4.3）。[104] 普拉奇乌斯对自己的老师约阿希姆·容吉乌斯（Joachim Jungius）使用的松散纸张笔记十分警觉，他建议

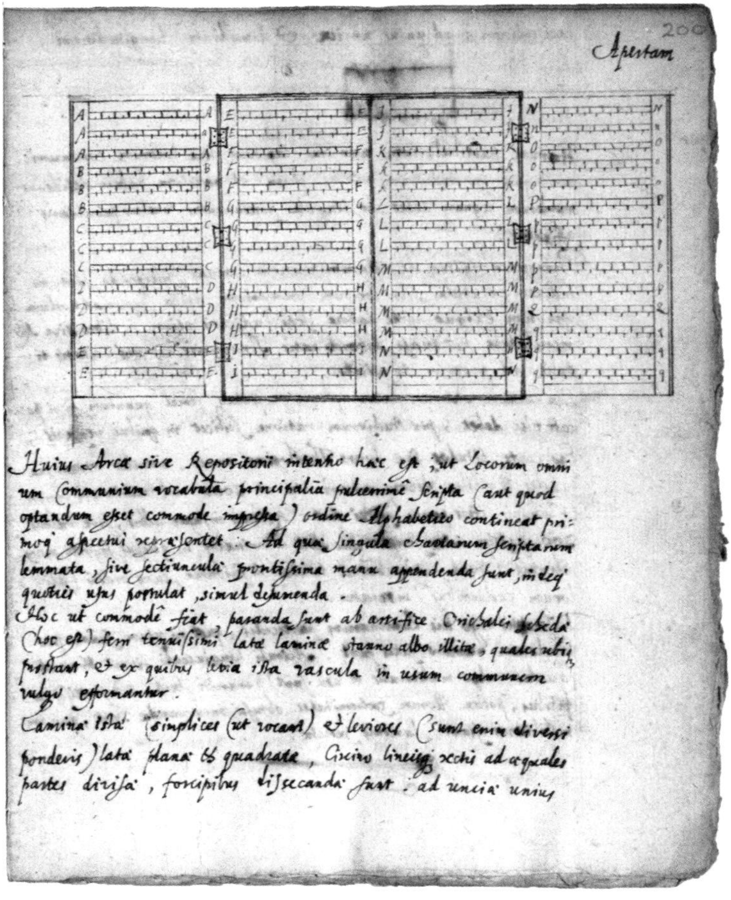
Apertam

Huius Arcae sive Repositorii intentio haec est, ut Locorum omnium Communium vocabula principalia pulcerrime scripta (aut quod optandum esset commode impressa) ordine Alphabetico contineat primoq' aspectui representet: Ad quae singula Auctorum scriptorum lemmata, sive sectiuncula promptissima manu appendenda sunt, indeq' quoties usus postulat, simul demenda.
Hoc ut commode fiat, paranda sunt ab artifice Orichalci schedae (hoc est) ferri tenuissimi latae laminae stanno albo illitae, quales ubiq' prostant, et ex quibus levia ista vascula in usum communem vulgo efformantur.
Laminae istae (simplices (ut vocant) et leviores (sunt enim diversi ponderis) latae planae et quadratae, circino lineisq' rectis ad aequales partes divisae, forcipibus dissecandae sunt: ad unciae unius

图 4.2——————托马斯·哈里森“研究柜”处于开放状态时的样貌（BL, Add. MS 41846, fol. 200r）。大英图书馆授权使用。

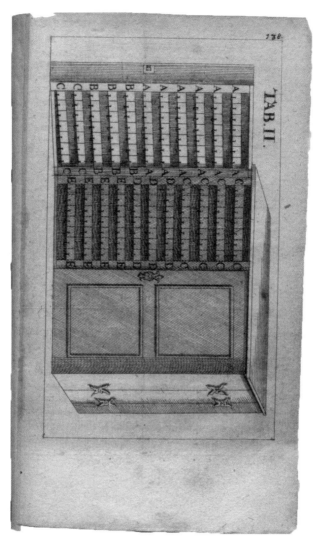

图 4.3————文森特·普拉奇乌斯设计的"文学箱",以哈里森的"研究柜"为原型。文森特·普拉奇乌斯,《摘抄的艺术》(1689, 138. Shelfmark: 1089h.15.)。大英图书馆授权使用。

容吉乌斯把整部手册挂在研究柜的挂钩上（见图 4.4）。[105]

哈特利布对于哈里森的方法的潜在用途充满热情，与此同时，他查阅了自己保存的有关制作和保存笔记的内容，对这种方法进行了校准。这种方法使松散的笔记摆脱了笔记本的限制，哈特利布显然认为这种方法非常巧妙，"这种方法可以让你随意地安排笔记的纸张数量。你可以随意地取下纸张换到其他位置，非常便利"。在列举这项发明的"完美之处"时，哈特利布提到了"借助于移动性转换概念"，这种方法能够在"不干扰思考"的情况下找到特定内容。在这里，哈特利布或许承认了这样一个事实：收集信息最终可能无法取得可靠的结果。哈特利布同样很想了解哈里森在发明这种方法之前尝试过哪些方法，"他应该把自己尝试过的方法都记录下来"，以便通过这些方法激发其他想法。[106]

哈特利布了解到，此前已经有人在思考如何让笔记脱离笔记本，重新排列。比如，"［马赛厄斯（Matthias）］博耐格（Bernegger）使用一块长板对很多作者的作品内容进行了排列和保存。图阿努斯（Thuanus）在书写如此庞大的历史巨著时，显然也使用了特殊的技巧为自己提升速度、节省时间"。[107] 还有人曾尝试跳过笔记阶段，直接从书中剪下摘要内容并按照自己的想法重新组合，"［西奥多（Theodor）］兹温格尔（Zwinger）使用旧书制作了摘要，把整张书页撕了下来。如果手写和摘抄

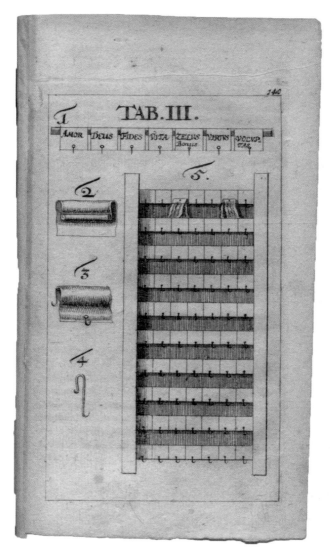

图 4.4————————文森特·普拉奇乌斯根据哈里森"研究柜"描述的主题标签和挂钩。文森特·普拉奇乌斯，《摘抄的艺术》（1689, 140. Shelfmark: 1089h.15.）。大英图书馆授权使用。

所有内容，那么他不可能写下如此大量的内容。"[108] 哈特利布还提到，根据佩尔的观察，康拉德·格斯纳（Conrad Gessner）的《世界书目》"描述的索引制作方法与哈里森的方法有些相似"。[109] 哈特利布后来还写道，有人"像高登（Gawden）博士那样发明了一种使用可移动笔记制作札记的机械方法。他将在作品中描述这种方法"。不过此前哈特利布已经得出结论，宣称哈里森已经"远远超过了高登"。[110]

　　无论同时代或者早前的时代在可移动笔记的创新方面出现过哪些发明，哈里森的方法具有的索引能力都是突破。[111] 正因如此，哈特利布才把哈里森的方法称为"哈里森的书籍发明"或者"哈里森索引"。[112] "研究柜"内部薄薄的黄铜板上安置了挂钩并标注了标题，这种设计结构能够帮助使用者轻松地检索笔记或摘要。[113] 哈特利布使用了"机械札记"这一术语，表明对于成熟的摘录和札记操作，他把哈里森的方法看作一种技术补充。因此他经常在"感叹艺术""摘抄艺术""学识"等标题之下对这种方法进行探讨。[114] 哈里森曾在自己的提案中列出了一些标准标题作为示例，比如"上帝的爱""上帝""信仰""永生"等等。他同样提到过自然、公民等领域的主题。不过，哈里森和哈特利布社交圈中的那些他的仰慕者，也在思考一种规模问题，这种"规模"超越了基本教学法与修辞培训的人文主义札记参数范围。与松散笔记有关的技术，随着哈里森的发明达到了最先进阶段，在信息单位方面促进生成了一种截然不同的思考方式。哈里森曾提到，即便出于他个人使用的目的，这种方法也可以预留至少 3000 个标题，未来还可以增加 300 个空白铜板。[115]

1641 年秋天，夸美纽斯在哈特利布的邀请下来到了伦敦。夸美纽斯了解到"一项全新的神奇发明"的出现，希望"见到哈里森，并通过哈里森深入了解这项发明的细节"。[116] 他向自己身处莱什诺（Leszno）的朋友提到，哈里森已经开始了准备工作：

> 我听说（这只是传闻）他已经列出了打算编入索引的 6 万名作者。我在伦敦的朋友认为，当地两所大学将派出很多学生为哈里森提供协助。在哈里森的监督下，分配给学生的很多作者将被编入索引。[117]

夸美纽斯的热切反应表明哈里森的提案和夸美纽斯"编写一部泛哲学著作"的计划之间具有潜在的协同效果。夸美纽斯提到，负责调查发明经费的议会委员们当时确实正在考虑这一点。夸美纽斯对于"把任何语言的优秀作家全部编入同一部索引"的前景非常看好，因为这一举动有助于他的百科全书项目。他已经在《语言入门》（*Janua linguarum reserta*，1631 年）等手稿和基础教材中对这一项目进行了概述。[118] 夸美纽斯的目标是通过"泛哲学著作"的形式，制作一部包含自然知识的完整的知识概要。他曾宣称，"应该编写一部著作，把人们有必要了解、完成、相信以及希望的一切有关今天和未来的内容全部收录进去"。[119]

哈里森发明的方法很有可能协助夸美纽斯完成规模如此庞大的工作。不过从原则上来讲，这种方法能够提供的内容其实远比夸美纽斯的目的更激进。因为这种方法不仅能用于编写整本书，还能作为一种对所有书籍进行归类的设备进行使用。哈特利布曾得出结论："他有办法从各种命题中删去所有多余和不合理的内容。主要思路为，首先针对每一位作者的词语和命题制作一部详细的索引，随后再通过这种索引，针对未经重复的事物制作一部常规索引。"[120] 根据诺埃尔·马尔科姆的观察，哈里森有关"研究柜"的概念原理，不及他对这种装置的物理结构的描述那样透明。[121]"研究柜"收集和分配的知识基本单位具有各种各样的名称，如命题、公理、概念等等，关键在于不同内容之间没有重复。哈特利布提到，"他掌握了一种确切的方法，可以保证公理等内容不会重复"。[122] 关于这一点，哈特利布曾把关于哈里森的几篇笔记与数学、逻辑方面的笔记联系了起来，这些内容有时会出现在他的日记的同一个页面中，由此他在逻辑史中占据了一席之地：

逻辑从来没有真正地教授过使用命题，而只是把命题作为一种三段论。这一点非常遗憾。这里的重点在于，我们提出的概念必须分解为命题。亚里士多德和查巴雷拉（Zabarella）的作品在命题方面讲得很好，但没有像哈里森的笔记那样亲自观察这一问题。[123]

哈里森提出，把知识简化为简单的元素。这里暗含的推论是，除了直接生成现有知识的概要，还可以通过新的方法对元素单位进行组合，进而发现全新的知识。

这里的方法是提供多种索引。哈特利布在阐述哈里森的意图时提出了3种索引：词语索引、语句或格言索引以及（各种类型的）事物索引。[124] 他补充道，对文献学、历史以及科学方面的书籍所包含的各种知识进行区分，可以起到很好的作用。[125] 根据哈特利布的理解，"完成这些索引之后，就可以从中收集命题或概念"，他补充道，哈里森"为全部收集艺术写下了一种特别的逻辑。他是一个最真实的人"。哈特利布后来得出结论："哈里森打算为每本书单独制作一部词语索引……和一部由他发明的简明命题索引。然后通过所有索引得到一部通用索引。"[126] 哈里森已经在纸片笔记上标注了引文出处，不过这种索引仍然可能从作者和书名之中把观点分离出来。[127]

哈里森主要关注的是核心概念或简单概念的索引，并非作品表达的内容。夸美纽斯很高兴看到哈里森为"轻松地确定不同的作者针对特定内容持有的观点"带来了可能性，不过他认为，更加强大的索引应该对作品及其内容进行分离。[128]哈特利布认为这种索引可以消除阅读作品的需要，由此可见，这种索引与传统的人文主义或耶稣会札记之间产生了矛盾。哈特利布提到，哈里森的"方法十分完美……这种方法可以给出所有作品包含的概念，使每个人都可以掌握这些概念。虽然概念可能与作品内容相左"。他承认，一部分读者可能希望"通过作品本身得到满足"。在几段内容之后，他更加明确地指出，"所有人可以仅使用索引，不过那些阅读过原作品的人会有更加出色且意义重大的表现。没有阅读过原作品的人往往表现得质朴且寡淡"。[129]我们可以想象一下，哈里森负责一处大型图书馆的话会发生怎样的状况。实际上，他确实得到了伦敦一所公立大学图书馆的任命，"任命哈里森为图书馆管理员，为图书馆制作索引，并针对相关工作内容与其他管理员沟通"。[130]有了这样的索引，所有书籍都可能被分解，不再需要在书架上标明书籍的位置。

那么哈里森的这些索引具体是怎样制作的呢？想要回答这个问题，我们需要先了解一下基本单位没有被明确定义这一事实。在哈特利布看来，哈里森把从书籍中挑选简单命题的任务看作一种卑微的工作，"命题的制作很重要，却是一件苦差事"。这一点有些出人意料。毕竟，对命题这种基本单位进行总结需要具有判断力。在提到由学生提供帮助的时候，夸美纽斯接受了分工安排，不过他同样提出，各类分工需要处于哈里森的"监督"之下。哈里森确实认定了一种更高层次的工作内容，哈特利布将其理解为"思考"，旨在"把很多不同的内容结合起来，这是一种形成论述等内容的最高级的判断行为"。[131] 哈里森最初的提案并没有对这一流程进行说明，不过他向议会请愿的文件中提到了部分相关内容。比如，哈里森曾在 1648 年声称，自己已经使用"500 页纸"进行了"将近 10 万次观察"。[132] 这个数量对于现成的标题来说过于庞大（此前给出的数量为 3300 个标题）。目前尚不清楚他指的是对基本命题的识别还是对书籍内容的初步引用。

我们同样有必要了解一下哈里森的信息单位是否得到了系统性地排列。哈里森和其他相关人士相信，对知识进行有秩序地缩减和总结可以显示重复性内容，同时发现需要填补的空白。[133] 这种观念不仅体现为夸美纽斯希望著成一部综合性著作或百科全书的心愿，而且体现在夸美纽斯认为，这种著作应该包含"一部针对我们不了解的事物的精确索引，无论是那些完全无法获取的知识，还是那些有待进一步研究的内容"。[134] 我们目前尚不清楚，哈里森是否设想过一种分类法，按照某种系统方式对基本单位进行排序。哈里森于 1647 年为议会提供的备忘录包含了一部分线索，他宣称，自己的发明有能力对新信息进行接收和排列，"只要这些内容具有适当的分类和顺序，并非处于混乱状态"。[135] 这里表明哈里森确实拥有一些预先确定的分类。议会委员会曾提到"那些由哈里森先生发明的表格"。[136] 这里的"表格"指的可能是有关内容分类的图表，类似于比尔提到的"为每一个独立字符指定一个适当且独特的位置的记忆表格"。[137] 不过哈里森的"表格"很可能只是一种"登记簿"或索引注释。[138] 我们知道，委员会曾着重强调了哈里森的发明具有的一般效用、收集与发现信息的能力，而没有关注这项发明在安排材料方面的能力，哈里森为此而恼火。为此他重申，他的"方法""不仅能够搜寻信息，而且可以对信息进行恰当地排列"。在这里，他引用了修辞学术语"有序排列"（*disposito*）。[139] 哈特利布同样提到过"摘抄、排列等内容的模式"，他认为哈里森"主要对秩序进行了研究，他把这里的内容称为'沉思'，针对的是对所有事物进行确切地排序，等等"。很难判断此处的"排序"指的究竟是什么，不过哈特利布显然有理由认为"排序"属于有意为之的内容。[140]

　　对于哈特利布的社交圈之外的人们来说，哈里森的发明最具有吸引力的部分可能是检索文件的能力，并非提取基本概念的能力。哈里森在请求议会支持的时候强调了检索能力，声称，他理解"下院希望"这项发明的"传播和交易……应该体现并配备一种便捷的储备，以便对大量事件中需要特别搜寻的内容进行完备地呈现"。[141] 卡尔佩珀曾告诉哈特利布，后者的公共讯息办公室如果没有"哈里森先生的发明"提供的"索引"，将无法良好运作。[142] 然而，哈特利布主要专注于哈里森的哲学假设，部分原因是这些内容与哈特利布关注的问题——应如何收集并提炼信息，将其作为知识的可靠基础——产生了共鸣。

历史、科学与记忆

哈特利布曾有意识地采用折中手段，对各类作者的最佳见解进行了结合。这些作者主要来自英国和德国。1639 年，哈特利布反思道："把自己束缚在任何一种方法或思想中都是不好的，应该在所有研究中保持一种慷慨自由的心态。这样会有益得多。"[143] 培根是哈特利布最喜欢的学者，不过哈特利布在不同时期也表达过对贾科莫·阿孔齐奥（Giacomo Aconzio）、约阿希姆·容吉乌斯、约阿希姆·胡布纳等学者的赞赏。[144] 多年以来，他的日记以历史、科学与记忆概念之间的适当平衡为框架，展现了一种评估活动。哈特利布采用的基准主要来自这样一种信念：稳固且稳定的（科学）知识必须以博物学收集的资料为基础，这些资料或是保存在记忆中，或是以更可靠的方式保存为书面形式，供不同时代的不同人士分析与判断。

我们可以通过哈特利布针对同时代主要思想家所作的笔记和评论推断他的知识取向。他很早就显露出了自己的倾向。在 1630 年 9 月 13 日的一封信中，哈特利布告诉杜里，他寄来了自己"附属文集"中的一些内容。之所以这样命名是因为他拒绝使用"有序系统"。他很喜欢培根的一句话："格言是传递知识的唯一途径……因为必须提出说明性论述。"他曾质疑过"知识的整体表现……格言代表了破碎的知识，可以推动人们开展更加深入的探究"。[145]5 年之后，哈特利布宣称，"为积累学识而写作的唯一方法，就是通过格言的形式书写真理。系统性的方法就像一个捆起来的麻袋"。[146]哈特利布与培根没有把格言视为权威观念的精练浓缩形式，而是当作一种对细节展开深入调查研究与收集的推动力。[147]

谈到"细节"时，哈特利布和他的联络人均强调了对所谓的"经验信息"的需求。经验信息来自观察和实验。不过我曾在本书中强调，经验信息同样来自书籍、证言以及对话。哈特利布在反对过度演绎时使用了"细节"（particulars）一词，他声称，"我们接触的新的细节越多，知识的扩展程度就越大"。[148]1640 年，他写道：

哲学中的抽象公理只会让人们奴性地赞同。因为人们必须相信这些内容是真实的，却不了解细节方面的原因……彻底地了解某种事物的确定性和真实性是一件非常困难的事。因此我们必须主要致力于所有事物的历史内容。[149]

这一论断既针对了大学机构的学院派教学法，又以相对缓和的方式反对了现代哲学体系（包括笛卡尔的哲学体系）。[150] 根据哈特利布的评价，即便培根也低估了他的项目需要花费的时间和精力。

关键问题是如何对信息进行收集、排序和储存，特别是很多信息最初必然是相互分离的。哈特利布曾为夸美纽斯的英国之行提供了赞助，此前哈特利布注意到这位来自捷克的改革家"倾向于认为一切事物都可以简化为特定的主要标题和原则，并在此基础上对所有其他细节进行简化"。[151] 相反，哈特利布认为，"大量事物"的集合必须优先于对"通用艺术"的追求。[152] 在提到"全智"理想的时候，哈特利布提出，首先"必须努力获取更多的细节。否则我们将通过各类表达来重复相同的概念，而没有取得进展。当我们写下任何细节的时候，应该总是能够带来一些新内容"。同年，哈特利布又遗憾地说道："夸美纽斯和其他人犯下的一个很大的错误是过度追求简洁和简练。但有些事物必须进行广泛地处理。"[153] 相关的常见问题表现为：

所有人会立即奔向抽象和概括，却不愿进行实验历史方面的收集。原因是收集实验历史比较麻烦，原因（同样）是在收集实验历史的过程中，无法像抽象和概括那样总结，而且工作量往往与事物本身相对应。[154]

哈特利布强调了"学识的历史性实验内容"作为"所有艺术和科学"推论与理论的可靠基础所具有的重要性。经验基础的另一个优点是，即便"推论消失，仍然可以重新获取所有事物的真实根据"。[155]

哈里森为人们带来了很多希望，但也曾令哈特利布失望。哈里森的发明具有的吸引力之一是提供了对信息进行储存和分类的方法。哈特利布在对制作"未重复事物"索引的前景怀有期待之后不久，便表达了对其应用于所有学科的怀疑态度。哈特利布确信哈里森的发明"在哲学问题上绝对是最好的方法"，但他质疑这种方法能否在"历史性内容的收集工作中获得成功。这类工作必须兼顾所有情形，还要对实质内容保持怀疑"。哈特利布记下了胡布纳的评论：与培根或者第一任切尔伯里男爵爱德华·赫伯特（Edward Herbert）不同的是，"哈里森不关心那些（外在或内在）内容，只关注书籍"。这种把书籍作为索引信息首要来源的关注点通过口头传播，没有体现在这项技术发明之中。哈特利布曾在有关哈里森的早期笔记中提到了这一点。[156] 在写下第一篇有关哈里森发明的笔记一年之后，哈特利布提到，"命题可能包含各种属性。哈里森的方法过于抽象。项目收集必须由证言组成，为了具有说服力必须保留段落原文。但哈里森并没有这样做。项目必须体现作者的利益被完整保留下来"[157]。

人们对哈里森的发明寄予厚望，但有关收集和浓缩信息的最佳方法的争论却始终没有平息。这种状况使人们的期望显得十分复杂。争论的关键在于，应该为了便于记忆和操作而大幅削减资料，还是为了后续调查和分析而对各类细节进行储存和制作索引。数学家约翰·佩尔、医师兼政治经济学家威廉·佩蒂分别写给哈特利布的文章提到了相关问题。

佩尔的观点

约翰·佩尔于 1638 年 7 月寄给哈特利布的信件包含了文章《一种数学思想》(An Idea of Mathematicks)，哈特利布的一些密友传阅了这篇文章。[158]1638 年，这篇文章以大幅对开纸张的规格印刷完成。[159]1639 年 10 月，哈克把这篇文章寄给了几个人，其中包括马兰·梅森（Marin Mersenne）和笛卡尔。[160]1682 年 2 月，胡克在《哲学文集》(Philosophical Collections) 中发表了这篇文章的拉丁文版本，并连同发表了梅森和笛卡尔的评论。[161]
《一种数学思想》英文版作为附录出现在杜里于 1650 年出版的
《新式图书馆的管理者》中；1651 年，《一种数学思想》第二版
出版。[162]

　　佩尔在论证数学研究的辅助方法时，提出了把内容精简为
要点的重要性。他认为，至少从原则上来讲，这项工作具有良
好的前景，培根曾提到，"数学表达与政策表达之间存在着很
大的差别，数学是一种最抽象的知识，而政策最为具体"。[163]
佩尔也曾抱怨道，数学遭遇了与其他学科类似的问题，整个领
域"目前正在被那些困扰着整个世界的大量书籍"淹没。他针
对这一问题提出了解决方案：为学生和业内人士提供各种"手
段"和辅助方法，比如制作数学著作目录；对各种主题的"最
佳书籍"和阅读顺序提出建议；"组建包含了所有书籍的图书
馆，并为各类书籍提供一种辅助仪器"。早在哈里森的提案开
始传播的大约 6 年前，佩尔就已经针对这种大型索引工程的实
现方法提出了建议，比如，假设后来出现的书籍仅仅对旧书进
行了重复，那么只收录旧书；抵制那些缺乏价值的书籍，提
升通用目录的编纂速度；等等。佩尔曾希望出版一些体量较小
的书籍。他提出了 3 部新著作，包括《数学总论》（*Pandectae
mathematicae*，一部概要）、《数学家介绍》（*Comes mathematicus*，
据猜测可能是一部袖珍书）以及《数学家自决》（*Mathematician*

Self Determination，这种目标是实现"不再受书籍捆绑"的愿望的核心，基本上是一部自助手册）。佩尔概述了自己的思想——构建一部数学百科全书，此后便开始了相关工作内容的游说："我认为这种著作完全可以由一个人在没有助手的情况下完成，只要这个人的注意力和工作内容没有被分散。"[164]

佩尔曾针对如何把知识填进一部"袖珍书"作出说明。[165]他的目标是"使用尽可能简短的方式"把"最实用的图表"和"规则"写进一部小型笔记，这种目标是实现"不再受书籍捆绑"的愿望的核心。佩尔曾解释道，概要、图表、规则等"手段"的意义在于，"像一处完整的图书馆"为"缺乏书籍和仪器"的数学家解决各种问题。即便《数学总论》这种对其他文本进行总结和改善的著作也可以由个人作进一步的提炼，因为"人们能很容易地看出如何把这些总论压缩成一部袖珍书供日常使用"。佩尔的下一步计划非常重要，他试图通过某种形式对数学知识进行转化，以至于使用者能够"按照标题"把所有必备的公理和原则进行排列，"摆脱对书籍的需求"。佩尔承认这种目标"对于大多数人来说或许不存在可能性"，但他希望人们能够看到，这种外在辅助手段的集合是在配合"增强想象力、促进记忆、规范理性"发挥作用。[166]

为了理解佩尔的意图，我们首先需要认识到，佩尔把代数方法应用到所有知识的相关方案，其实比他在数学方面的言论更加雄心勃勃。1638 年 2 月，佩尔提出了一种"综合"方法，这种方法首先需要"按照适当的顺序对所有不属于结论（因而对于我们来说比较自然）的主要真相"进行记录。[167] 大约 6 个月之后，他再次对这种设想进行了描述，提出了一种方法，可以把所有复杂的思想简化为能够按照代数方法进行处理的单位，"如果我们把所有简单的概念记下来，就可以像拥有所有简单的声音那样拥有人类所有的思想，也就掌握了人类潜在具有的所有词语和言论。"[168] 与此相比，佩尔关于对数学进行简化和排序的建议似乎温和了许多，只不过关于摆脱书本、依赖记忆自给自足的言论仍有待澄清。佩尔的意思并非个人应该记忆数学图表，而是主张对那些能够解决数学问题的各类主题、公理以及定理进行仔细地分类。佩尔那未完成的《数学总论》可能包含了各类表格，比如他在《图表》（*Tabula*，1672 年）中列出的 30 页紧凑的平方数表格。通过佩尔为表格添加的注释可以看出，他如何通过特定模式来判断某个数字是否能开平方。[169]

由此可见，佩尔的方法与哈特利布笔记所显示的关注点相吻合——使用表格和其他内容，辅助记忆对规则、系统、流程的回忆。早在 1635 年哈特利布评论约翰·布鲁克（John Brook）的阅读方法时就已经提到，"布鲁克先生的方法在这个方面令人钦佩，因为这种方法表明，一个人可以在不消耗记忆的情况下记住数以百计的规则。这是我知道的最好、最简单的记忆方法，可同时适用于实践领域和理论学科"。[170]1655 年，哈特利布注意到"墨卡托先生［丹麦数学家尼古劳斯·墨卡托（Nicolaus Mercator）］向布里尔顿先生提供了如何在不借助书籍的情况下记忆天文表的方法"。[171] 哈特利布还记录了佩蒂在音乐方面进行类似记忆的各类方案。[172] 所有这些案例的要点在于，顺序可以辅助记忆，对数据进行仔细地排列，可以为各类模式的感知提供可能性。[173]

梅森和笛卡尔对佩尔的思想作出的反应发人深思。对于佩尔试图把知识简化为更简短、更便利形式的目标，两位法国思想家均表示了赞同。不过梅森认为佩尔做得仍然不够。梅森曾对哈克提到，与其对所有能够接触到的数学书籍进行总结，不如对那些"最好且最有价值的书籍"进行更加严格地筛选，通过这种方法，"所有纯粹数学和混合数学都可以被囊括进这 12 卷书"。[174] 笛卡尔同样赞成把"分散在很多书籍"中的所有数学知识整合进"一本书"。[175] 笛卡尔赞同佩尔所谓的"自给自足"的数学家概念，认为这里指的是在解决问题时拥有通用方法的数学家。不过，他认为这样做仍然无法摆脱对书籍的依赖。谈到佩尔提出的各类印刷资料的时候，笛卡尔认为，使用者可以通过查阅这些资料来定位"此前的发现，如果这些内容在各种阶段对他有用的话"。不过与佩尔遵从记忆的倾向相比，笛卡尔表达了另外一种截然不同的立场。笛卡尔曾对科内利斯·范霍格兰德（Cornelis van Hogelande）谈道：

> 对于很多东西而言，记在书本上确实比记在大脑里好
> 得多。如天文观测、表格、规则、定理，以及各类无法在第
> 一时间记忆的内容。我们用来填充记忆的东西越少，就越能
> 够在知识增长方面维持天资的敏锐。[176]

由此可见，根据笛卡尔的观点，笔记等外部辅助手段可以
减轻记忆的负担，使理性得以更加自由地运行。

笛卡尔的观点经由哈克和胡布纳传达给哈特利布。在哈特
利布看来，笛卡尔的观点证实了自己对哈里森方法的怀疑。[177]
佩尔的想法和哈里森的索引均涉及把知识简化为更小的单位。
不过佩尔认为，这种单位属于能够记忆的模式和流程，这样一
来人们就可以实现自给自足，不必依赖书籍，也不必依赖那些
提取了书籍内容的索引。笛卡尔对这种依赖记忆的行为具有的
价值提出了疑问，这种怀疑支持了哈特利布的观点，即佩尔和
哈里森对于观察研究和实验研究具有的需求不够敏感。1640 年，
哈特利布写道："笛卡尔在有关佩尔思想的书信中提出了非常好
的概念"，对知识的"历史部分"和"科学部分"进行了区分。
哈特利布认为，历史部分的细节才是最基础的内容，"即刻彻底
地了解某种事物的确定性和真实性是一件非常困难的事。因此

我们必须致力于针对所有事物的历史部分开展工作。"[178] 这条路径将推动从历史到科学的发展进步。

佩蒂的建议

在威廉·佩蒂的《致塞缪尔·哈特利布的建议》（1647 年）中，我们发现了一种对哈特利布的《星历》的要点进行正式化的流程。[179] 佩蒂重申必须避免复制和重复，他遗憾地提到，"有些人仍然在努力去做已经做过的事，并强迫自己重新发明已经被发明的东西"。佩蒂提出了 8 点期望，其中包括，"所有真实的和实验性质的学识"应该"从这些书中进行筛选和收集"，应该通过"确定和适当限制的说明"对"有能力的读者"进行指派和适当地指导，等等。通过这种方法就有可能像夸美纽斯希望的那样，单独编写一部著作，"通过所有这些书籍写成一本书或者一部伟大的著作，尽管这部著作可能由很多卷组成"。第八点也是最后一点，可能反映了佩蒂对哈里森的了解程度（这里并没有确切地提到哈里森），即"便于发现、记忆以及充分理解的人工索引或其他辅助工具"应该具有人为属性。佩蒂建议编写"字母排列顺序以外的各类索引"，也就是那些有关自然元素特性、人为因素属性以及已知技术性操作的索引。他希望这些纸质工具能够推动不同来源的材料（可能以新颖的方式）相结合，"应该使用很多技巧，使上述所有索引能够很好地相互引用，可以轻松地找到整本书包含的全部内容，并且便于新发明的探索者加以利用"。[180] 佩蒂或许认为培根的"文化体验"概念暗含的交叉引用手段，优于哈里森的单一的大型字母索引。[181]

在发表有关学校通识教育的初步评论之后，佩蒂开始着重描述一种医学研究型医院项目。他把这种项目称为"学术医院"（Nosocomium Academicum）。[182] 佩蒂建议中的很大一部分内容详细地描述了如何有条理地收集博物学信息，其中包括植物学、化学、外科医学、医药学，以及能够产生医院工作所需的材料和人工制品的现实贸易。佩蒂提出了医师、副医师、外科医生、药剂师、护士以及各类学生与助手等职位。根据他的设想，几乎所有职员都要作笔记，记录有关症状、治疗情况、解剖过程和实验的"日志"或"历史"。佩蒂解释道："副医师的职责是查看那些持续准确记录的病史。"学生负责记录自己观察的内容，在与药剂师配合工作的时候，应该能够"针对操作过程中出现的罕见和异常事件准确地进行历史记录"。佩蒂提到，这家医院需要一部定期地记录"所有显著的天气变化与季节特征的日志"。此外，他同样强调了书籍，声称需要在观察和实验过程中，按照一种类似普拉特斯化学研究的方法，对书籍进行阅读、简化和整理，并与"事物本身"进行对比。医师负责监督所有的笔记记录，医师"必须是一位哲学家，需要精通各类自然现象"。医师的职责是"熟悉这家医院的所有历史记录"及其各部分内容，找出"最值得注意"的要素并进行记录，"任期结束之前整理出一套医学系统以及最受认可的医学格言"。[183] 这些格言将与希波克拉底的格言进行对比。佩蒂同样提到了贸易和制造业历史记录的汇编，不过他认为这项工作花费的时间更多。原因可能是相关领域缺乏类似于希波克拉底语料库这样的比较基准。[184] 几年之后，哈特利布转述了佩蒂提到的内容，似乎对佩蒂的想法表示赞同，"目前唯一的方法是效仿希波克拉底，通过勤奋和观察建立他曾经描述的学术医院"。[185]

在这里我要多谈谈佩蒂的建议与佩尔思想之间的关系。佩蒂和佩尔各自分属历史和科学领域，但他们其实具有相似之处。佩蒂曾暗示道，佩尔的数学方法可以作为一种模型服务于其他学科。佩蒂提到，学术医院的"主管"应该是一位数学家。不过他并没有解释原因。佩蒂和佩尔提到过的两种"人"的概念同样具有相似之处。佩尔曾提出了"自给自足的数学家"的概念，佩蒂则认为，一个人如果在一个摆放着地图、地球仪、植物学以及其他标本的机构（如"完整的植物园"）中成长并接受教育，那么"即便这个人不会读写，也可以成为比行走的图书馆更伟大的学者"。[186] 佩蒂和佩尔都曾引用哈特利布社交圈成员提出的反对书籍的言论，不过两个人在这里的共同点仅此而已。

佩蒂提到的博物学"医师"和"编纂者"仍然离不开书籍，并且需要对那些来自不同来源和不同人士的不断增加的笔记加以利用，终其一生整理并提炼信息，努力"提炼精华"。佩蒂曾提到，"编纂者必须立志把自己的一生奉献给这项工作"。[187] 相比之下，佩尔认为一个人在较短的时间内就可以完成数学方面的相关工作。

不过对于数学以外的领域来说，佩尔的思想同样提供了一种令人振奋的模型。他的思想凝聚了夸美纽斯、杜里、哈里森等人的心愿，也就是一旦对各类学科完成整理和系统化，就有可能提取要点，删去不必要的信息。然而，将已经确立的知识体系（如数学、音乐等）简化为关键要素，通过历史领域各类新主题的离散"细节"逐步发展命题和概念，二者之间具有本质差别。哈特利布似乎已经意识到了这一点，他强调了知识的不同层级，并且拥护积累细节的工作。因此哈特利布质疑哈里森项目的经验基础，同时因哈里森索引的实际应用而兴奋不已。不过对于哈特利布的社交圈来说，出现了一个有待解决的问题：在他们感兴趣的培根博物学和医药研究领域，如何才能随着时间的推移，对必须收集的信息进行最好地处理。通过哈特利布的日记我们可以看出，他一直在寻找快速浓缩知识精髓的方法，通常需要借助辅助记忆的模式。佩尔的思想有赖于一套能够共享的袖珍书籍，佩蒂的建议则包含一种暗示：经验主义学科需要人们在多年来的各种环境中，针对收集的信息进行深入地记忆，这种经验可以为个人进行的比较、总结和见解提供基础。

在下一章里，我们将看到，约翰·比尔把罗伯特·玻意耳视为能够把佩尔的思想更广泛地运用到化学和实验博物学领域的人物。不过我认为，我们应该把玻意耳面临的挑战视为与佩蒂提到的医师面临的挑战相一致。这些医师可能需要终其一生，通过所有相关资源收集详细信息。玻意耳知道，通过缩短科学研究的时间来规避希波克拉底的格言，是一种鲁莽的行为。不过他确实认为，一个人可以通过仔细观察、在笔记和书本上记录其他人的经验，丰富自己的经验。

第五章—记忆力竞赛：

约翰·比尔与罗伯特·玻意耳论经验信息

　　罗伯特·玻意耳是著名的科学名家之一，一些朋友把他视为"行走的图书馆"。玻意耳曾把自己的《特定生理学论述》（*Certain Physiological Essays*，1661 年）留给了托马斯·波维（Thomas Povey），波维错失了与玻意耳交谈的机会，因而说道：

　　　　我没能在家接待您和您的作品，为此很不高兴。我非常尊重您的作品……然而您本人就是一座充实且高贵的图书馆。我的阅读和进步……恰恰来自与您针对值得研究的内容展开的对话。因此，与回到家中拿到您交给我仆人的优秀作品进而获取知识相比，我有充分的理由为自己错失的良机而惋惜。[1]

　　上述言论赞赏了玻意耳通过丰富的记忆传递信息的能力，

类似于把玻意耳誉为学识渊博的学者。这里的内容似乎与佩蒂在建议中提到的"行走的图书馆"相矛盾，不过，佩蒂指的是那些记忆文本但不对自然世界开展研究的人。佩蒂以一名医师的身份写作时，曾经建议玻意耳留意"你持续的阅读"带来的危害。1653 年，他以开玩笑的口吻说道：

> 我可以像一名庸医［一名"经验主义者"］那样告诉你，持续的阅读如何削弱你的大脑，这种虚弱如何导致体液流失，进而损害肺部，等等。我希望能够告诉你，即便你每天阅读 12 个小时或者更长的时间，与你阅读的内容相比，能够让你受益的是你记住的内容；与你记住的内容相比，能够让你受益的是你能够理解和消化的内容；而与理解和消化的内容相比，真正能够让你受益的是你适当记录的新内容。[2]

在责备玻意耳过度阅读的同时，佩蒂要求玻意耳更看重理性，而非记忆。这一点正是他提出的问题包含的要点，"对于大多数事物而言，你已经拥有了多少经验？你拥有怎样的能力，可以把你看到的所有事物当作某种有用的结论或其他内容进行论证？在清晰且科学的推理方面，你进行了多少练习？"[3] 在这里，佩蒂暗指玻意耳试图在没有对思想进行适当地简化及理性地排序的情况下进行记忆，使记忆充斥着没有被充分删减的内容。玻意耳后来确实在这个方面对自己提出了告诫，他向自己未来的传记作者主教吉尔伯特·伯内特（Gilbert Burnet）提到，他"一直在学习，而不是通过阅读所有内容进行选择"。[4]

约翰·比尔的表达方式更加明确，他希望玻意耳把佩尔的自给自足的数学家模型扩展到实验自然哲学领域。[5]1663—1666年，比尔在与玻意耳的通信中，敦促玻意耳为了记忆、假设和交流，对数据进行更加系统化地整理排序。[6]通过他们的交流内容可以看出，关于培根博物学收集并组织经验信息的最佳方法的争论，涉及记忆发挥作用的观点冲突。比尔提倡那些依赖于高度结构化材料排列的记忆技术，似乎强化了玻意耳对于不成熟系统的疑问。早在 1657 年，玻意耳就在《序言》（*A Proemial Essay*）中表达了对并非基于观察或实验的"系统"或"上层建筑"的疑问。他甚至把培根的《新工具》列入了自己避免阅读或至少避免仔细阅读的著作列表，以便"在花时间尝试特定事物能够为我带来的思考之前，避免某些理论或原理先入为主"[7]。然而，系统具备的一种众所周知的优点是对材料进行浓缩和排序。玻意耳曾在《空气通史》的一段饱含深意的文字中承认了这一点，这里的内容探讨了"逍遥派学说根据三种区域的界限和特性对空气进行分类"。玻意耳作出警告："一名博物学者需要思考的，并非一种学说根据其内在和谐的推理易于记忆或猜想，而是这种学说在论证方面的强大之处。"[8]玻意耳承认，一些主要学说的某些特征可能使这些学说易于记忆。但他坚持认为，这一点无法证明这些学说掌握了真理。和谐和秩序作为记忆辅助手段来说可能极具吸引力，但玻意耳更青睐大量经验细节。即便这些细节可能尚不具备条理且无法记忆。[9]

玻意耳自佩蒂和比尔那里收到的信件，可以被看作从哈特利布社交圈收到的建议，不过不应该把玻意耳视为圈外人。哈特利布的社交圈组成了一种通信网络，圈子内部的成员是年轻时的玻意耳最早接触的知识分子。玻意耳写给哈特利布的现存信件始于1647年初，自1648年初开始，哈特利布就经常在《星历》中提到玻意耳，把他当作报告、药方、观察等信息的来源。[10]玻意耳于1655年发表的第一篇作品出现在哈特利布汇编的著作中，这篇作品提出，"经验主义者"应该分享自身掌握的隐秘知识，如结石的治疗方法等等。[11]对于哈特利布采用的方法的主旨，玻意耳持支持态度。在写给约翰·马利特（John Mallett）的一封信中，玻意耳引用了哈特利布的《畜牧业遗产》（*The Legacy of Husbandry*）作为双关语，表达了肯定态度，"就我个人而言，我毫不质疑知识的'畜牧'每天也会进步。虽然这里抛弃了围栏。哲学的所有内容也应得到更好地培育并取得更加丰硕的成果"[12]。比尔与哈特利布的通信始于1656年春天，此后几乎每周比尔都坚持给哈特利布写信，一直持续到哈特利布离世的1662年。[13]比尔向哈特利布进行自我介绍时曾宣称，自己"非常愿意成为一名纵火犯,通过对有益知识的热爱煽起烈火……你会发现我是一名勤奋的收藏者、他人观念的诠释者,而不是一名剽窃者"。[14]1658 年,哈特利布向玻意耳提到了比尔这位来自萨默塞特的名家,声称世界上没有人能与他的博学和培根式热情相媲美。[15]自 1657 年 9 月 8 日起,哈特利布在给玻意耳的每一封信中都提到了比尔,介绍了比尔的活动情况和信件内容摘要。[16]1663 年 2 月 23 日,玻意耳收到了比尔的第一封来信。在此之前,玻意耳已经通过哈特利布了解了比尔的信件内容,或许已经了解了比尔会在来信中提到哪些内容。

17 世纪四五十年代,佩尔和佩蒂正在与哈特利布进行交流。那么此时的玻意耳在做什么呢?简单来讲,玻意耳当时正专注于思考与佩尔的方法及后来比尔向他提到的方法不同的记忆方法。不过,玻意耳的方法与哈特利布有关青年时期积累个人经验与记忆的思想存在一些相似之处。17 世纪 40 年代,玻意耳开始倾注巨大的热情,关注记忆在经验信息和思想的保存与组织方面的作用。他相信,有章法的记忆结合笔记的使用,可以吸收借鉴各种各样的经验。17 世纪 70 年代,玻意耳从比尔那里得到的建议则是哈特利布探讨的观点范围内的另一种方案。

提升记忆、强化经验：玻意耳的早期作品

玻意耳最初创作的是道德启迪方面的作品，包括《纯洁之爱》(*Seraphic Love*，1659 年)、《偶然的反思》(*Occasional Reflections*，1665 年) 等。[17] 未发表的手稿包括《高空气象学》(*The Aretology*，1645—1647 年)、《日常反思》(*The Dayly Reflection*，1646 年)、《思考的学说》(*The Doctrine of Thinking*，17 世纪 40 年代晚期) 等等。所有这些作品均创作于玻意耳位于斯托尔布里奇 (Stalbrdge) 的住所。[18]《日常反思》和《思考的学说》部分内容曾出现在《偶然的反思》中。迈克尔·亨特 (Michael Hunter) 认为，这些作品的内容涉及"道德平衡、自我控制、虔诚方面的追求"。[19] 具体方法为进行道德提升方面的阅读，以及针对沉思提供适当的思想引导。[20] 玻意耳最早创作这些作品的时候只有 18 岁，不过这些作品不能算作青少年读物，[21] 相关主题的内容同样出现在他的早期科学出版物之中，如《关于空气的弹性及其效果的物理力学新实验》(*New Experiments Physico-Mechanicall*，1660 年)、《怀疑派化学家》(*The Sceptical Chemist*，1661 年)、《关于实验自然哲学有用性的一些思考》(*Some Considerations touching the Usefulness of Natural Philosophy*，1663 年，写于 17 世纪 50 年代末)。[22]

我感兴趣的内容是，玻意耳提出记忆在自我美德的培养方

面发挥了重要作用，以及这种作用与玻意耳对道德与经验提升的关注之间的关联关系。玻意耳提倡并追求怎样的"经验"呢？通过他的早期作品可以看出，这里的经验指的是有关个人道德的事件、行为和思想。《偶然的反思》的写作目的是"让生活中的小意外和花园中的花朵，体现道德和神性"。[23] 在自传《菲拉勒图斯的记述》（An account of Philaretus，写于 1648—1649 年）中，玻意耳提到自己在学生时代曾是"阅读的热情好友"，并且对自己的记忆力很有信心，"［玻意耳］一旦能够从学术任务中抽出时间（因为拥有良好的记忆力，他不会不安），他总会如饥似渴地投入阅读"。[24] 伊顿（Eton）当地了解玻意耳的人们证实了这种说法。罗伯特·卡鲁（Robert Carew，玻意耳父亲手下的一名工作人员）曾提到，玻意耳拥有"我所知道的最罕见的记忆力"。[25] 后来，玻意耳在向抄写员罗宾·培根（Robin Bacon）口述传记的过程中，回忆起自己的一位老师，"哈里森博士或哈里森先生……注意到，上帝赐予了这个男孩一种记忆力，因此男孩无法在短时间内完全记住课程内容"。[26] 在一份以"延长生命"开头的愿望清单中，玻意耳还写下了"对想象、清醒和记忆进行改变或提升的有效药物"。[27]

玻意耳认为，记忆可以通过实践进行训练。这里不一定需要使用古典记忆技巧（对"位点"进行排序并与生动的图像结合），而是可以集中注意力、重复并回忆，对观察和思想的情境与结果进行提取。在早期的道德著作中，玻意耳把重点放在选择与挑选需要记忆的内容上。在这类重点与其他因素的基础上，玻意耳发表了这样的批评言论："那些热门的记忆技巧几乎没有实质性内容，反而被填满了应该剔除的内容。"他在这里批评的是那些没有适当地考虑记忆内容的记忆技巧训练，嘲讽了那些"仅仅保留了稻草、灰尘、羽毛等轻巧垃圾"的记忆。[28]

玻意耳结合阅读与思考（冥想、沉思），对记忆进行了探讨，提出了一种精心引导的思维训练。他在《思考的学说》中阐述了自己如何"让我的思维运转起来……回想那些几乎忘却的内容，或者重复那些我希望牢牢记住的内容"。[29]玻意耳针对思维训练的最佳方法提出了 6 条劝告，这些劝告的共同点是借助积极的反思来抵制"干扰性幻想"和精神涣散。[30]玻意耳在写给他的姐姐"我的雷诺拉女士"的《日常反思》中表达了相同的谨慎态度。他建议我们应该"有秩序地对前一天的内容进行回忆，无论其中出现了有关哪种知识的新发现，无论新发现来自你的研究或对话，还是自己的思想"。这样一来，"记忆就可以按照自身的级别或优先等级，或者对你而言的重要程度进行重现"。[31]有趣的是，尽管玻意耳一向严谨，但这种记忆训练仍然具有一种潜在的缺点。在彼得·佩特（Peter Pett）记录的一段对话中，玻意耳警告人们不要怀着戏谑的态度念错《圣经》中的一些段落，因为"我们的记忆并非那种可以使用海绵轻松擦拭的记事本，也许在有生之年，每当我们再次读到或听到《圣经》中相同的内容时，曾经对它的嘲讽便会再次浮现在脑海中，削弱《圣经》的威严"。[32] 玻意耳认为，通过仔细且有规律地反思辅助记忆，可以防止精神涣散，改善思维。[33]

玻意耳声称，这种冥想方法可以加强观察、扩充个人经验。他认为，"人们日常的经验无非是一些灵巧的行为，这些行为来自对适当情形的回忆和思考"。不过，经验在记忆中的保存有赖于人们与客观世界的积极互动，并且必须对经验进行检验和分析，以便"我们对观察结果的反思能够把经验转化为全新的原理和应用"。这种做法有助于记忆，因为"对所学内容进行重复，可以极大地保障知识免于被遗忘（的危险）"。玻意耳作出承诺，一个人可以通过这种方式积累超过自己年龄范围的经验，因为"经验的积累并非在于年岁的长短，而是在于观察"。[34] 他曾在《偶然的反思》中详细地阐述了相关内容并声称，通过这样的冥想，"即便在显而易见的事物之中，也可以经常发现大量细节"。玻意耳还补充道："事实必然证明，这种思维训练是一种获取经验的便捷方法，在没有两鬓斑白之时也可以获取经验。我们知道，经验的积累不在于年岁的大小，而是在于观察结果的数量和多样性。"[35] 玻意耳曾在寄给哈特利布的信中描述了诗人兼作者的约翰·霍尔，他提到，"他的判断老到，脸上却没有留下岁月的痕迹"。[36]

玻意耳的立场在一定程度上受到了塞内加的影响。塞内加曾对希波克拉底的格言作出回应："我们存在的时间并不短暂，只是我们浪费了很多时间……我们的生命并不短暂，只是我们把它变得短暂。"塞内加认为，与过去时代的思想家对话，可以"让我们浏览很长一段时期的内容。我们可以与苏格拉底进行争辩，向卡尔内亚德（Carneades）提出疑问，（或者）与伊壁鸠鲁一同隐退"。[37] 玻意耳提出的方法与塞内加的观点略有不同。玻意耳认为，阅读书籍自然可以很好地利用时间，不过集中时间观察和冥想才是丰富和扩展经验的方法。通过这种方法，即便生命短暂，"一个人"也能够"观察到大量内容，即便这个人没有那么细心"。在玻意耳看来，这种习惯是十分必要的，因为知识的产生和获取是一个漫长的过程，"很少与阅读经典作品有关。因为我们需要努力进行一点一滴地学习，（希波克拉底曾说过）'生命短暂、艺术长存'，一个人一半的生命会用于引导其他人"。[38]

　　关于玻意耳对积累经验的重视态度，我们有充分的理由相信哈特利布持有相同的观点。哈特利布在呼吁适当地收集"细节"的同时，往往也会提出培养观察和记忆。他认为，人们应该在记忆中积累细节经验。整个过程自童年开始，一直持续到至少 25 岁。他在 1639 年的《星历》中提出：

除非人们在年轻的时候，在 16 岁至 25 岁、30 岁或更大的年龄之前为自己准备好一个充满各种细节的世界，否则有关艺术、科学和发明的智慧将永远无法得到扩展。此后，随着他们的判断力趋于成熟，就有能力针对特定目的来运用理性和哲学。[39]

玻意耳对传统教学法提出了严厉的批评，声称，儿童正在"通过最口头的方式接受最抽象的教育"，应该鼓励他们"从婴儿时期"开始进行仔细地观察、记录和记忆。哈特利布的笔记方法与玻意耳的观点一致。哈特利布认为，儿童首先应该在出现特定事物的时候，"把自己看到和听到的内容记录下来"，随后在"拥有判断力"之时，把这些内容"简化为通用论题"。他认为，这种习惯"可以让他们在不知不觉间掌握所有百科全书内容或者泛智知识"。[40] 哈特利布和玻意耳均强调了记忆的早期培养是后续道德与智力发展的基础。玻意耳开始发表自己的科学著作时，再次提到了他与哈特利布共同的观点，承认自己仍然"十分年轻，这种年轻不仅反映于年龄，而且体现于经验"，因此他认为自己还需要学习很多内容。[41]

玻意耳的目的是通过在事件发生的地点、时间与环境之间建立关联关系，进而丰富自己的经验。通过这种方式培养记忆，记忆就可以通过提供经验并保留先前形成的关联关系，对思想起到支持作用。他提出的方法（仔细挑选材料、反复思考关键主题、对冥想的基本方向进行演练）有望对记忆中储存的经验进行扩展，并促进回忆。[42] 玻意耳认为，通过"留意他遇到的大多数事物的属性和情境"，并通过"相似点或者不同点"对这些内容进行关联，一个人不仅可以对良好思想"的记忆进行复苏"，而且能"针对几乎整个世界建立隐秘的记忆系统，为虔诚和美德建造布置良好的仓库"。[43] 这样一来，个人就能实现自给自足，甚至可能成为"行走的图书馆"：

> 此外，人们在刻苦学习的时候，通常会来到图书馆或者文具店。而偶尔反思者［指遵循了玻意耳方法的人］随身携带了自己的图书馆，他的书本总是在面前打开。此外，他的面前还展示着世界本身、生活在其中的人们的行为，以及几乎无穷无尽且能够为他验证思考对象的其他事件。他不能把自己的目光移向别处，他在其他地方可能感受不到能够为自己带来反思的内容。[44]

玻意耳对自然哲学产生兴趣之后，继续在自然研究中寻求品德进步，并将实验性质的生活视为一种具有道德价值的生活。他提出，在日常冥想中养成的习惯可能不仅适用于道德话题，而且适用于"经济、政治或者物理层面"。[45] 玻意耳把收集道德思想和虔诚思想所产生的效用，扩展到了科学研究领域，"自然研究是一名基督徒崇高的局部记忆，他可以借此把整个世界转化为一种隐秘的记忆系统"。[46]

我们很难指出玻意耳对这种记忆的具体设想。他曾在一条旁注中对"记忆系统"（Mnemonicum）作出解释："一种特定的空间，人为地摆放了有关事物的图片或其他图像，用于辅助记忆。"[47] 不过，他的描述并没有指出对有序的排列、链条或者位点进行应用。在记忆术中，这种秩序可以防止图像发生混乱，引导回忆那些与特定图像或符号相关的（口头与实质性）材料。更准确地来讲，玻意耳为经验制造生动图像的习惯，创造了有关过往的观察和行动的强大"情节"记忆。因此，玻意耳在提及有关思想的自我记忆时，往往会提到看、做或者接触某些特定事物的经验记忆示例。[48] 根据茱莉娅·安纳斯（Julia Annas）的观点，这种记忆可以被归为"个人记忆"，与之相对应的是有关事实、日期或者定理的"非个人记忆"。"非个人记忆"缺乏"［个人］记忆具备的特征，这些特征会把过去获取记忆的过程纳为记忆的一部分"。[49] 玻意耳的"图书馆""记忆系统"具有个人特性，来源于集中观察和冥想。与培根的理论相比，这些观察和冥想似乎与新教诗学的传统更加接近。[50] 与哈特利布社交圈成员不同的是，玻意耳的早期著作没有对特定的知识体系的组织予以关注。玻意耳没有表现出将自身的知识按照一定形式进行浓缩和编纂的兴趣。而佩尔则在算术内容和数学过程方面追求采用相关形式。

　　玻意耳对个人经验的态度与佩蒂的《致塞缪尔·哈特利布的建议》（1647 年）之间存在着一种似是而非的关系。佩蒂在 1653 年的信件中，针对过度阅读的行为适当地采用了幽默和鼓励的语气。采用这种语气不仅因为尊重，而且因为玻意耳对于佩蒂来说显然是一种理想人物，可能是"看到或理解我们的祖先所有的劳动和智慧"的"一个人"（如佩蒂提到的医师）。根据佩蒂的解释，毕生审查信息（无论是关于医学疾病与治疗方法，还是关于贸易历史的信息）构成了理想人物的基础，可以为后续的发现奠定根基。[51] 哈特利布曾向玻意耳提及佩蒂的庞大历史记录计划。伊夫林也回忆道，他曾告诉玻意耳，自己也打算"为一部贸易史整合笔记"。[52] 这种对长期努力的强调与佩蒂在 1649 年初的信中对哈特利布提出的恳求相一致。佩蒂希望"这个时代的伟大智慧"，能够首先"通过良好的秩序和方法致力于收集并记录全部有价值的实验，与此同时，不要急于得出结论，直到有关自然世界的一些作品编写完毕"。[53]

　　佩蒂在《建议》中还曾意外地提到一个概念，他认为这一类人可能会在第一时间捕捉到事物之间的关联。玻意耳不认为各类见解迫切地需要统一，不过我们仍然可以推断，玻意耳相信，对自然的理解既需要通过密集的观察获取直接经验，也需要在一生中积累经验，从而改进对自然的解释。[54] 为了理解比尔对玻意耳的期望，我们首先需要认识到对于哈特利布的社交圈而言，强调集体收集数据，并没有排除个人可能在特定领域取得关键进展的期望。培根曾提到的内容可以作为这一观点的先例，"到目前为止，我们还没有找到头脑足够沉稳且认真的人……不过如果有人在壮年时期能够维持感官完好无损、心灵纯洁无瑕，并重新投入经验和细节方面的工作，我们就应该对他寄予厚望"。[55]

给玻意耳的建议

1663 年，比尔开始向玻意耳征询对记忆力与科学研究进行改进的方法，玻意耳也开始与比尔展开了交流。我认为，比尔敦促玻意耳提供的信息，实际上类似于佩尔有关博物学的思想，其中包括实验研究的相关内容。这就要求玻意耳对自己的思想和实验结果进行排列，组成一种记忆辅助框架。比尔和玻意耳均主张收集经验信息，不过通过他们的交流内容仍然可以看出，他们对博物学和自然哲学的收集方法持有不同观点。比尔强调，即便具有人工系统，也应该尽早地对经验信息进行排序，因为这种排序有助于记忆。玻意耳则倾向于通过标题来收集细节，但不希望把这些标题过早地纳入理论框架。[56]

1663 年 2 月 23 日，比尔首次致信玻意耳，他在书信开头用一段长长的拉丁文颂歌赞美了玻意耳的成就。比尔在信中吐露，此前他曾获得"小伊拉斯谟的别称"。[57] 同年 9 月 28 日，比尔再次来信，提到自己可能会每周写一封信。第二天，比尔寄来了一篇题为《记忆术》（*The Mnemonicalls*）的长文，声称，自己前往伊顿公学之前曾"独自一人在隐秘的角落"，对一些关键文本进行过阅读和记忆。"后来在剑桥期间，又先后以逻辑学家、哲学家和学者的身份勤奋地学习，后来我终于能够以超过阅读的速度来记忆"。[58] 两个人的书信来往一直延续到 1683 年 4 月比尔离世。遗憾的是，今天的我们无法看到玻意耳的回信。

在 1663 年 2 月至 1666 年 8 月的比尔来信中，有两个需要注意的要点：记忆术的相关内容，以及玻意耳出版作品的最佳排列方式。[59] 这两个要点之间存在着关联关系，因为所有记忆训练专家一致认为，有序排列可以有效地辅助记忆。现存的这段时期中第二封比尔来信的日期为 1663 年 9 月 29 日。时隔 7 个月再次来信，确实有些令人难以置信。比尔在这封信中提到了关于一种记忆术的个人方案。这封信实际上是一篇大约 8000 字的文章，比尔在信中概述了借助于广泛的信息来源的记忆训练，内容包括古典记忆技巧、笛卡尔的大脑运作理论，以及比尔针对那些天生记忆力强以及接受过记忆专业训练的人士拥有的习惯进行的观察。比尔向玻意耳提供了一系列关于提升记忆力的建议，一部分建议来自比尔的母亲记忆力超群的逸事，另一部分来自比尔的个人经验。其中包括了一些众所周知的内容，比如，"记忆内容需要搭配便于理解的措辞"，"我们获取的记忆越多，调取并应用记忆越频繁，就会发现记忆愈发牢固且强大"。[60]

比尔向玻意耳介绍的记忆的相关内容，在很大程度上重申了他先前与哈特利布讨论的内容。比尔的主要观点是，自然记忆不会受到记忆辅助技巧与规则的损害，天生记忆力较为薄弱的人可以通过各种方法得到提升。[61] 比尔提出的记忆技巧对古典记忆术进行了改进。相较于那些由个人设计和选用的视觉图像，他提出了一种具有普遍特征的符号性字符系统。[62] 比尔曾向哈特利布提到，自己"设计了大量字符，在整个庞大的体系中，各个字符之间存在着显著的差别，一眼就能区分"。比尔满怀信心地表示，这些字符可以"在任何场合、任何需要的时刻，以适当的次序留存在头脑之中"。另外，比尔还作出承诺："阅读、写作、应用和练习等内容，只要学习者在见习过程中有意愿且拥有一般水平的能力和技能，我就可以在一周之内轻松地传授这些内容。"[63] 比尔对玻意耳作出的保证同样体现了这种乐观态度。他曾经提到，"只要看一眼或眨一下眼睛"就可以掌握这些字符。[64]

同时比尔承认，古典记忆术现已失宠。"大多数饱学人士对人工记忆方面的所有论述存有偏见"。出于这种原因，他并没有通过玻意耳寻求"皇家学会参与其中"。虽然几年前，他曾经就与自己的方案相关的内容，提出过建议。[65] 除推广自己的观点之外，比尔还对哈特利布关于童年重要性的观点表示过赞同，认为每个人都应该自孩童时起建立一种认知结构，后续的新材料就可以更轻松地融入其中。比尔曾经请一位身份不明的联络人（据猜测可能是哈特利布）以及"布里尔顿先生"思考一下，他们如何针对特定的"知识类型"获取稳固的记忆。他认为，这种能力得益于"童年时期，特别是那些似乎能够引领头脑以及知识来源渠道的事物"内化而来的类别和主题。比尔认为，这些内容可以构成"我们在未来的生活中提升记忆力最好、最真实的话题"，特别是在一个人能够借助某些方法对其进行"有序排列"的情况下。[66] 比尔提倡把早期的记忆训练与任意分类、类别排列相结合。他似乎倾向于认为，即便童年记忆未能得到开发，或按照不同的路线进行了构建，仍然可以快速学习并有效地应用这种人工模式。

　　比尔向玻意耳作出承诺，记忆的强度可以得到提升，克服通常因年龄增长而出现的衰退。在建立了恰当的心理结构的前提下，确实可能出现这种情况，好比"童年时期灌输的一些细节，正如字母那样为我们所熟知"。每个人都必须建立一种包含了各类主题的框架，并建立起各类主题之间的关联关系。否则，根据比尔的预测，我们将成为"杂乱地摆放货物的商人……客人到来的时候，杂乱的商店会令商人迷惑不已"。这里的意思是，对于那些试图管理大量资料的人来说，更有可能发生混乱。比尔还补充了一点玻意耳肯定会产生共鸣的内容，即，比尔的方法比那些只能针对"词语或语句""进行快速回忆"的方法要好，他的方法能够"积累、消化并牢固地留存整个图书馆"。[67] 与此同时，比尔提出了一种警告，即未经培育的记忆可能会退化，"过去我可能会对某种惊人的自然记忆力大加赞赏，不过我发现……随着年龄的增长，这种记忆会退化"。[68] 随后比尔又向玻意耳讲述了一个骇人听闻的故事：

> 被人誉为"计算者"的约·苏伊赛特（Joh Suisset）……年事已高，他在回顾自己的作品时痛苦不已，因为他发现自己已经无法理解曾经写下的著作。先生，我无意威胁你……但如果你不经常留意一下自己的能力边界，可能就会发现岁月背弃你的信任，有时会在我们的记忆中偷走自己的劳动成果与发明创造。[69]

一年之后，比尔在探讨对一名介绍给奥尔登堡的"17 岁贵格会青年教徒"进行引导时提出，自青年时期开始，对记忆能够起到最佳支持作用的是那些积极的心理活动，即"发明、推理、智力"等。而且，突然"停止"这一类活动会导致"记忆被彻底摧毁"。[70] 玻意耳可能会发现，对于 50 岁的他来说，这种建议早已无济于事。

到目前为止，我还没有提到的是，比尔向玻意耳提出有关记忆的建议时，声称这些活动不需要记笔记。他曾在最早的一封信中自夸道："当我为剑桥大学国王学院的学生朗读时（当时我已在各种哲学课上朗读了两年），我不需要记笔记，就能记忆其中的内容（仅仅借助冥想或者浏览），花费的时间比朗读还要少。"[71] 事实上，比尔把记笔记当作一种"非理性"的"外在且虚假的辅助手段"。因此他提到，在印象不牢固的情况下，"系在手指或戒指上的线"只是一种不可靠的提示，之后他对当时的一种标准做法进行了抨击："只存在于书本上而没有储存进头脑的话题和札记，可能造就一个有学问的蠢材。因此人们应该使用记事本记下自己需要熟记的内容，而不是把记事本上的内容塞进记忆。"[72]

令人意外的是，比尔似乎暗指，在提示回忆方面，手指上的线与广为人知的札记标题下方的笔记相差无几。比尔引用了柏拉图针对书写提出的疑问，强调了对记忆内容进行内化的重要性，"与信任头脑相比，那些更依赖于记事本的人，已经产生了对奸诈和懒惰的幻想"。比尔传达的主要意思是，"我们应该关注头脑，在头脑得到提升的过程中欣喜，把所有有价值的内容置于头脑之中。与修饰卷首插画、墙壁和笔记相比，我们更应该装点自己的内在世界"。[73] 这种对外部支持手段的明显抗拒，与比尔在大约四年前写给哈特利布的信相吻合。比尔曾在信中提到，如果他发送给外界的文章丢失了，那么"我的头脑将无力重复这些内容，且无法挽回。就像有这样一剂药水，喝下之后我便无法操控自己的记忆。记忆操控着我，我无法反抗，我就像一头困兽，灵魂渴望着新鲜空气和自由地漫步"[74]。

比尔声称，通过清理头脑并学会遗忘，他那有序的记忆就得依靠自身具备的资源。1663 年，比尔开始与玻意耳交流，在同年的一封书信中（可能写给佩尔）我们可以看到比尔的观点稍有不同：

> 我可以向你讲述一些那些记忆力超群的同人的故事。虽然我早已白发苍苍，仍然要感谢上帝赐予了我一种神奇的记忆力。据我所知，所有百科知识中的任何艺术或科学方面的注释、概念或观察，自幼便已保存在我的记忆之中，我从未因遗忘其中的任何内容而愧疚。多年来，我保存了所有争论内容的往来书信，（在这些内容因搬运而出现混乱之前）我可以根据特定情形，从这些大量的松散资料中整理出线索。[75]

这些内容与比尔对笔记的抨击并不矛盾，但确实体现了依赖于资料存放位置的一种空间记忆。或许这些存放位置本身就代表了记忆的一种模式。我们同样可以看出，比尔的记忆本应实现自给自足，但同样会因外部提示工具的错位而遭到干扰。在下一章里我们将看到，玻意耳在"松散的笔记"方面遇到了相似的问题。不过玻意耳更好地使用了这些笔记。至少他对相关内容特意进行了布置，整理出了书面笔记。

玻意耳的作品和笔记的出版与整理

自 1666 年 4 月 18 日起，比尔开始把注意力转向玻意耳作品的最佳发表形式和顺序。[76] 比尔的很多建议受到了自己的记忆观点的影响。在此前的书信中，比尔曾提到，印刷资料会像中世纪手稿那样，受益于特殊的排印方式、彩色墨水以及视觉符号。他提到了这类手稿中标记了"章节开头"的"美化字母"，并强调这些元素"对于那些值得阅读学习的印刷书籍而言，可以起到很好的记忆辅助作用"。[77] 现在，他同样针对玻意耳作品的实体形式展开了思考，建议最好采用"轻便的四开本，而不是厚重的大部头"。薄卷形式之所以可取的原因是，"每个人都可以按照更符合自身想法与关注点的方法对作品进行归类"。[78] 比尔在后来的一封信中敦促玻意耳采用这种策略，并提醒道，耶稣会士已经成功地开创了这一策略。这些耶稣会士此前已经注意到简短的手册甚至单页蕴含的力量，与大部头著作相比能够更快速地获取人心和注意力。比尔发现，"耶稣会士已经影响了这个世界，不过与他们那些无穷无尽的厚重作品相比，这些简短的手册……和单页资料能够笼络那些匆忙走过的人"。简短的资料就像战场上使用的"短刀"，便于使用的同时能够积极地推进任务进展。比尔敦促新哲学的所有支持者，特别是玻意耳，采用相同的做法。[79]

除了通过实体形式为玻意耳的读者提供帮助，比尔同样希望找到方法帮助玻意耳更轻松地对未发表的手稿进行管理。他可能已经了解到，玻意耳的工作日记包含了"混杂实验"的条目内容。比尔向玻意耳提议，实验数量达到 100 个就应该发表，"只要实验达到了 100 个，就应该面世。这样一来你就可以时常清理自己的办公桌，避免被大量的资料淹没"。[80] 不过在比尔看来，玻意耳收集的经验信息的密度不足以影响记忆发挥的作用。

比尔承认了经验数据具有的特殊性和规模，重申"不要一次发表超过 100 条总论或者混杂实验"，随后他补充道，"这些内容可能很轻易地摧毁一个普通领域，并扰乱记忆"。在这封信中可以明显地看出，比尔对简洁的强调旨在为信息的复述提供便利，"如果我们无法通过深刻的印象、更新、沉思和教诲来巩固记忆，就无法保持记忆牢固进而获得进步"。[81]

那么，玻意耳是如何理解这些内容的呢？比尔提到的记忆衰退是否让他产生了警惕呢？他是否像培根所警告的那样，感到自己的记忆在经验面前苍白无力呢？遗憾的是，我们目前已经无法看到玻意耳的回信。不过我们可以通过比尔在1666年的两封书信推测玻意耳可能提到的一些内容。在1666年7月13日的一封信中，有迹象表明比尔认识到（或许因为玻意耳提到了相关问题），对简洁、秩序和记忆的强调可能不适用于全新的经验主义培根科学领域。比尔承认，一些高度系统化的学科（他把这些学科称为"松散的概念"，但没有举例），可以"粗略地浏览"，并进行理解和记忆。不过他认为，这种情况不适用于"实验哲学"材料。对于这一类材料而言，各种观察和实验需要持续地重审和修改，"不过这些内容（新科学）正如那些数不尽的应用，需要一种频繁且勤勉的审查以及一种酝酿中的审查，从而在所有能够想象的场合中进行遥远地发现与应时地发明"。[82]比尔对于简洁和压缩的追求体现在页边空白处的一则随笔中，"你可以让100个实验满足1000种用途，与此同时回避所有异议"。[83]

在1666年8月10日一封大约5000字的信中，比尔认可了玻意耳针对不成熟的系统提出的疑问，"我没有忘记，你已经给出了足够的理由来反对各类方法的冒昧造作和草率的系统"。

不过他仍然提醒玻意耳注意，"你在前述文章第 5 页和第 6 页中作出了让步，认为系统具有一种特定的用途和时机。而且当材料被较好地储存和收集的时候……巧妙地排列在一种恰当的体系中，与杂乱堆放相比，可以具有更好的用途、装饰以及力量"。[84]

他请求玻意耳"把你的实验和观察纳入假设，如果这些内容确实经得起假设，就在这些内容能够相互给予力量、光明和支持的情况下进行结合"。[85] 比尔坚持认为，玻意耳有责任向全世界发表一种有关新哲学的系统介绍，一篇可能与传统教义抗衡的内容。[86]

比尔曾经倡导一种植物命名法，这种命名法可以作为示例来证明自己持有的观念：任何一种数据都可以简化为一种简单且易于记忆的形式。1647 年 6 月 27 日，来自塞浦路斯的金纳（Kinner，夸美纽斯的一名关系人）向哈特利布寄出一封信。为了解决大量植物特征细节难以记忆的问题，金纳提到，"对于那些最有经验的植物学家来说，了解每种植物的所有特性与名称的人少之又少。而作家们常常因每一种植物而意见相左。他们之中有多少人能够通过普通的方式来学习并记忆植物信息呢？"[87]

金纳认为这一点在现实中无法实现，呼吁建立一套全新的植物学术语来描述植物、药草等具有的特性和功效。在语言音节中，辅音和元音的不同组合可以表达属性的相同点和不同点，因此，"一个人如果能够通过这种方式，至少去记忆这种术语，就能借助一种奇妙简单且令人愉悦的小工具，完全掌握术语所指示的整个植物具有的所有优点、用途以及一般命名法"。[88]

1665 年 10 月 11 日，比尔向玻意耳提到自己从哈特利布那里得到了一份手稿，名为《无向导知药草》(*De Herbis sine Duce cognoscendis*)。他通过威廉·布里尔顿把这部手稿转交给了玻意耳。[89]1666 年 4 月 28 日，比尔再次提到了这部手稿，并对手稿标题进行了扩充解释，认为这部手稿可以使人"通过植物的根、茎、枝、叶、高、色、花、果、种子等方面的亲缘关系与差别区分所有植物"。比尔希望这部手稿可以被更广泛地传播，因为他认为其中的内容"对于把无限种类归纳为少数标题"而言，提供了一种模型，这样就可以"澄清我们对于严肃性和轻浮属性的理解，改进整个世界所存在的系统"。比尔把这类内容称为"神圣的筛网"(*Cribrum divinum*)，能够对世界上的事物的本质进行分类。玻意耳从布里尔顿那里收到手稿之后作出的评论，我们不得而知。不过，比尔在 1666 年 7 月 13 日的一封信中再次向玻意耳提到了这份手稿。这次他要求玻意耳把这部手稿翻译成英文并传播。比尔认为这种对信息进行简化和编纂的方式同样适用于玻意耳的实验博物学，"可以举例说明你在《生理学概论》中写下的有关颜色和其他特质的内容"。[90]比尔似乎倾向于持有这样一种观点：世界上存在着简单的特性或原始形态，它们的数量较少，且构成了复杂现象的根基。[91] 这种观点包含了一种深意，即一旦确定了这些形态，就可以很快得到结果。[92] 比尔在写给哈特利布的信中表达了相同的语义，"我非常高兴玻意耳先生到目前为止仍然忙于向我们提供他的其他笔记的内容以及后续的实验内容。在这些方面，他为世界上的所有知识分子赋予了一种义务，并且为我们带来了希望，让我们相信可以很快完善人文科学"。[93]

这里同样有望规避希波克拉底提出的格言。不过玻意耳并不这样认为。1665 年，他在撰写《神学较之于自然哲学的优越性》(*The Excellency of Theology, compared with Natural Philosophy*，发表于 1674 年) 时，对个人掌握这种"神性"学科的可行性与自然哲学或博物学领域取得相似成就的不可能性进行了对比（他把这里的"个人"称为"自然主义者"）。在神学或神性方面，玻意耳认为，"一个重视并探究宗教奥秘的人"可以达到"卓越"的知识水平。当然，这里需要《圣经》的指引。相比较而言，他认为自然领域的研究困难得多，"这是一种庞大且十分复杂的学科……几乎每天都会出现各种新发现"。不成熟的系统容易被最新出现的"新奇事物"摧毁。玻意耳提出了自己的"松散式"写作风格，这种写作可以在最新的信息或猜想出现时对其进行处理。我们将在下一章看到，玻意耳把笔记视为一种工具，一个人可以通过记笔记积累毕生的经验，从而可能在自然知识方面有所发现，甚至可能在科学研究领域获取有限的"名声"或"声誉"。[94]

总结

玻意耳的早期写作与哈特利布强调个人记忆是一种具象经验仓库的观点不谋而合。玻意耳希望丰富并深化自己的个人经验，使相关内容能够更安全地储存在记忆中。他的目标是在观察和实验中挑选经验并得出推论。但他对于把由此获得的事实和观点按顺序置入某种记忆辅助系统的做法不感兴趣。我们认为的玻意耳的"经验主义"态度，与其说是收集事实（哈特利布和比尔曾表达过这种观点），不如说是一种拒绝按照他人的要求来浓缩并排列材料的倾向。比尔对依赖于高度结构化单元排列方式的记忆技术的推崇，只会强化玻意耳对不成熟系统的反感。哈特利布和比尔在不同程度上认为，经过对过往信息和现有信息的筛选和排列，能够识别本质化的、激进的或简单的属性。这种排序可以为整合新的发现提供一种坚实的基础。他们的目标是针对各种学科建立一套具有一致性的缩写，并且可能为支持共享记忆辅助系统的世界建立一种分类体系。

关于协作性的培根博物学（医学、化学及其他数据的收集）应该在多大程度上依赖于个人记忆，哈特利布的联络人提出了很多种解答。其中包括自然方法和通过训练习得的方法。比尔曾热情地为皇家学会提供果树（不限于果树）经验信息。他坚持认为，这些信息必须被排列才能辅助记忆和思考。玻意耳试图通过集中他人收集的数据来扩展自己的经验信息，因此不得不处理培根项目包含的海量信息。与比尔相比，玻意耳更加强调达到普遍理论阶段需要的时间和协作。在下一章中我们将看到，玻意耳对协作作出的个人贡献，在很大程度上是通过记录并收集笔记实现的，这些笔记包含了阅读、对话、观察和实验等内容。根据他的记忆辅助概念所传达的内容，这一类活动与涉及大量观察与反思的个人情节记忆培养并非不兼容的。玻意耳担心的是，记忆辅助手段可能导致经验信息出现不成熟的系统化现象，使人的头脑逐渐远离客观世界。因此当玻意耳在《空气通史》（1692 年）中告诫人们警惕系统或学说的诱惑时，很有可能他想到的是自己与约翰·比尔此前交流的内容。

第六章—罗伯特·玻意耳的松散笔记

　　罗伯特·玻意耳离世之后，人们把他与伟大的法国收藏家、科学名家尼古拉斯·法布里·德·佩雷斯克进行过对比。佩皮斯在给伊夫林的信中写道："恳请您为盖尔博士、牛顿先生以及我本人作陪，因为（玻意耳先生已离世）我们希望得到您的帮助，找到继玻意耳之后另一位佩雷斯克的英国接班人。"[1] 从博学以及在欧洲地区享有盛誉的角度来看，这种对比确实合理，不过其中含有相当的讽刺意味。在人们的眼中，佩雷斯克对自己的书籍、笔记及文件进行了很好地掌控，而玻意耳则是管理不善的反面教材。佩雷斯克的传记作者皮埃尔·伽桑狄（Pierre Gassendi）认为，佩雷斯克不信任自己的记忆力，因此非常注意整理笔记，以至于"他的房子"可能看起来"一片狼藉，但他从未因寻找东西而翻箱倒柜"。[2] 玻意耳离世之后，人们看到的却是另外一番景象。伊夫林向威廉·沃顿提到，玻意耳的卧室里堆满了"盒子、杯子、水壶、化学和数学用具、书籍以及成捆的文件"。[3] 亲临现场之后，沃顿表示同意他的说法，"正如他本人所说，他的大量文件确实非常混乱，只有上帝才知道乱到了什么程度"。[4]

佩雷斯克意识到自己的记忆力有限，需要对文件进行仔细地整理。玻意耳的"混乱"则来自求助记忆的习惯。当然，这种混乱场面同样来源于玻意耳使用了松散的笔记和草稿，以及缺乏组织性。迈克尔·亨特、哈丽雅特·奈特（Harriet Knight）、查尔斯·利特尔顿（Charles Littleton）曾提到，玻意耳意识到了这种问题，也曾试图对自己的文件进行排序和索引。虽然 17 世纪 80 年代他才开始着手。[5]1665 年之后的一段时间，玻意耳曾创作了一些记忆辅助诗歌，用来记忆自己论文的排列顺序。[6] 后来他尝试使用彩色字符串以及字母和数字的各类组合作为代码，但从来没有确认这一类索引标记是否适用于普通学科，是否适用于包含了重要材料的写作（如序言、公告、附录），或者是否适用于他的作品标题的排序，等等。[7] 我认为这种未能开发出有效索引系统的现象，来源于多年以来对记忆和笔记的信任。玻意耳的文件杂乱无序，需要记忆作为辅助手段，这一点似乎有悖常理。玻意耳曾宣称自己有能力从记忆中获取任何信息，无论是否有笔记或者丢失材料中的只言片语作为提示。他为什么会如此自信呢？

在本章中，我们将探讨玻意耳关于如何使用记忆和笔记的观点，同时涉及当时的有关规则以及可以选择的选项。玻意耳与现代早期其他名家的相同点在于，他同样记录了大量笔记，其中包括文本摘录及经验信息。经验信息主要来自证言、观察和实验。玻意耳与他的朋友的不同之处在于，他没有像伊夫林那样记录文艺复兴人文主义学者推荐的大型札记，也没有像约翰·洛克那样公开自己的笔记方法。[8] 不过，玻意耳在早期通过与塞缪尔·哈特利布交流，了解到记录、存储和使用各类信息的方法。玻意耳的朋友认为，玻意耳养成了这样一种作笔记的习惯：在交谈之后，"他每天都会在对方离开之后把实验或事件中的重要内容记录下来"。[9] 另外，他的做法证实了笔记具有的所谓"双重功能"，也就是促进记忆与缓解记忆衰退的功能。玻意耳从未特意针对有关话题发表过长篇大论，但他保存的序言、公告、著作、笔记以及手稿中，到处散落着他对"松散笔记"的重要评论。玻意耳注意到了自己的笔记类型，以及把记忆和笔记作为反思与思考提示工具的依赖倾向。相关内容可以看作他对自己的信息管理风格的自觉意识和理论基础。我将主要通过玻意耳的工作日记对他记录笔记的情况进行列举，但不会针对玻意耳收集并使用笔记的方式进行完整描述，也不会描述他的方法随着时间的推移所发生的变化。[10] 我将从更多的细节考量玻意耳针对记忆的使用、记忆与笔记的结合所作出的评论，其中将涉及所谓的"回忆"。

17 世纪七八十年代，玻意耳针对自己使用松散纸张进行书写的做法列出了几条缘由。他告诉奥尔登堡，为了"确保我不会一次性丢失一整部论文，我决定使用松散且未经装订的纸张写作，有时（当我只需要记录简短的备忘录或其他笔记时）用纸数量更少"。[11] 另外，玻意耳在一份说明这种做法的手稿（大约写于 1680 年）中提到，他不愿按照通常的做法，"把思想和观察方面的记录装订成书籍"，因为松散的纸张缺乏连贯性，对于窃贼来说缺乏吸引力。[12]《神学较之于自然哲学的优越性》问世于 1674 年，写于 1665 年前后。在这部作品中，玻意耳将有关连贯性的观点置于最适用于经验科学的写作形式的情境之中。在作品中，他将"方法论""系统性"的写作方法与"更加松散且不受限制"的方法进行了对比，后者往往按照"松散的模式"来呈现新奇的早期细节。玻意耳赞同对材料进行有序呈现可以起到辅助记忆的作用，但仍然拒绝采用系统性的方法。他认为这里的问题在于，这种秩序"与辅助理解相比较，往往更有助于记忆"。[13] 因此，玻意耳出于对不成熟系统的抗拒而放弃了一种标准化的记忆辅助手段。[14] 使用松散的纸张书写简短内容（包括笔记）的偏好，对他的记忆和回忆能力提出了极高的要求。当然，松散的纸张更容易错乱和丢失。玻意耳在《一则公告》（*An Advertisement*，1688 年）中提到，他的很多文件丢失或损坏了。[15] 由此可见，玻意耳为自己制造了一种困境。

17 世纪 60 年代，玻意耳很可能在与自己相关的主要领域中使用了他所谓的"松散且未经装订的纸张"，如神学、哲学、以化学和医学为代表的经验科学研究等等。[16] 这里必须指出的是，这类松散纸张里的内容其实并不统一，既包含了简短松散的内容（很多是玻意耳未来作品的草稿），又包含了工作日记中篇幅不一的编号笔记等。根据玻意耳的设想，这些内容的共同特征是把信息和思想拆解成较小的单位。随后，这些小单位可以添加或插入准备出版的作品，还可以作为观察和实验的笔记储存起来以备未来使用。[17] 我们在《最终原因》（*Final Causes*，写于 1688 年或更晚的时期）的一篇"附录"中可以看到，这种做法适用于各类学科。玻意耳指出，"我必须对观察、实验、反思等方面的细节进行区分，按照通常的数字序列为特定内容预先分配序号"。[18]1688 年的遗失文件登报记录明确表明，玻意耳丢失了很多文件，这些文件按 100 条编为一组，其中包括经验信息以及更松散的笔记。玻意耳提到，遗失文件包括"四五组实验记录与其他类型的事实记录，我在制作和观察的同时，把相关内容记录到文件中"，以及"七八组各类哲学内容的概念、评论、解释以及说明，偶然想到的时候，我就把这些内容记录了下来"。[19] 在这篇声明的后续内容里，玻意耳还提到了"丢失了一个装有 6 组事实记录的包裹"。[20]

与玻意耳同时代的人们可能没有注意到，从另一种讽刺意义来看，玻意耳通常不会受到寻找东西的困扰，因为他相信自己可以记住相关内容。在解释使用松散纸张的原因时，玻意耳提到，他已经做好准备承受材料丢失或被窃的风险，因为"有时我可以通过记忆轻松地弥补"松散纸张带来的"不便"。同样出于这种原因，他准备"在不同的观察、概念等内容之间留下足够的空白和间隔"。[21] 在上文提到的给奥尔登堡的信中，玻意耳提到，"我认为凭借剩余的文件和自己的记忆，我应该可以很快地弥补一两页文件丢失所造成的损失"。[22] 通过上述内容可以看出，玻意耳坚信自己能够（在没有笔记的情况下）回想或（借助笔记或者碎片化的内容）回忆起各类材料。他在很多场合都曾声称，能够唤起有关过往实验的记忆，甚至可以回忆与实验相关的其他具体细节。我们在《关于冷的新实验与观察》（*New Experiments and Observations touching Cold*，1665 年）中发现，出版商作出了这样一则声明："作者发现，除了几处空白部分由他凭记忆或重复实验填充了相关内容，其余内容与第一版无异。"[23]《流体静力学悖论》（*Hydrostatical Paradoxes*，1666 年）同样以他人的口吻提到：

　　作者分多次制作了实验附录的部分内容。作者依赖自己的记忆，认为没有必要记录相关内容。当试图回忆相关细节的时候他发现，时间的流逝以及各类偶然干预的发生，使他无法完全凭借记忆写下历史附录的所有细节。[24]

玻意耳承认，很长一段时间之后，自己无法凭借记忆想起具体细节，由此可以从另一个角度认为，玻意耳确实相信自己能够记住各种经验信息，只不过这种能力很可能随着时间的推移出现了衰退。玻意耳曾在 1682 年提到了他在 1666 年开始执笔的一部著作。他提到，自己在处理各类相关文件的时候，曾经试图"在多年之后，凭借我的糟糕记忆对有关特定目的的思想进行回忆，通过回忆来填补不同内容之间的空白"。[25] 在记忆不可靠的情况下，玻意耳通常会暗示笔记对于回忆相关细节起到了辅助作用：

> 在本文的剩余部分，我说的话可能不那么有说服力，因为我手头没有任何笔记来辅助我的记忆（我不敢只相信自己的记忆），关于我有机会尝试的为数不多的实验的问题，我试图按照这些想法进行尝试。[26]

这种同时求助于笔记和记忆的做法，构成了玻意耳知识工作的常规组成部分。

松散的笔记带来的教训

德国学者莱布尼茨曾坦言，他在记录自己的思想、笔记和文章时不够细心。他曾在 1693 年 3 月透露："做完某些事情之后，几个月内我几乎会忘记所有内容。我没有时间通过标题来整理并标记相关内容，只能在混乱的笔记中搜寻，重新做一遍。"[27] 莱布尼茨认为，他应该按照文艺复兴人文主义学者的建议和同时代很多顶尖学者的做法，通过适当的标题记录笔记。莱布尼茨很赞同这种做法。他曾经在一封信中提到普拉奇乌斯的《摘抄的艺术》。这部作品总结了几代人有关笔记技巧和笔记内容排列方法的建议。[28] 各类方法的共识是，一个人应该按照分类、主题、话题等标题记录笔记，这些笔记反过来又可以在避免逐字逐句地死记硬背的情况下，激发对同源材料的回忆和即兴发挥。因此，札记是一种辅助手段，而非记忆的替代品。而标题下方的笔记是回忆提示，组成了记忆的一部分。[29]

通过莱布尼茨的事例我们可以看出，标准化的建议告诫人们不要用松散的纸张记笔记。其中的风险在于，人们不会为松散的纸张分配标题，因此这种笔记无法在记忆和思想方面发挥札记拥有的优势。还有一条标准化的建议提醒学者（尤其是旅行中的学者），应该使用袖珍尺寸的平装本收集信息或语录，随后再把内容摘抄到通常用于记录"札记"的笔记中。不过，违背这些建议的现象同样十分常见。蒙田曾坦言与记忆相比，他更倾向于使用笔记。他提到，"翻阅我的笔记（这些笔记如同叶子一般松散）"。[30] 普拉奇乌斯曾指出，那些不喜欢松散纸张的人会将其称为"叶子"（foliis Sibyllinis），意指容易丢失。[31] 不过这种形式仍然持续地产生吸引力。在第二章里，理查德·霍尔兹沃思曾于 1637 年前后提到他听说有一种划分为不同区域的"盒子"，可以用来保存纸张形式的笔记。从原则上来讲，这种盒子听起来像是托马斯·哈里森发明项目的一种功能有限的版本。哈特利布的社交圈曾首先针对哈里森的发明发起讨论，哈特利布手中的一份手稿对这项发明进行了概述。[32] 哈里森在争取议会资金支持的时候曾这样描述这项发明："可以通过笔记最恰当地处理任何一本书中的每一种观察，所有笔记采用的都是松散纸张的形式。"[33] 后来，普拉奇乌斯在《摘抄的艺术》中发表了哈里森的拉丁文版匿名手稿，[34] 在本书第四章中我们提到，相关内容解释了这项发明可以通过使用尺寸较小的纸张保存书籍内容节选，捆绑或折叠在一起，然后放置在经过特殊设计的橱柜内部挂钩上。普拉奇乌斯认为，哈里森的发明在处理松散纸张方面更安全。不过我们可以认为，莱布尼茨面临的困境同样来自他对松散纸张的使用。莱布尼茨曾根据普拉奇乌斯的描述制作了一种用来保存摘录的橱柜。[35]

　　物理意义上的松散纸张在概念上并非等同于松散的笔记。

普拉奇乌斯曾为自己描述并推广的纸张方法分配了某些类型的标题。哈里森的发明出现之前，哈特利布曾把各种偶然的信息和想法写进《星历》。在此过程中，他并没有根据主题为特定内容分配独立页面，而是在内容条目一旁的空白处写下关键词或者标题，为特定内容与相关主题之间建立关联关系。哈特利布借鉴了凯克尔曼、胡布纳、容吉乌斯等人使用的方法，通过不严格地遵循札记方法的方式，设计出了用来整合数据的类似技术。至此我们可以看到，其他方法同样可以在需要的情况下使用简短且松散的笔记，而且还可能为相关内容临时分配标题。[36] 还有一种观点认为，这种松散的笔记更易于组成全新的组合，进而可以在复杂的数据中探索复杂的关系。我们将在第八章看到，罗伯特·胡克曾推荐使用这种方法。在探讨玻意耳针对笔记的思考时，我想到的就是这一类方法。

玻意耳的笔记

伦敦皇家学会的玻意耳档案总共保存了大概 20 部玻意耳的装订笔记本。其中的一部分笔记本按照玻意耳当时使用的方式一直保存至今，还有一些在 19 世纪被重新装订。[37] 玻意耳通常把这些笔记称为"笔记本"，采用了两种英文表达方式，分别是"Note-book(s)"和"Note booke(s)"。[38] 除此之外，他还制作了很多本袖珍手册，这些手册由松散的对开版纸张折叠、缝合制成。玻意耳把这些手册称为"备忘录"（Memorials）、"杂录"（Adversaria）或者松散笔记。他通常不会把这些手册称为笔记。原因可能是没有装订。自 17 世纪 40 年代晚期一直到 1691 年玻意耳离世，他总共使用了 40 本上述类型的"工作日记"（workdiaries，现代人对玻意耳笔记的称呼）。[39] 亨特与利特尔顿在描述玻意耳最早的笔记时曾提到，这些笔记"与那些学习文艺复兴文学的学生所熟悉的札记几乎没有区别"。[40] 从内容来讲，玻意耳的笔记确实如此，笔记主要由英国和法国作家的格言组成。从格式来看，玻意耳的笔记忽略了标题的使用（如"工作日记 1-5"）。笔记中的一些内容可能具有相同的出处，但内容条目似乎完全没有分组归类。有关药方的内容（"工作日记 6-11"）同样如此，这些笔记的标题更接近于日志或者日记格式，并非札记格式。比如"每日观察"（Diurnall Observations，"工作日记 1"）、"杂项摘录"（Miscellaneous excerpts，"工作日记 5"）等等。根据亨特的观察，17 世纪 50 年代，玻意耳的笔记（或称为"工作日记"）在内容方面更倾向于科学领域，条目不仅包括文本摘录，而且包含了观察和实验。[41]

玻意耳为自己的个人日记所拟定的标题传达出一种松散的气息，如"始于 1655 年 9 月 24 日的杂乱的观察""杂乱的实验、观察以及笔记""有关人体保存的松散实验、观察以及笔记"等等。[42] 通过"工作日记 19"（用于 17 世纪 60 年代早期）使用的标题，我们可以看出玻意耳的写作流程，"（所有种类的）哲学条目与备忘录，在这里混杂地拼凑在一起，日后将转移到相应的论文中"。[43] 有一些标题的起始时间为新年第一天，这种方法或许是一种不错的解决方案，如"哲学备忘录，始于 1649/1650 年新年第一天，终于年末。在上帝的允许下，我可以每年进行这样的记录"。[44] 还有一些笔记标题显示，内容起始于玻意耳的生日——"哲学笔记，始于 1 月 25 日"。[45] 尽管玻意耳对笔记作出了描述，但是倘若认为他的笔记完全处于混乱状态，同样不够准确。一部分笔记其实自诩拥有"哲学"属性。这一类笔记由短条目的长序列组成，通常按照"百条"进行编号，仿照了培根在《森林志》（1626 年）中以 1000 条观察和实验为一组的编排方式。[46] 年轻时的玻意耳曾表现出对条目编号的狂热，他完成于学生时代的一部分学习笔记大量使用了"百条"编号方法，把相关材料整合进了特定分组。[47] 在一些未完成的出版物中，玻意耳还使用了"五条"编号方法，按照从"1"到"5"的顺序，对实验和观察进行了编号。[48]

玻意耳没有读过大学，因此没有经历过几乎每天都要为特定材料分配标题的管制。他的导师伊萨克·马尔孔布（Isaac Marcombes）很可能在年轻的玻意耳身处日内瓦期间，为他提出了有关记录笔记的建议。[49] 玻意耳显然意识到了札记法的地位，但偶尔会提到自己决定不使用札记法。在《关于圣经文体的一些思考》（*Some Considerations touching the Style of Holy Scriptures*，1661 年）中，玻意耳提到自己不愿追随一些"在修饰方面浮夸、在扩充内容方面详尽、沉溺于札记"的作者。在《自然哲学的有用性》（*Usefulness of Natural Philosophy*，1663 年）中，玻意耳在强调"疾病史""药物学"的重要性时提到，尽管"这些细节……可能很容易被放大"，但他"没有心思也没有计划按照札记的方法解决这些问题"。[50] 另外，玻意耳在抗拒标准札记的同时，也曾对自己的笔记类型进行过识别。在 1688 年有关遗失文件的公告中他提道：

> 有关我的实验以及其他事实记录的四五组百条内容。我在执行和观察的过程中把这些内容记录在纸面上，部分采用了日记形式，部分采用了杂录形式，记录了 100 条又 100 条，以便随时应用到我的论文中。[51]

对日记和杂录进行有意地区分是一件很重要的事。我们可以据此合理推断，日记按照时间顺序进行了排列，杂录则采用了主题格式。虽然杂录的主题可能包含了多达 100 则条目。

这种将日记与杂录相结合的方法类似于哈特利布的《星历》

采用的形式。哈特利布曾在 1635 年的一则条目中提到过这种方法。[52] 在 1648 年的一则条目中，哈特利布提到了"按照我们听到或看到的原貌记录日记"的需求，随后他补充道："玻意耳先生同样非常支持采用杂录的方法。"[53] 在这段时期里，玻意耳曾提到自己计划"记录一种书面日记"，并告诉他的姐姐，自己曾经写出了"草稿模型"，并"一度对其加以利用"。[54] 哈特利布一直记录日记而非札记，不过他的杂录同样在某种程度上标注了主题或标题

对于玻意耳来说，他的工作日记中的"松散笔记"就是"杂录"，虽然相关内容并不总是在旁注里标注标题。他曾在 1674 年《人体保存》手册的前言里提道：

> 我想让那些有关空气隐秘特性的大量文件不那么无足轻重，写一些与此类主题相关的内容。我把自己的一部分杂录翻了个遍，找到了我在几年前（包括比较新的内容）记录的一些松散的笔记，或者说是一部分实验的简短备忘录，内容有关如何通过排出空气来保存人体。[55]

在玻意耳的出版作品中，共有 18 篇报告的内容涉及"在杂录中"发现了一些东西。比如，"关于我在自己的杂录中发现简短备忘录的那次实验"。[56] 在 1670 年的一套手册中，玻意耳声

称，他将"添加两三篇证言，其中第一篇发现于我的杂录"。随后他便提供了与"工作日记21"（17世纪60年代晚期）第204号条目几乎一字不差的内容副本。[57] 他还在其他内容里指出，"以下观察的每个字都来源于我的一篇杂录"。[58] 有时，玻意耳会提到自己记录的成果比较有限，"这个方面的观察，目前我在自己的杂录中能够找到的内容很少。不过已经足够了，找到的内容和我的记忆可以提供信息"。[59] 他还曾认为自己的笔记是一种可靠的记录，适合以印刷的方式传播。在探讨盐的不同组合对液体温度造成的影响时，他提到，"对于相关的观察内容，最清晰的例子是我使用铝溶液和硝溶液进行的实验。我的杂录记录了两种溶液的关系"。[60] 因此，简短的编号条目、偶尔出现的旁注标题（通常为事后添加），或许还有工作日记的标题，这些内容组合起来使玻意耳对自己的笔记所起到的作用保持信心。[61]

在大多数情况下，玻意耳提到他的"杂录"（更多的时候只是提到他的"笔记"）时，是在宣告他对于记忆或笔记，或者同时对于二者的依赖。这些声明之所以值得注意，是因为玻意耳至少在两个方面突破了传统规范。第一，他的笔记违背了"只有在标题下方认真地记录札记才能免受天生记忆力不好的影响"的建议。第二，玻意耳的视力日渐衰弱，曾于1656—1657年咨询了医师威廉·哈维，这表明玻意耳至此无法自行记录笔记。[62] 他曾在《关于空气弹性及其效应的物理－力学新实验》

（*New Experiments, Physico-Mechanical*，1660 年 ）中 抱 怨 道 ：
"我的眼疾不仅使我无法独立写完一篇实验，甚至无法为他人
阅读。"[63] 我们通过工作日记的手稿可以看到，玻意耳自 17 世
纪 50 年代中期开始主要依赖抄写员的帮助。[64]1696 年，伊夫林
向沃顿提到，玻意耳"在烛光下的过度阅读损害了他的视力，
于是他的抄写员开始为他提供帮助，有时会为玻意耳阅读文章
并记下玻意耳注意到的段落内容，这些内容经常记录在松散的
纸张上，被随意地整理"。[65] 根据同时代一些手册的内容，阅读
与笔记之间的脱节会消除一种重要的辅助作用。与反复阅读相
比，书写和笔记才更有助于保持注意力和记忆力。佩雷斯克曾
坦言不信任自己的记忆力，他提到，自己"通过经验发现，书
写可以使事物在脑海中留下了更深刻的印象"。他还曾注意确保
"在页面顶部或页边空白处上方写下要记录的主题或标题"。[66]
玻意耳的笔记并非全部亲自写成，那么玻意耳是否错失了书写
对记忆起到的辅助作用呢？ 在这里，我们需要思考的是，玻意
耳认为自己能够记住哪些内容，他的笔记又可以帮助他回忆起
哪些内容。

记忆与回忆

在思考玻意耳的笔记作者身份之前，我们应该首先理解他对于记忆的能力持有的乐观态度，也就是在没有外部记录的情况下，记忆并回忆信息与思想的能力。在前一章里我们可以看到，这种乐观态度可以追溯到他有关道德和精神戒律的早期作品。这些作品宣称，通过冥想来提取观察和思想的情境与成果，可以提升记忆力。值得注意的是，玻意耳坚持认为，这种方法可以让个人在没有任何笔记辅助的情况下回忆经验和思想。玻意耳预料到了这样一种反对意见——"要进行这样的思考，就必须不厌其烦地把应用到思想的每一次偶然的反思都记录下来，他们由此得出的结论是，不采取任何行动比记录所有内容要容易得多"。不过玻意耳向读者保证，这种记录"没有必要而且很乏味"。当然，一个人如果希望向外界传达一些思想，就应该把相关内容记录到纸面上，但是"其他偶然的反思即便占据了我们的头脑，也不需要通过双手书写，因为这些反思已经完成了对于头脑的所有预期使命"。[67] 在这里，玻意耳似乎与记忆术传统保持了一致，依赖内化的图像和相互关联来提示回忆。在第二章里我们可以看到，萨基尼、德雷克塞尔等系统笔记的支持者认为，写作（包括简短的笔记）可以为回忆提供更可靠的支持。因此我们要根据现代早期对于信息检索如何在记忆与各类笔记之间进行分配的理解，检验玻意耳的态度。有关这个问题的探讨需要在记忆术传统的相关背景中展开，并且涉及人文主义学者、耶稣会学者以及培根提到的札记的功能。

在《学术的进展》及该作品的拉丁文修订版《论学术进步》中，培根主张可以对古典记忆术进行改进，为他所谓的"知识的保管和储存"提供帮助。[68] 这项任务从属于"记忆"范畴，但培根坚信，"书写"是一种关键的辅助手段，"书写可以为记忆提供很大的帮助。我们必须认识到，缺乏这种辅助手段的记忆无法处理很长或者很精准的内容。而且绝不应允许出现不成文的证据"。[69] 这一点非常重要，因为培根认为，他的项目需要收集大量经验细节，这些经验细节远远超出了记忆的储存能力，"不过即便有了知性工作或哲学工作需要的博物学与经验方面的储备，理解仍然无法仅凭记忆来处理知性。如果有人希望凭借记忆来存储或掌握星历的计算，就更不可能了"。[70]

培根强调了写作的功能，其中包括知识的传播，也包括知识的发现。在上述论述之后培根继续强调："目前任何发明过程都无法令人满意，除非以书面形式进行。"在这一点上，把笔记看作一种符合培根的"不连贯段落书写"概念的特殊书写形式，可以起到帮助作用。在他看来，笔记是能够创造"辅助记忆"的标签、线索以及提示的方法之一。他解释道，在面对"汹涌而至的细节"时，除非这些细节按照某种顺序排列，如"有关发现事项的适当表格"，否则智力对其无能为力。按照这种方式对信息排列和储存之后，头脑就有可能"专注于这些表格所提供的有组织性的辅助"。培根认为，这就是笔记为记忆和理性提供的一部分帮助。[71]

近年来，索菲·威克斯（Sophie Weeks）和罗德里·刘易斯（Rhodri Lewis）强调了"文化体验"（*experientia literata*）概念的重要性，内容包括以书面形式对信息进行总结和排列，笔记同样包含在内。[72]培根在《新工具》中探讨博物学信息收集作为归纳法预备阶段所起到的作用时，提到了"文化体验"的概念。[73]根据威廉·劳利（William Rawley）的说法，培根承认自己的《森林志》可能恰恰来自对细节的积累。[74]但是从原则上来讲，培根认为博物学信息收集针对的并非"未经消化"的"大量细节"的简单积累。培根区分了两个研究阶段，每个阶段都使用了在一定程度上存在差别的书面格式。在智力能够通过归纳来产生普遍规律或公理之前，培根坚持收集特定主题的大量博物学资料，具体内容从天体现象延伸到技术领域。他为《博物学的准备》罗列"标题"清单时曾强调，相关信息必须以书面形式"记录下来"，"因为我希望以最虔诚的态度记录初步的历史资料"。[75]他提倡在所有博物学观察和实验中使用标题来制作清单，通过这种方式，数据能够以永久的形式被记录下来，标题则能够对回忆和检索资料起到辅助作用。对于记忆来说，这些资料的多样性过强且细节过多。不过培根认为，书面记录虽然可以减轻记忆的负担，但只有这些记录仍然不够。他解释道："即便收集了博物学和经验方面的丰富内容"，"智力仍然无法在缺乏提示的情况下凭借记忆开展研究"。[76] 这就要求进入另一个研究阶段，采用一种经过特殊设计的表现方法。根据培根的观点，这一阶段的目的是通过"让人了解细节"，"特别是了解我在发现事项表格中列出的已经消化的细节"，把经验转变为"文化"。[77] 培根的著名作品《实例的表格与结构化》（*Tables, and Structured Sets of Instances*）对初步的历史资料中的数据进行了筛选，并以全新的方式进行了排列，使"知性"能够对可能存在的模式进行识别。这些模式指示了一些内容，如热量的潜在"形式"或成因。[78]

我们应该如何对玻意耳的观点与培根的建议进行比较呢？玻意耳曾在 1666 年的文章中对"通用标题"进行了概述，这里的内容与培根对初步博物学"标题"所具有的组织价值的强调相符。[79] 这里需要注意，玻意耳认为这些标题具有前瞻性与记忆辅助功能，可以引导收集更多的材料并提出新的研究方向。[80] 不过玻意耳回避了培根的实例表格，这些表格的目的是以组合的形式对信息进行整理和比较，记忆在缺乏辅助手段的情况下无法吸收有关内容。玻意耳的标题并非一种用来表示现象固有特性存在或缺失的手段，而是主要发挥数据收集点的作用。采用这种方法的一个原因是，玻意耳主要关注的是对观察和实验进行整理的早期阶段。他还认为，培根的初步博物学作品过于简短，内容不够丰富。[81] 为了纠正这一点，玻意耳更仔细地思考了"博物学细节的广泛性和多样性"，以及"编写一部博物学著作"最为恰当的方法。[82] 事实上，玻意耳的书面数据概念比培根的概念更宽泛，包含了工作日记和其他笔记中的所有内容，优先于列表的提取、标题的分配以及表格的排列。我们可以认为，玻意耳更感兴趣的方面是培根提到的简短笔记发挥的作用，"详细的细节或标题类似于不连贯段落书写，可以起到辅助记忆的作用"。[83] 玻意耳希望对自己的松散笔记存储的原始资料进行重新审视、重新阅读和交叉引用。他没有把信息的提取当作一种减轻记忆负担的方法，而是把自己的笔记当作在相关经验、实验以及关联情境中获取记忆的手段。因此我们需要更仔细地研究玻意耳关于自己的笔记发挥这种作用的设想。

借助笔记进行回忆

玻意耳在《基督徒的品德》第二部分（写于1691—1692年）里探讨了记忆的存储能力。此前他已经接受了一种"公认的观点"——"记忆的位置"位于大脑的"一个部分或区域"

之中。玻意耳提出了这样一个问题：尤其对于"博学的人"来说，"如此大量的内容"如何能够"塞进大脑的某个部位并舒适地栖息在那里，而且如此持久，以至于四五十年之后，这些内容仍然可以浮现在脑海中"。[84] 玻意耳对相关问题表达了疑惑，但有关个人毕生掌握学习和经验的概况仅仅代表了玻意耳的个人情况。另外，把思想植入头脑的概念对记忆和回忆进行了区分：玻意耳在没有外部辅助手段的情况下仍然信任自己的记忆，他的笔记发挥的是提示回忆的作用，其中包括他在年轻时积累的大量情节记忆。

玻意耳很早就表现出了对记忆训练的兴趣，他认为书写对于记忆而言是一种必要的支持手段。[85] 作为一名实验哲学家，玻意耳经常提到，在缺乏笔记的情况下，他不信任自己的细节记忆。在《关于空气弹性及其效应的物理 - 力学新实验》的前言中，玻意耳针对"我的很多实验都是冗长的"表达了歉意。他提到，"我担心自己忘记相关内容，于是对各类实验的情境进行了记录，以便在其他作品中使用"。[86]1672 年，玻意耳在有关宝石的著作中提到了一些"特意设计的实验"，但他"没有保存相关记录，并且不相信自己的记忆能够对实验内容进行良好且长久地保存，因此这里省略了相关内容"。[87] 玻意耳认为，除时间的流逝以外，其他类型的干扰同样可能对记忆造成混淆或削弱。在《人类血液博物学回忆录》（*Memoirs for the Natural*

History of Humane Blood，1684 年）中，玻意耳提到自己已经起草了"一套调查资料……但这些资料后来丢失了，加之时间过去了很久，各类研究具有不同的性质，因此我遗忘了其中的大部分细节"。[88] 当玻意耳谈论笔记发挥辅助作用时，我们需要注意其中涉及的回忆类型。

这里有一个相对比较复杂的问题：玻意耳"工作日记"中的很多条目内容均由他本人向抄写员口述。在 40 部"工作日记"的 21 部笔记中，玻意耳重复使用了"我记得""如果我没有记错的话"之类的表达方式，仅"工作日记 21"就有 29 处类似的表达。举一个例子，在关于各类化学物质与金属等物质融合从而出现的颜色的实验和观察记录中，"把相同的烈酒倒在少量钾盐上，再把同样的烈酒倒在鞑靼盐上，（我记得第二种做法）即便在寒冷的环境中也会变色，几个小时之内就会出现像葡萄酒那样有点浑浊的红色"。[89] 另外，"我使用烈酒、盐及铜屑制作了一种溶液。我记得自己观察到，这种溶液会出现一种蓝色的褶皱薄膜"。在其他相关内容里，玻意耳声称自己回忆了 10 年前的观察与实验内容。在 17 世纪 70 年代早期有关制作的内容里，他提到了第一次研究这种物质，"我记得是在 1660 年"。[90] 他还在其他内容里记录了自己曾经试图去做的事情。在 17 世纪 60 年代早期使用的"工作日记 19"中，玻意耳记录道："我记得有一次我想试一下，氯化铵混合水产生的低温是不是更有可能指的是一种质地的变化，或者是一种由于液体对盐的作用而引起的运动，而不是水本身受到了任何破坏。"[91]

我们可以看到，一部分内容包含了相当具体的经验细节，这些细节可能与玻意耳的实验有关，也可能与他人向玻意耳提到的事件、动物、自然现象有关。玻意耳对相关内容的回忆，似乎没有像他在1666年提到的那样，通过明显或者可靠的方式得到了通用标题的辅助。[92]相反，他曾在《偶然的反思》中提到，他对这一类细节的记忆往往与时空环境有关，一部分内容可能在他向抄写员口述时由思路激发。无论如何，玻意耳对自己现存的记忆进行了记载，并转化为永久的记录。不过这并不代表玻意耳把自己的所有笔记当作准确的记录。他在《关于冷的新实验与观察》中探讨用温度计进行测量时提道：

> 我在松散纸张和一部日记中发现了这些笔记。我曾在一段时期中使用这部笔记记录相关的观察内容。我不在场的时候，无法亲自注意到相关内容，但是我的抄写员的细心程度是毋庸置疑的，我对摘抄的下面两条内容很满意。[93]

在这部作品中，玻意耳认真地处理了晴雨表的一些数据，并提到，"到目前为止，我仍然能回忆起这些内容。不过正如我说过的那样，我不敢在此基础上补充太多内容"。[94]

玻意耳的大多数笔记是按照内容发生的时间顺序记录的，没有分配特定主题。但他显然已经意识到了标题在回忆提示方面起到的重要作用。玻意耳确实希望能通过标题回忆笔记没有囊括的其他思想与信息。通过玻意耳表达歉意以及反思的内容中反复出现的主题可以看出，他认为这些内容如果添加了便于记忆的标题，那么至少可以回忆起一部分丢失的材料。在 1660 年至 1680 年一份题为《自然知识的几种程度或种类》的手稿中，玻意耳解释称自己已经丢失了最初的版本，"不过由于我保留了有关主要标题的一些记忆，我将在这里展示相关内容的概要"。[95] 有迹象表明，这种记忆可能通过阅读的习惯得到了维持。1665 年，玻意耳向奥尔登堡提到，找到了"我关于某些学科的笔记草稿……有些内容的笔记我还没有找到，我记得在 5 年或 7 年前读过，内容的主要标题涉及整体知觉、较大身体的毛孔和较小身体的体型、神秘的特质等等"。[96]

　　玻意耳还在 1689 年至 1690 年的一部笔记中记下了有关回忆的观点，把一些条目描述为"松散笔记等内容的延续，其中大部分记录了自 1 月 25 日起可以辅助回忆的更完整段落"。[97] 这种做法一直延续到玻意耳生命的最后阶段，体现在 1690 年前后发布的一份公告中。根据这份公告，玻意耳不愿接待访客，原因是一些"不幸的事故"损毁了"他的很多作品"。他需要时间"振作精神，整理自己的文件，并填补文件的残缺"。玻意耳打算通过"他的记忆或发现"来填补这些残缺。[98] 我们通过上文引用的实验作品原文段落看出，玻意耳确实有这种把握。不过目前尚不清晰的是，玻意耳提到的记忆障碍，如细节过多、时间流逝、其他学科造成的干扰等，是否也会削弱借助笔记作为提示工具的回忆。

如果主题标题有助于回忆信息，那么玻意耳为什么只对通过其他方法记录的笔记有信心呢？比如他在"工作日记"中按照时间顺序记录的内容。一种可能性是，他为编号条目分配的空白处标题（通常具有回溯性特征）可能起到了相同的作用。[99] 还有一种可能，玻意耳在快速记录笔记和减慢速度分配标题这两种做法之间，优先选择了前者。这里值得强调的是，玻意耳虽然制作了文本摘录，但在探讨笔记时没有提到这些摘录，而是提到了通过摘录获得的观察笔记、实验笔记以及思想观点。[100] 他在一段看似漫不经心的评论中指出，这种现象本身已经表明，传统方法不适用于他的目的。在《心灵的伟大》（*Greatness of Mind*）开篇里，玻意耳提到了与一位"朋友"的对话，"你似乎只希望获取我的思想，因此我无法确定，对于一个不普通的主题而言，普通的札记是否能够提供足够的帮助"。[101] 玻意耳提到"我的思想"时，总是会传达出一种否定权威的意味。这里的内容具有这样一种暗示：札记往往无法表达编写者的思想。

玻意耳倾向于当一些想法出现的时候马上记录，而不在意主题的排列。笔记的标准化指导流程建议，记录笔记之前对有关内容进行思考和消化。但玻意耳认为，没有被迅速记录的材料可能被遗忘。因此他在《偶然的反思》中向姐姐提到，自己与他人共进晚餐之后，"回到另一个房间，把谈话涉及的内容进行了简要地记录，以防拖延会使我忘记细节，或者新想法产生之后与相关内容混淆"。[102] 这里提出了一种假设：与文本段落比较起来，思想没有被记录的话很容易遗忘。玻意耳把这种观点扩展到了实验观察方面的思想，并解释道，他曾试图"在记忆清晰的情况下记录实验现象，只要相关内容不属于感知的对象"。[103]17 世纪 70 年代早期，玻意耳在自己的一部工作日记中写道："最后一次实验在记忆中最为清晰，因此我记录了那次实验，而没有记录所有实验的内容。"[104] 在谈到把这些笔记应用到出版作品中时，玻意耳坚持认为，与系统化或者散乱的排列方式比较起来，对实验结果进行快速记录更为重要，"我将冒险对自己的实验草稿进行增补，以一种朴实的方式记录到杂录中，以维持记忆"。[105] 他曾请求读者予以谅解，"为了避免相关内容在任何情况下被遗忘，松散的笔记曾在事实记忆尚且清晰之时分多次进行了匆忙地记录，希望读者不要期望通过笔记发现任何关联关系或特定风格"。[106] 玻意耳还曾认为，自己的表现模式并没有什么特别之处，"至少在第一次阅读时，读者不会过于在意或记忆实验哲学内容的写作方法。哲学家予以留意并永久记忆的内容是特定表达顺序之中所提取的概念与实验本身"。[107]

玻意耳曾在 17 世纪七八十年代一份题为《我的神学松散笔记导论》（*Introduction to my Loose Notes Theological*）的手稿中，对自己的笔记方法进行过明确地分析。他在手稿中承认，自己的大部分文章看起来可能像是"杂乱无章的笔记胡乱地拼凑在一起"。[108] 他还在《物理学思考》（*Cogitationes Physicae*，17 世纪 70 年代或 80 年代）中坦言，自己曾向外界散发一些材料，材料内容"没有采用任何顺序，这些内容偶然出现在我的脑海中，通过简短笔记的形式进行了杂乱地记录，组成了混乱思想的一部分"。不过他认为，快速记录的简短笔记有助于思考，可以起到"激发思想"的作用。[109] 玻意耳显然曾针对自己的做法进行过思考。他曾提到"分类各异、长短不一、时刻不同的笔记"，并进行了区分。比如，区分简短笔记与长篇笔记，以及在记录事实、概括异议、记述一系列思想的笔记之间作出区分，等等。[110] 他曾单独提到了这样一种笔记：

> 可以在我需要之时帮助我回忆，回想起那些曾同时拥入脑海的诸多思想。这一类笔记相当简短，其中的一些内容非常简单，甚至可能与公式或者参考文献相差无几。你可以很容易地猜到，这些笔记不需要任何不重要的修饰，

因为这些笔记的目的并非帮助他人理解，而是辅助自己的记忆。[111]

通过这段话我们可以看到，玻意耳强调了他的笔记发挥的个人价值，这些笔记能够帮助玻意耳回忆特定的相关思想，还能帮助他回忆某些丢失或被放错位置的笔记。

另外，这种笔记的作用同样在于，能够通过原有的顺序保存一系列思想或观点。很久之前人们就已经发现，笔记、图表、图像等内容至少可以发挥两种作用。玛丽·卡拉瑟斯在谈论这些内容在中世纪书籍中起到的作用时曾提到，"可以稳固记忆，还可以提供开启回忆过程的线索"。[112] 在《指导心灵的规则》(Rules for the Direction of the Mind，1628 年前后) 一书中，笛卡尔在探讨"思想的连续运动"对于"一长串推论"的必要性时，强调了"稳固记忆"的作用。笛卡尔承认了"记忆的衰弱"会提高稳固记忆的难度，并提到自己曾试图对一些中间步骤进行练习，"直到我学会了从第一个步骤快速过渡到最后一个步骤，在此期间，记忆几乎没有发挥作用，我似乎凭借直觉马上理解了整个过程。我们的记忆可以通过这种方式得到放松，智力的迟钝可以得到纠正，智力也通过某种方式得到了扩展"。

不过在第 16 条规则中，他同样强调了对书面提示的依赖，

"不过，由于记忆往往不可靠，而且为了不用在进行其他思考时浪费注意力刷新记忆，人类独有的聪明才智为我们带来了一项令人愉悦的发明——书写。书写作为一种辅助手段，可以让我们的记忆力摆脱负担，把我们需要留存的内容记录在纸面上"。[113]

后来，笛卡尔在给科内利斯·范霍格兰德的一封信中重申了自己的观点。他断言："我们用来填充记忆的东西越少，就越能够在知识增长方面维持天资的敏锐。"[114] 玻意耳认可了这一点，他提到，"在没有可见图示的帮助下，无法通过一长串几何演示来辅助想象和记忆"。[115] 从这个角度来看，笔记（以及图片或图表）之所以能够在思维方面发挥外部辅助工具的作用，原因恰恰是人们不必记忆笔记中的内容。不过，玻意耳同样强调了笔记的第二个作用，即引导有关记忆或其他笔记的回忆。依赖记忆与应用笔记，是一枚硬币的正反两面。

通过笔记沟通

那么，玻意耳如何看待笔记在信息传递方面具有的功能呢？培根曾针对这一点提出过警告：一些简短的笔记作为作者的记忆提示，可以发挥很好的作用，但出于协作目的，笔记需要包含能够被他人理解的详细记录。玻意耳的笔记确实主要涉及个人的记忆和回忆，不过他也思考过这些笔记的公共用途。1671 年，《哲学汇刊》刊登了一篇关于乔瓦尼·卡西尼（Giovanni Cassini）近期在巴黎观察到太阳黑子的文章。这篇文章指出，"英格兰最近一次观察到太阳黑子"的人是玻意耳。文章发表了玻意耳"在笔记中记录的内容"："1660 年 4 月 27 日，星期五，上午 8 点左右，太阳下端出现了一个黑点，位于太阳赤道偏南一点儿，尺寸大约是太阳直径的 1/40。"[116] 在某些情况下，玻意耳发表了这一类笔记，特别是在他认为这些笔记可以发挥作用的情况下。虽然当时笔记还没有彻底完成。《实验与物理观察》(Experimenta et Observationes Physicae，1691 年）中收入了他的一部手稿，手稿内容的上方使用铅笔写下了"磁性笔记"。[117] 为了实现笔记的协作功能，还有人针对玻意耳的著作制作笔记。[118] 一名医师曾通过玻意耳的《关于实验自然哲学有用性的一些思考》制作了一份医学标题列表，其中包含了大约 1000 种术语，按照字母顺序从"烧伤"(Ambusta）一直排列到"内伤"(Internal injuries)。[119]

玻意耳很可能吸收了培根的"文化体验"概念，把这种概念当作信息交流的重要理论基础。这一点特别体现在，玻意耳强调可以把各类观察及初步数据结合起来进行深入地研究。玻意耳曾在《关于冷的新实验与观察》的前言中解释了

"促使我下定决心把在不同场合写下的笔记整理在一起"的原因。[120]1671年，玻意耳发表所谓的"一些分散的实验和评论"时，同样提到了类似的内容，"这种方法可以把不同的学识联合起来。不同的学识的各种内容迄今为止一直处于相互隔离的状态。通过这种方法，我们可以把不同种类的观察和实验集中到一个人或者一群人的身上。伟大的韦鲁勒姆（Verulam）曾教导我们，这样做有利于促进知识的增长"。[121]

培根曾强调对笔记进行简化和有条理地排列。在这里，玻意耳与培根的差别是，玻意耳认为原始笔记可以被纳入材料，造福后人。玻意耳曾为"大量碎片内容"具有的价值进行过辩护，原因是"这些内容包含的细节主要由事实组成。这些内容以一种缺乏条理（但并非总是缺乏秩序）的方式聚拢在一起。只要处理得当，这些内容同样可以在博物学领域占有一席之地"。[122]玻意耳曾声称自己不介意记录"荒唐实验的有关内容"，他认为相关做法同样从属于培根《森林志》的后续内容。[123]他曾在1674年的手册中提出，自己决定传播一些有关排出空气对于尸体保存产生影响的实验笔记，"虽然这些只是目前我掌握的一些资料，而且大多数内容仅仅采用了笔记形式，但这些资料进行了忠实地记载。而且大多数内容涉及了（所谓的）真空，可能十分新颖。因此这些内容对于博物学家来说或许并非毫无用处。博物学家可以对相同的实验进行改进，获得其他成果"。[124]

玻意耳离世后不久，他的科学研究模式便因过分专注于经验细节和实验细节而受到了批评。莱布尼茨在他的《人类理智新论》（*New Essays*，1704 年前后）中，对贝内迪克特·斯宾诺莎（Benedict Spinoza）的观点表示了赞同，认为玻意耳"确实花费了太多时间对无数精细的实验进行总结，但只得到了一条能够作为原则的结论"。[125] 我们可以看到，玻意耳的这种做法的一个构成要素是他拥有大量笔记，这些笔记的一部分由他写成，但更多的笔记来自抄写员的记录。托马斯·库恩（Thomas Kuhn）对此作出了更积极的评价，认为玻意耳不仅记录了符合某种理论的数据，而且记录了自己观察和实验涉及的环境细节的几乎所有信息：他和其他人"没有简单地陈述定律本身，而是首次记录了自己获得的定量数据，无论这些数据是否完全符合定律"。[126] 洛兰·达斯顿（Lorraine Daston）指出，18 世纪早期的一些实验人员认为这种"过分注意细节"的做法会分散注意力。达斯顿作出了中肯的推测，认为玻意耳如果看到法国化学家查理·迪费（Charles Dufay）定期编辑实验室笔记时"删除个性化细节、消除差异性"的做法，一定会震惊。[127] 玻意耳曾把自己的很多笔记描述为"松散的笔记"。对于玻意耳来说，他的笔记是回忆思想和信息的基本原材料，如果适当地呈现，相关数据同样可能有助于他人。根据玻意耳的估计，自然领域的研究是"一门十分宽泛且全面的学科，可以超越某一名作家的范畴，为不止一个时代提供有关珍奇事物与产业方面的训练"。与此同时他坚持认为，这里的重点必须集中在收集大量细节，健全与细节相关的环境，甚至需要囊括一些"看起来似乎微不足道并且无法直接应用"的细节。[128]

自幼年时代开始，玻意耳就已经通过仔细观察与沉思建立了对自身记忆力的信任。他在自己的早期手稿和《偶然的反思》中提到的做法，有助于培养涉及各类主题的思维，形成复杂的联想来辅助记忆。玻意耳认为，这一过程并非总是需要把书写作为辅助手段。不过当他开始收集大量经验细节的时候，仍然通过编号条目的方式，把相关内容记录在了工作日记中。这些笔记不仅能够作为记忆混淆或丢失时的备份文件使用，而且能针对记忆储存的相关材料起到提示回忆的作用。玻意耳认为，根据传统的札记技术使用标题，能够对分配给特定标题的材料进行可靠地传递。不过他同样认为，即便相关内容没有被分配特定标题，他仍然有能力回忆要点内容。在通过这种方式利用笔记的过程中，玻意耳还利用了自己年轻时的沉思习惯，通过笔记串联一系列关联关系，或者重新激活先前的思路。玻意耳的案例存在这样一种矛盾：即便他的笔记可能像培根所说的那样包含了"汹涌而至的细节"，但玻意耳仍然相信自己能够对相关内容进行有效地利用。原因不仅是这些笔记记录了信息和思想，而且笔记能激发回忆。[129]

　　玻意耳使用松散笔记的做法，嘲弄了那些主张在装订笔记本中按照标题记录条目的普遍观点。不过在某种程度上，他的做法其实代表了普遍背离此类规范的现象。这种现象在学者和那些收集各类信息的人士之中尤为常见，其中包括玻意耳早期的导师之一哈特利布。抛开按主题排列以便维持记忆的层面不谈，第一时间记录笔记确实具有充分的理由。这种笔记可以被快速记录，为经验细节提供保障，捕捉稍纵即逝的观点，还能在论点或推导链条中起到稳固作用。玻意耳曾经的助手罗伯特·胡克认为，这种笔记拥有的灵活性是至关重要的，松散纸张上的信息便于进行物理层面的移动，还能在同一个概念框架之下按照各种标题进行尝试，比如胡克在《总纲》中提到的培根博物学的框架。[130] 这种重新排列有助于产生假设。[131] 不过，玻意耳对离散条目进行编号的做法，虽然可能促成概念方面的重新排列，但是他日后更关注的内容其实是把自己的笔记纳入更大的分类或标题，以便寻找。[132]

　　玻意耳对自己的个人笔记按照适合自己的方式进行了排列整理。1662年，他提到了一些有关"冷"的实验观察，"我在一部笔记中发现了这些内容，此前我把相关内容塞进了这部笔记供我个人使用"。[133] 与此同时，他确实认为，自己的一部分原始且零碎的材料同样可以具有公共价值。不过，玻意耳的笔记虽然能够为进一步的调查研究提供额外的信息或者线索，但当大多数内容被传递给他人时，其实丧失了原有的效用。脱离了作者的思想、记忆和文件，这些笔记就无法充当一种通往耗费毕生所铸成的联想与回忆的大道。

第七章——笔记大师约翰·洛克

"在所有事物之中，洛克先生最喜欢的是秩序。他对每一件事的观察都非常准确。"

——皮埃尔·科斯特（Pierre Coste），

《洛克先生的性格·十六》（ *The Character of Mr. Locke*, xvi ）

我们可以把这里的性格评价作为考察约翰·洛克的笔记的起点。约翰·洛克自牛津基督教堂的早期学生时代便开始记录笔记。1660 年，他已经在信息录入与检索上发展出了自己的核心方法，此后毕生都在使用这种方法。在一些朋友的请求下，洛克撰写了有关札记与索引制作的个人方法的文章，收入在 1686 年 7 月于阿姆斯特丹出版的《文库》（ *Bibliothèque Universelle* ）。[1]1706 年，这篇文章出现了两种英文版本。洛克的这种"新方法"（我对这种方法的称呼）使得其至少对于大多数英语读者而言，成为笔记方面的公认权威。钱伯斯的《百科全书》（1728年）以及狄德罗和达朗贝尔编纂的《百科全书》（1751年至1765年）在有关札记的条目中均单独列出了洛克的"新方法"。这些条目没有引用早期人文主义者或者耶稣会有关笔记的文献，也没有引用洛克最初的法语版本文章。钱伯斯在介绍札记使用方法的时候提到，"很多人在整理札记方面都有属于自己的方法，但最好的建议，同时是很多饱学之士目前所接受的，是伟大的整理大师洛克先生的方法"。[2] 洛克与札记之间存在着微妙的关联关系。当时，札记与一种服从于权威文本的智力传统紧密地联系在一起。相比之下，"现代"方法——通常以洛克在1690年的论著为代表——主要在不参考权威资料或其来源的前提下，对概念、论点以及证据作出评估。达朗贝尔等启蒙运动哲学家在评价洛克时曾提到，"他不研究书籍，因为书籍无法为他提供良好的指导"。[3] 但如果认为洛克反对书籍则失之偏颇。洛克拥有一处私人图书馆，17世纪90年代，他的藏书一度多达3641部，大约包含4000卷作品。对于17世纪晚期的个人而言，这种藏书规模是十分庞大的。[4] 通过洛克记录的大量笔记可以看出，他收藏书籍并不是为了炫耀，而是为了阅读和学习。洛克记录笔记的数量之多，使他跻身多产笔记作者之列，其他多产笔记作者包括康拉德·格斯纳、朱利叶斯·西泽爵士、加布里埃尔·哈维、威廉·德雷克、尼古拉斯·法布里·德·佩雷斯克、乔基姆·容吉乌斯、塞缪尔·哈特利布、文森特·

普拉奇乌斯等等。[5] 洛克曾对札记法在大学教学法中的作用进行了否定，部分原因是他认为札记法会灌输错误的思考习惯，无法协助理解经验知识具有的本质和范围。不过我们同样不必采纳安·莫斯针对札记提出的严厉批评。莫斯认为，"在洛克的时代，札记是一种低级形式，适用于相当简单的任务，局限于智力活动之中停滞不前的领域"。我们至少可以在英国范围内看到各种各样的反例，洛克本人就是其中之一。莫斯曾恰如其分地把洛克描述为"不知疲倦的札记作者"。[6] 在研究洛克本人的笔记之前，我们有必要看一下同时代大多数人士的经历。他们曾在 1686 年通过洛克的描述，首次接触到了洛克的笔记。

"新方法"

除洛克的少数朋友和抄写员［特别是西尔维斯特·布鲁努韦尔（Sylvester Brounouver）］以外，同时代的其他人对于洛克的笔记一无所知。洛克概述了"新方法"的一些关键特征之后，他的笔记才为世人所知晓。1686 年的《文库》发表了洛克与尼古拉斯·托纳德（Nicolas Toinard）于 1679 年 8 月开始的通信内容。[7] 托纳德曾反复要求洛克对他的笔记方法作出解释，洛克可能直到 1685 年 2 月 14 日和 24 日，才在信中使用英语对自己的方法进行了描述。[8]后来洛克又写下了拉丁语版本的描述（内容并非直接来自英语版本），于1685年3月30日、4月9日发送给托纳德。[9]1685年3月，托纳德和洛克探讨了相关内容的发表方案，其中包括发表在《学者杂志》(Journal des Savants)。但相关事宜此后不了了之。[10]同年晚些时候，洛克很可能把拉丁语的相关内容寄给了让·勒克莱尔（Jean Le Clerc），勒克莱尔将其翻译为法语版本。[11]

在解释洛克的笔记方法之前，我们需要注意，洛克并没有使用当时惯用的英文术语。与"札记"相比，洛克经常提到自己的杂录。而且他经常把"标题"（Heads）称为"主题"（Titles）。在"新方法"的英文版本发表之际，译者对相关术语作出了更改，把文章命名为《一种全新的札记方法》(A New Method of a Commonplace Book)。洛克从来没有使用过这种称呼。[12]在1685年早期的英文版初稿中，洛克把文章命名为《杂录方法》(Adversariorum Methodus)。玻意耳同样使用了"杂录"一词，很少提及"札记"，而且经常把"主题"（"标题"）作为内容话题、类别或者学科标签使用，在标签下方记录条目内容。玻意耳和洛克使用"主题"一词可能是有意效仿培根，通过这一点可以看出，他们希望把人文主义技术应用于全新的目的。洛克的很多联络人虽然偶尔会对这种极具书生气的态度进行嘲讽，却选择使用了更加传统的术语。洛克的联络人之一、居住在荷兰的英国贵格会教徒本杰明·弗利（Benjamin Furly）曾于 1694 年写道，他此前翻译的一部著作"包含了完全新颖的内容，而且脱离了札记的轨道"。[13] 洛克对于这种笔记形式持有非常明确的态度，他提到，"我希望这些内容不仅能够描述，而且应该通过示例来体现我采用的方法。我建议把这段内容按照相同的方法发表。与指导性内容相比，示例具有更大的信息量"。[14] 根据洛克的观点，法语版本采用了洛克笔记模型的形式，通过小型札记的模式对洛克的方法进行了描述。作品使用两页对开页制作了索引（见图 7.1），把 20 个字母分为 4 列，每一列分为 25 个单元格，根据五元音分别为每个字母分配了 5 个单元格。索引的全部内容由 100 个单元格组成。[15] 洛克曾在英文版初稿中解释道："当我想到任何便于写进杂录的内容时，会首先思考哪个主题便于查找相关内容。"[16] 英文版的读者可以看到这样一段话："如果我要把什么内容放进我的札记，就会找出描述此类内容的标题。标题为相关内容的关键词，留意关键词的第一个字母以及这个字母后面的元音字母。整个索引由这两种字母组成。"[17]

为了说明这一流程，洛克把自己此前提到的内容分为两个标题，分别是"书信"（Epistola，内容为洛克与托纳德的公开信）和"杂录方法"（Adversariorum Methodus，内容为洛克对自己的方法作出的解释），展示了如何把相关条目插入札记。他

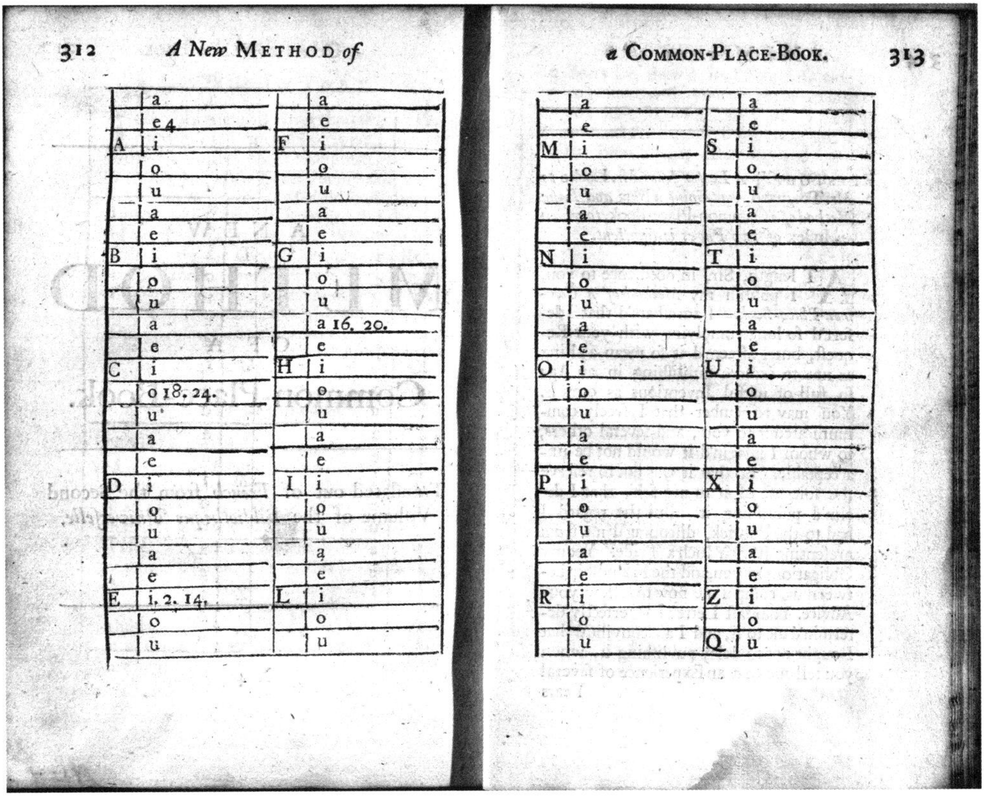

312 *A New* METHOD *of*

	a
	e 4
A	i
	o
	u
	a
	e
B	i
	o
	u
	a
	e
C	i
	o 18. 24.
	u
	a
	e
D	i
	o
	u
	a
	e
E	i. 2. 14.
	o
	u

	a
	e
F	i
	o
	u
	a
	e
G	i
	o
	u
	a 16. 20.
	e
H	i
	o
	u
	a
	e
I	i
	o
	u
	a
	e
L	i
	o
	u

a COMMON-PLACE-BOOK. 313

	a
	e
M	i
	o
	u
	a
	e
N	i
	o
	u
	a
	e
O	i
	o
	u
	a
	e
P	i
	o
	u
	a
	e
R	i
	o
	u

	a
	e
S	i
	o
	u
	a
	e
T	i
	o
	u
	a
	e
U	i
	o
	u
	a
	e
X	i
	o
	u
	a
	e
Z	i
	o
Q	u

图 7.1————洛克“新方法”中的对开页索引。同一字母对应的不同元音之间使用了红色的水平方向分割线，不同字母之间使用了黑色分割线。约翰·洛克遗作，《一种全新的札记方法》(1706 年，第 312—313 页)，悉尼大学图书馆珍本图书文库授权使用。

打开第一处对开页面，在札记左侧空白处使用大写字母写上了"书信"，保证标题清晰可见，[18] 随后在标题右方写下了条目内容，让左侧空白处维持空白。接下来他在索引的"Ei"单元格写下了页码。记录"杂录方法"时，他首先检查了索引中的"Ae"单元格。根据洛克的说法，他发现"对应的单元格里没有任何内容，于是翻到了第一处空白页"，这里指的是没有使用过的第一处对开空白页。洛克在这一页写下了"杂录方法"相关的条目，以及标题含有"Ae"字母组合的其他内容。[19]"书信"条目下方同样留出了空白处，用于记录标题含有"Ei"字母组合的其他内容，如"醉酒（Ebrietas）、万能药（Elixir）、癫痫（Epilepsia）、伊比奥尼派（Ebionita）、日食（Eclipsis）等等"。[20]洛克提出，还可以根据标题中的第二个元音进一步分类，"有人可能觉得 100 个分类太少，然而其中一部分单元格可能包含很多各类标题"，参考第二个元音可以把单元格数量从 100 个增加到 500 个。[21] 比如，把"日食"（Eclipsis，Eii）和"书信"（Epistola，Eio）分别放到不同的单元格里进行索引。这种方法可以防止索引页面的页码内容过多，条目内容也可以分别记录到不同的对开页面。

洛克的绝大多数札记都遵循了上述步骤。新条目可能会根据字母元音组合添加到包含了其他内容的页面中，在页面已满的情况下可能会记录到全新的对开页面。因此可以认为，洛克的笔记条目并非按照字母顺序排列，而是遵循了条目的制作顺序，"宙斯"（Zeus）和"美国"（America）很可能同时出现在同一页。因此根据"新方法"的描述，洛克需要使用一种索引方法对标题（主题）含有相似字母组合的内容进行定位。洛克把自己早期的两部笔记称为"论题"（lemmata），他在这两部笔记中尝试过另外一种方法。洛克预先对笔记中的页面进行了规划，给每个对开页面分配了首字母和第一个元音的字母组合，比如"Aa""Ae""Ai"等等。随后他把对开页的左页分为5列，分别标注了5个元音（a、e、i、o、u），代表标题中的第二个元音字母。这样一来，条目内容便按照字母顺序进行了排列，在没有索引的情况下，也可以轻松地找到相应的内容。[22]洛克通过这种方式在这两部名为"论题"的笔记中制作了条目，但没有把这种方法应用于其他笔记。

到目前为止，我们已经了解了洛克记录笔记以及后续查阅笔记的方法特征。就技术层面而言，洛克的方法堪称一种创新。他在记录笔记的同时为条目制作了索引，而不是在几日之后或者笔记记满之后再制作索引。洛克的笔记与索引实现了同步。洛克采用的方法还可以避免札记通常会出现的空间浪费现象。普通的札记会预先给页面分配标题，而各个页面的使用情况不同，页面可能一直没有使用，也可能使用过多，某一页上的内容会溢出到其他标题的页面。索思韦尔和牛顿的笔记曾出现过类似的现象。另外，"新方法"的独有特征还可以起到隐藏笔记涵盖的主题、分解科目、对不相关的段落进行并置等作用。洛克的检索方法要求作者能够记住内容对应的标题。我们在前文中曾提到，除洛克以外，其他学者在记录札记的过程中同样无视了大学课程中的传统哲学等级制度以及人文主义学者的规范性道德主题。同时代的哈特利布、佩蒂、伊夫林、奥布里以及玻意耳等人同样积累了大量笔记，[23] 但只有洛克公开描述了自己采用的方法。公开之后，他的方法同样成为一种规范。

洛克公开描述笔记制作方法的时间为 1686 年。此前洛克使用这种方法的时间已经超过了 25 年，他的描述只是对这种方法的一种形式化概括。[24] 因此我们不必把"新方法"当作一种理想的模型，进而将其与洛克的实际操作进行对比，也不必像盖伊·梅内尔（Guy Meynell）那样探讨应用情况前后不一致的现象。[25] 除记录和检索方法以外，"新方法"也涵盖了洛克笔记的其他显著特征。洛克曾提到过笔记方法的其他选择，以及他的方法存在的缺点，但这些通常是经验之谈。自 17 世纪 50 年代起，他从未真正着手对笔记方法的各类试验进行分类整理。[26] 接下来我们看一下洛克笔记的实际内容。20 世纪中期之前，很少有人真正看到过洛克的笔记。

现存的洛克笔记

1704 年 10 月 28 日，洛克于英国埃塞克斯郡奥茨庄园的一间房屋中离世。离世的时候，房间里堆满了他的书籍。[27] 这处房屋由达玛丽斯·马沙姆和弗朗西斯·马沙姆（Damaris and Francis Masham）所有，洛克于 1691 年 1 月住进了这里，在此居住期间完成了一部超过 1500 页的图书目录。[28] 不过，关于洛克的笔记，只有他的表兄兼遗嘱执行人彼得·金（Peter King）了解其中的全部内容。洛克曾把自己的半数书籍和"全部手稿"遗赠给了金，[29] 金继承了洛克的装订笔记和所有的松散笔记。洛克曾把自己的书籍存放在书架上或者适合书籍规格的木箱子里，书籍规格包括十二开本和四开本（5 英寸到 11 英寸不等），最大的对开本规格为 22 英寸。6 部标题为"杂录""论题"的大型对开本笔记与这些书籍保存在一起，列入了目录。[30] 规格较小的笔记没有被列入目录，其中一部分笔记可能与其他文件一同杂乱地保存在洛克书桌上形似鸽子笼的文件柜格子里。洛克曾经在一部对开本札记中描绘过书桌的尺寸，特别提到了文件柜格子的高度为 4 英寸，深度为 11 英寸，可以容纳八开本笔记。[31]1829 年，第七任金男爵发表了洛克手稿中的一部分内容，声称这些手稿"一直保存在作者用于存放手稿的书桌里"。[32]

洛克的笔记的储存量和涵盖的主题范围非常值得探讨。根据 J.R. 米尔顿（Milton）的估计，现存的洛克笔记共包含"数千页及数万条内容"。[33] 题为"物理杂录"（*Adversaria Physica*, MS Locke d. 9）的笔记包含了大约 1800 则条目。[34] 洛克至少有 45 部笔记，其中包括札记（13 部，如果 MS Locke c. 42 两部分内容单独计算，则为 14 部）、日志（17 部）、其他笔记（10 部）、备忘录（7 部）、账簿（4 部）。[35] 这些笔记的规格包含大型对开本，也包含小型八开本。一部分笔记可能已丢失，其中包括四开本的"杂录 59"和"杂录 62"。洛克曾在 1681 年 7 月 14 日的日志中提到过这两部笔记，但最终的目录中没有出现这两部笔记。[36] 洛克的那些未装订的文件同样包含了各类松散笔记。牛津大学博德利图书馆曾按照粗略的标题，对这些笔记进行了归类，将其缝合装订或粘贴进剪贴簿，如题为"已读书籍备忘录"（*Memorandum of books read*, MS Locke c. 33）的一部笔记。

1942 年，第四任拉夫莱斯伯爵（Lovelace）把自己通过遗赠获得的洛克手稿捐赠给牛津大学博德利图书馆，学者自此才得以接触到洛克的大部分笔记。[37]1960 年，保罗·梅隆（Paul Mellon）买下了拉夫莱斯伯爵的藏品并捐赠给博德利图书馆，并附带捐赠了彼得·金持有的 8 部大规格札记。[38] 生活在 19 世纪的洛克传记作者 H.R. 福克斯 - 伯恩（Fox-Bourne）没有机会接触到这些藏品，他唯一能够利用的资源是那些未能保存到大英图书馆的笔记。[39] 根据福克斯 - 伯恩的猜测，他看到的内容属于洛克"习惯"记录的"那一类笔记"。[40] 福克斯 - 伯恩认为，这些笔记主要涉及"哲学类内容"，比如，金曾于 1829 年发表的选自 1677 年和 1678 年洛克日志中的笔记，笔记内容涉及空间、物种和记忆等。不过我们将在下文中看到，洛克的笔记其实远远超出了人们后来认为的"哲学"范畴。[41]

我们需要注意的是，洛克根据特定方法记录的笔记涵盖了他生活中的大多数领域。这些笔记主要涉及阅读和研究，不过也扩展到了非学术方面，如记录支出和交易、对信件进行归档等等。洛克曾在其中一部账簿的记录和索引方面使用了"新方法"——把债权人、债务人、项目等内容的名称作为关键词编制了索引。他也在一部分小型备忘录中使用了类似的方法，备忘录的内容包括阅读笔记、书籍购买情况以及货币兑换等等。[42] 达玛丽斯·马沙姆曾提到，洛克"热爱秩序和经济，在记账方面十分精确"。由此可见马沙姆十分了解洛克。[43] 洛克几乎每次旅行都会在日志中记下乘车距离。比如，他曾在 1681 年 8 月 18 日和 1682 年 5 月 30 日的日志中写道："从牛津到伦敦，74 英里。"[44] 他有一份印刷于 1669 年的年鉴，年鉴记录了这一距离。[45] 其实洛克完全有能力提供或纠正类似的信息，他曾在 1681 年 12 月和 1682 年 1 月写道，从伦敦到诺福克郡贝克斯韦尔（Bexwells）的去程为 24 英里，返程为 23 英里。[46] 即便其他笔记没有体现，我们仍然可以从这里看出洛克在信息记录方面的一种倾向。古生物学家安东尼·伍德（Anthony Wood）曾于 1663 年 4 月在牛津参加"化学课程"，提到了洛克。目前我们已经对洛克的个人习惯的强度和程度有了较好地了解，伍德提到的内容似乎看起来有些偏题，但也十分有趣。根据伍德的回忆，洛克是"一个躁动不安的人，吵吵闹闹，而且从不会满足。俱乐部的全体成员按照导师的口述记录笔记……但这位 J. 洛克不屑于这样做。因此当俱乐部的全体成员记录笔记的时候，洛克会在一旁喋喋不休、惹是生非"。[47]

不过我们可以通过洛克的一部小型笔记"杂录 4 药典"发现，洛克曾在玻意耳的邀请下，针对德国化学家彼得·斯塔尔（Peter Stahl）的化学讲座记录了笔记。[48] 这部笔记的内容密密麻麻，涉及其他种类的化学物质。可见洛克并没有完全依赖讲座内容。

洛克的笔记方法或许十分苛刻，并且可能体现出一种强迫性的倾向，但这种方法同样包含了特定的基本原理。自洛克的学生时代至他在欧洲获得哲学家的声誉，我们对在此期间洛克所作的笔记进行研究和分析，就可以发现这个基本原理。

记录笔记的一生

　　年轻时的洛克曾于 1647 年到伦敦的威斯敏斯特学校求学，师从这所学校的著名校长理查德·巴斯比（Richard Busby）。1652 年 5 月，洛克曾被选为牛津基督教堂的"学员"。这种学员身份类似于其他学院的成员身份，终身有效。他曾于 1656 年 2 月 14 日获得文学学士学位，并于 1658 年 6 月 29 日获得文学硕士学位。1661 年 5 月，洛克被任命为导师，并在此后的 6 年中获得了正式的学员职位，担任希腊语（1661—1662 年）和修辞学（1663 年）讲师，1664 年担任道德哲学审查官。[49] 在此期间，洛克已经开始针对各类学科记录笔记。根据他最早的一部账簿的记录（1661—1662 年），他曾花了 4 先令买了一本"平装本"。[50] 我们曾在第二章里提到，记录笔记在当时属于教学实践的一部分。牛津大学使用的罗伯特·桑德森的《逻辑术概要》（*Logicae Artis Compendium*，1615 年），其中一个章节涉及通过"通用论题"来处理那些辩论话题。这类作品普遍成为各类演讲和写作的资源库。[51] 当时的学生还会根据学校的建议，自行制作阅读清单，内容包括杜波特、霍尔兹沃思等剑桥大学教授提供的学习提示和笔记建议等。1652—1660 年，博德利图书馆管理员托马斯·巴洛发表了一份更全面的参考书目。这份书目曾在牛津大学校园中流传。

洛克的一部早期笔记标注了"巴洛书目"的标题，标题下方摘抄了书目的内容。[52] 洛克没有保存巴洛的参考书目，不过他根据巴洛使用的类别分类，通过空白处标题列出了各类科目。基本分类包括逻辑学、伦理学、自然哲学、形而上学等。[53] 在其中一页笔记中，洛克记录了巴洛针对克里斯托弗·沙伊布勒（Christoph Scheibler）、苏亚雷斯等逻辑学和形而上学作品的阅读建议，并在这些内容旁标注了"注释"，以便获取"我们称之为形而上学的知识的充分衡量"。[54]

洛克有可能把巴洛的参考书目当作阅读指南进行了使用。如果洛克确实这样做了，那么他可能遵循了巴洛的建议，通过"有条理的札记"对阅读成果进行了排列。或者根据巴洛更加详尽的建议记录了两部札记，其中一部"仅供参考之用"。[55] 洛克也有可能只是借鉴了关于笔记的指导，随后进行了个人发挥，创造了属于自己的方法。

在现存的洛克笔记中，最早的两部笔记来自家族传承。其中一部来自洛克的父亲，包含自 17 世纪 40 年代开始记录的条目，内容涉及洛克的父亲身为一名地方法官的工作内容，以及他的家庭在萨默塞特的部分财产情况。[56] 这部笔记还提到了哲学的定义以及"道德哲学"的教学方法。[57] 第二部笔记（MS Locke e. 4）是一部药方汇编，涉及的药方可能由不同的家庭成员使用。这部笔记第一页的标题为"混杂"，标注了"约翰·洛克"（这里指的可能是老洛克，也可能是小洛克）、"阿格内斯·洛克"（指的可能是洛克的母亲）。笔记的内封面写着1652年，不过这一日期可能是后来由洛克添加的。笔记中的大部分条目的起始时间为1657年之后。[58] 年轻时的洛克得到这两部笔记之后，便开始记录自己的条目内容。他用第二部笔记继续记录医学方面的内容，第24页之前的内容主要按照病症名称标题记录了治疗方法，标题包括"疟疾""痛风""创伤""咳嗽""麻疹"等，同时按照人体部位设置了标题，比如"胃""背部""牙齿"。我们可以通过哈特利布的日记看出，这种记录方式是当时的标准方法。第23页有一则"治疗眼睛疼痛"的药方，后面标注了"AL"，表明相关内容来自洛克的母亲。上述内容（以及第158—165页记录在背面的内容）均使用了英文，个别空白处标题使用了拉丁文。在第232—233页，洛克使用另一种墨水添加了笔记。从第24页开始，可以明显地看出笔记主要使用拉丁文书写，内容通常摘自医学文献。通过少量条目可以看出，洛克参与了理查德·洛厄（Richard Lower）医生的实验研究，二人可能相识于威斯敏斯特学校。[59]

洛克早期笔记中的绝大多数条目没有包含新颖的想法或者实验，内容主要为供未来使用的摘录、引文、参考资料及愿望清单。[60] 洛克笔记的很大一部分内容来自洛克本人未能拥有的书籍。需要用到这些书籍的时候，他可能无法获取。其他笔记则涉及洛克听说过但却没有亲眼看到或读到的书籍。[61]洛克有一部小型笔记，内封面标注的时间为 1667 年，但使用时间为约 1659 年至 1667 年。他在这部笔记中收集了针对古代和当代很多著名作家的赞美内容及一部分负面评价。其中，当代作家包括圭恰迪尼（Cuicciardini）、卡斯蒂廖内（Castiglione）、蒙田、斯卡利杰尔等文艺复兴时期的著名人物，也包括与洛克同时代的坎帕内拉（Campanella）、笛卡尔、伽桑狄以及玻意耳。洛克记录的观点通常来自他人。因为在很多情况下，洛克记录笔记的时候还没有读到相应作者的作品，而是在读某些作品的时候，注意到了作者对其他作家作出的评价。比如罗伯特·菲尔莫（Robert Filmer）对霍布斯的评价，罗伯特·桑德森对加尔文（Calvin）的评价，理查德·胡克对彼得吕斯·拉米斯（Petrus Ramus）的（负面）评价，玻意耳针对培根、梅森、笛卡尔、帕斯卡尔、伽桑狄作出的评价，等等。[62]洛克制作这些条目的目的，有别于他当时研究医学著作时摘抄较长段落的目的。[63]我们应该把这类条目看作洛克试图通过有声望的权威来建立现存意见体系的一种尝试。洛克注意到了自己未来需要了解的内容，似乎也预料到，大量条目将纷至沓来。因此从早期阶段开始，洛克记录信息材料的模式同时是一种寻找并检索相关材料的方法。[64]

　　最晚自 1660 年开始，洛克对自己将要收集的材料种类进行了预测。他决定把自己的笔记分为"物理学""伦理学"两大类。"物理学"包含医学疾病、诊断、治疗、相关的化学与植物学内容，以及自然哲学中的实验和推测等方面的内容。"伦理学"则涵盖了宗教教义、信仰与仪式、社会习俗、政治制度等条目。[65] 最初，这种划分方法反映了洛克在学术方面的两个主要关注点：他热衷于阅读医学著作（特别是自 1658 年开始），而自 1661 年开始，洛克教授希腊语、修辞学以及道德哲学方面的内容。[66] 据此，洛克把两部最大的札记分别命名为"物理学杂录""伦理学杂录"。他在这两部笔记的第一页写下了标题，随后写下年份，并且为年份的最后两位数字添加了下划线。"物理学杂录"标注了"1660"，[67]"伦理学杂录"则标注了"1661"。[68] 这两部笔记均使用了大型对开本，分别包含 544 页、321 页。对笔记进行交叉引用的时候，他把两部笔记分别称为"杂录 60""杂录 61"。[69] 然而，这两部笔记的实际使用时间可能分别为 1666 年和 1670 年。[70] 这种笔记标题方法体现了洛克在"新方法"中提出的建议，即，如果一个人"使用不同的笔记来记录不同学科的有关内容，或者至少针对两大知识分支领域——道德和自然——分别建立知识库"，那么洛克的记录方法就能发挥最好的作用。[71]"伦理学杂录"包含了我们今天称为洛克哲学著作的内容，其中包括《人类理解论》（*Essay*）的初稿和一篇《论宽容》（*Essay concerning Toleration*）。[72]"物理学杂录"涵盖了医学方面的内容，同样包含了更加普遍的科学主题。其中包括洛克长期制作的"天气记录"。洛克曾在1666年至17世纪90年代使用了"物理学杂录"。下文将主要探讨这部笔记，借此对洛克笔记的一些关键特征进行说明。

"物理学杂录"类似于洛克针对自己感兴趣的各类科学领域制作的一部笔记。这部大型笔记的医学内容类似于洛克的其他小型札记，不过（特别是在1679年之后）洛克同样记录了其他科学领域的相关内容，如园艺、气象观测、气压的计算与测量等。这部笔记采用了所谓的"新方法"，同一个对开页面使用了具有相同简写字母的标题，还可以通过笔记背面的索引对不同时期记录的条目进行定位查找。笔记中的大部分早期条目均与医学有关，由此可以看出洛克在17世纪60年代的阅读概况。我们可以看到，相同的页面上记录了特定的主题分类，比如第6页的溶剂（Menstrua）、忧郁症（Melancholia），第10页的疑病症（Hypochondria）、癔症（Histerica）、狂犬病（Hydrophobia），第60页的厌食症（Anorexia）、中风（Apoplexis）、萎缩症（Atrophia）、腹部（Abdominis）等等。这种方法对相关主题进行了分散，比如发热（Febris）和四日热（Quartana，每4天发作一次的发热症状），精神错乱（Delerium）和精神病（Phrenesis），呼吸（Respiration）和血液（Sanguis），等等。不过这种方法汇集了有关单一主题内容的各类来源和评论。比如，"血液"主题内容包含了新旧各类权威资料的摘录，罗列在同一个页面上。[73]

洛克的札记在某些方面与当时的标准方法相符，比如，内容主要由各类书籍的摘录组成，条目通常没有标注日期，等等。[74] 不过其中包含了具有特殊意义的各种例外情况。在"物理学杂录"中，除最早的条目以外，其他内容也涉及观察、实验以及证言，这一类条目往往标注了日期。比如，"地心引力"标题下方记录了气压测量内容，标注了"1666 年 4 月 23 日"。大约一个月之后，他在"佝偻病"的条目中写下了令人不寒而栗的内容："6 月 4 日。66 我们对艾尔沃斯（Aylworths）博士那死于佝偻病的儿童尸体进行了肢解。这名男孩的年龄约一岁半。"[75] 同样，在一部主要记录了 1666 年至 1667 年化学研究的札记中，洛克为各类观察与实验内容标注了日期，有时甚至标注了具体时间。[76] 可见，笔记内容如果并非来源于书籍，洛克就会像记录日志那样，把有关信息当作特定事件进行记录。另一个有别于普通札记的特征在于，洛克添加了自己的评论、观察、思想或者疑问（疑问通常标记为"Q"）。[77] 洛克有一部小型备忘录（MS Locke f. 27），使用时间主要集中于 1664 年至 1666 年，其中的很多页面专门用于记录相关疑问。[78] 比如，洛克在空白处关键词为"盐"（Sal）的条目下方提出了这样一个问题："挥发性的盐、含尿的酸性盐和碱性盐是否能通过化学方法相互转化，三者的特性存在怎样的差别？"[79] 很多这类条目附带洛克的个人签名，与书籍摘录的普通札记进行了区分。[80]

天气笔记

"物理学杂录"还包含了另外一种形式的笔记，与文本札记存在很大差别。这些笔记就是"空气登记簿"（Register of the Air）中的天气观察笔记。洛克曾经在牛津记录了相关内容，记录时间为 1666 年 6 月 24 日至 1667 年 3 月 28 日，随后出现了一些间断，最终持续记录到 1683 年 6 月 30 日。[81] 这些信息的收集工作对洛克提出了新要求，比如，需要在白天和夜晚的各种时段对气象进行定时观察和测量。17 世纪 70 年代中期，洛克身处法国期间，也曾在日志中记录过与天气有关的内容，1679 年 5 月回到英国之后，他偶尔记录了类似的内容。不过这些天气笔记的内容更多的是一些戏剧性的气象事件，如 1680 年 5 月 18 日 "我见过的最大的冰雹风暴" 等。[82] 洛克定居埃塞克斯之后，开始对气象观测进行定期或者详细地记录。天气笔记最后一部分内容的记录地点为奥茨的 "大型会议厅"，时间自 1691 年 12 月 9 日开始，延续至洛克离世前一年的 1703 年 5 月 22 日。[83]1666 年至 1683 年的记录发表在玻意耳的遗作

《空气通史》中，这可能是出于玻意耳本人的要求。这些记录收录在"空气重量"（标题十七）一节，气压测量只是洛克记录的一部分内容。[84] 气象笔记的发表除了能够公开私人记录，也使洛克能够为笔记添加一些解释性的评论。因此，洛克的原版笔记和发表的笔记都需要纳入考量范围。

洛克于 1666 年秋天开始记录天气笔记。之所以作出这样的决定，是因为洛克受到了玻意耳的影响，洛克和玻意耳把记录这种笔记当作发展相互之间个人关系和学术关系的一种途径。玻意耳于 1656 年初定居牛津，此后，洛克可能通过理查德·洛厄等医学领域的朋友，很快就见到了玻意耳。[85] 1665 年 11 月，洛克来到德国克莱沃（Cleves）进行了一次短期访问，在沃尔特·维恩爵士（Sir Walter Vane）的引荐下，见到了勃兰登堡选侯——来自霍亨索伦家族的弗雷德里克·威廉（Frederic William）。[86]

洛克在克莱沃向玻意耳写信致歉，称自己没有发现"值得你注意的东西"。不过随后他尽最大努力，向玻意耳寄送了有关当地化学领域从业者和瘟疫影响的见闻。洛克曾经称赞玻意耳能够在"所有知识种类"的基础上，很好地利用哪怕"微不足道"的信息，间接地为他所提供的信息赋予了合理性。[87] 回到英国之后不久，洛克记录了第一份正式的天气笔记，并于 1666 年 5 月 5 日通过信件寄给了玻意耳：

我时而居住的房屋附近有一座相当陡峭且高耸的山。4月3日，上午8点至9点。西风，白天温度较高，我带到山顶的水银柱高度位于"29 1/8"英寸，落至"28 3/4"英寸（左右）。我个人认为实际气温略高于这一数值。[88]

洛克此前未能按照玻意耳的要求在萨默塞特门迪普丘陵的铅矿底部记录气压数值，于是他提供了上述气压记录作为一种补偿。[89] 同年6月，洛克开始记录天气笔记时，着手收集玻意耳两个月前督促其他人"记录在日记中"的信息。[90] 自此，洛克其他笔记所表现的强迫性和精确性逐渐很好地应用于经验信息的观察和呈现。洛克曾向玻意耳描述了自己在萨默塞特作出的各种努力，玻意耳稍晚才作出了回应。玻意耳在信中提出了记录"矿物特性"的请求，并且在信件结尾部分提到，他把洛克"看作一位名家"。[91]

记录个人天气日记不算什么新奇的做法，不过在这段时期的英国，每天记录天气情况的现象相对少见。[92] 洛克开始记录天气日记之前，一位名叫安德鲁·海（Andrew Hay）的苏格兰绅士自1659年5月到1660年1月，每天都在记录拉纳克郡（Lanarkshire）的天气日记，同时记录了有关书籍和布道内容的笔记。这些笔记被称为"不列颠群岛现存最早的连续气象数据来源之一"。[93] 不过，正如安德鲁·海曾亲口承认的那样，这些笔记在时间方面虽然很有规律，却没有包含定量测量。另外，这些笔记没有采用技术性描述，而是具有口语化特征。比如，1659 年 5 月 1 日，周日，"一整天都下着肮脏的雨"；6 月 1 日，周三，"晴朗干燥的一天"；7 月 17 日，周六，"上午晴朗，后来天气恶劣"。[94] 安德鲁·海显然是在每天结束之后，记录完有关阅读的笔记以及自己的灵魂状态评估内容，才开始记录与天气有关的内容。[95] 这些内容体现的是对天气主要特征的判断，没有记录具体的气象现象，如一天之中特定时段的气温、风、雨水的情况等。[96] 安德鲁·海的日记证实了玻意耳曾在《哲学汇刊》中提出的隐晦意见——仔细地测量与记录的现象相对少见。为了理解洛克的工作内容，我们有必要了解一下当时的有关情况。

年轻时期的克里斯托弗·雷恩认为，对气象变化进行有效地观察，要求人们集体协作并有效地使用仪器。[97] 他希望能够出现一部"季节史"，并且认为这种记录"不属于特定个人的工作范畴，而适合社会全体共同执行"。[98] 为了对必要的气象数据进行记录，雷恩呼吁通过日记对重大天气现象进行单独且"准时"地记录，其中包括风、气温、空气湿度、"空气状态"（如云和雨的情况），以及不寻常的事件（如"意外发现的流星"等）。雷恩提出，恰当地记录"云和空气日记"是一项艰巨的任务，要求记录者"持续参与活动"。他认为这项工作可以分配给"四五个"家庭中"有风向标"的人，为了查漏补缺，这几个人应该"不时地对比记录"。[99] 与此同时，雷恩认为这项工作无法替代那些可以自动记录各类现象的仪器，他借此提出了自己的发明，其中包括一种能够自动排空的雨量计。[100] 胡克曾以雷恩的雨量计的最初设计作为基础和组件，设计了"天气时钟"。斯普拉特曾经解释道，这种装置可以驱动"一支黑色铅笔"在纸上留下痕迹，即便"观察者"不在场，也可以判断风向。[101] 不过，即便存在通过机械方法记录数据的可能性，对比不同仪器（如温度计和气压计）获得的数据时，仍然存在各种问题。[102] 雷恩提出上述建议之后，相关问题仍然没有得到妥善解决。[103]1684 年，都柏林与牛津的哲学学会在交流时提到了相关问题：佩蒂认为，"记录气象日记"之所以困难，原因不仅仅是使用的仪器类型，而且是目前能够使用的仪器缺乏"恒定标准"，如果"我们每年都制定新标准，就无法根据他人在去年观察的数据对天气进行估计"。[104] 这些问题证实了雷恩对气象博物学领域所面临挑战的观点，也支持了雷恩向某些群体作出的呼吁——"耐心地追求"。[105] 洛克对于产生争论的内容十分熟悉，并且有能力谨慎地记录相关内容。

洛克的第一部"登记簿"的特征是包含了一张精心布置的"表格"，其中包含了定量信息和定性信息。[106] 与安德鲁·海的那部在当时尚未公开的日记相比，我们可以通过洛克登记簿的各类特征看出，洛克尝试提升信息质量，以便日后能与他人的记录进行更合理地对比。这里需要提到一种模型，即胡克于 1667 年末在斯普拉特的《英国皇家学会历史》中提到的天气"方案"。该方案的目的是在气象观察数据的收集和呈现方面达到某种程度的统一。[107] 大约在此一年之前，洛克的表格原本仅供个人使用，但他后来意识到相关信息应该通过一种能够被他人所理解的方式进行记录。总体而言，洛克的表格和胡克提到的内容均包含了玻意耳在 1666 年 4 月要求的信息类型，洛克和胡克含蓄地接纳了玻意耳的观点——气压测量应该与风的强度和风向的测量相结合。[108] 玻意耳的呼吁作为部分要素引发了一个重要的转变——气压计不再仅仅被视为一种测量气压的仪器，而是成为一种能够探测并预测天气变化的装置。[109] 在与胡克的"方案"保持一致的过程中，洛克为自己的记录添加了两列额外的内容，其中包括使用温度计测量的气温，以及（自 1666 年 7 月起）通过湿度计测量的空气湿度。在这里，洛克根据胡克在《显微术》中的描述，通过野生燕麦的麦芒在湿润空气中的分散程度，测量了空气湿度。[110] 洛克使用字母代表风向，并且把代表主要风向的字母摆在了前面，比如，"WN 代表西北风，但是与北风相比，更倾向于西风"。他把风的强度等级划分为从"0"到"4"，"'0'代表风不大，我透过窗户向花园望去，无法看到叶子随风摆动"，"4"则代表了"非常猛烈"的风暴。[111] 洛克为 1692 年印刷版本的登记簿添加了一部"前述登记簿说明",解释了上述定义。不过他已经在第一部登记簿中使用了这些字母和数字。表格最右侧的最后一栏为天气的描述性评论,包括雨水(没有使用仪器测量)、云、冰雹、雷、闪电等内容,同样包含了晴朗、闷热、降雪、薄雾、大雾等信息。[112] 我们在第一章里曾经提到,洛克记录了大约 55 英里以外的伦敦大火对当地夜空产生的影响,记录这些内容的位置正是这一栏。

洛克以饱满的热情接受了自己在天气观测方面的全新任务。第三天,他在从上午 9 点至晚上 10 点之间的不同时间点,分别记录了 6 组观测,可能因为当天中午出现了降雨和雷,洛克似乎兴奋不已。[113] 通常而言,他每天只记录一组数据,时间大多为早餐结束和从祈祷室回来。第一部登记簿还出现过一些深夜时段的记录,比如,1666 年 7 月 7 日,洛克记录了"闪电",可能因为当时他被暴风雨吵醒。即便当时已是深夜,洛克同样记录了气温和气压,但是没有记录风的情况。[114] 洛克身处奥茨期间,所作的深夜记录相对比较频繁。他似乎没有打算在每天的固定时段进行测量,但对于测量时间的记录却格外讲究。[115] 关于"新方法"总结的笔记风格,洛克仅仅对几部登记簿最初的设计作出了几处细微改动,把改动情况保留在 1691 年 12 月至 1703 年 5 月最后一部长期记录的登记簿中。其中一处改动为时点的记录。他在第一部登记簿中使用的是 12 小时制,在时点的上方或者下方加了一个点，分别代表上午和下午。1682年4月9日，重新记录登记簿时，洛克开始使用24小时制。在所有登记簿的公开发表版本中，洛克对"物理学杂录"中的所有初始条目均使用了全新的记录方法，不过他并没有提到这些方法与第一部登记簿之间的差别。[116]另外，洛克还记录了自己开始使用全新的温度计或气压计的日期。[117]

　　洛克同样注意到"天气"一栏中的定性描述内容。最初他只使用了一些简单的术语进行描述，如"晴朗""云""雨"等等。1666年末，他的描述方式变得更加具体，如"雾，白霜""烟雨""严重霜冻""昨夜小雪"等等。[118]玻意耳同样在1684年12月至1686年1月的登记簿中对描述天气的表达方式进行了雕琢，比如，他在登记簿右侧的栏目中写下"有霜，但不是很严重，傍晚有一些雾""有雾，天气阴沉，夜间有月光但多云"。[119]与玻意耳相比，洛克的记录往往更有条理。他在"物理学杂录"的背面写下了一篇"对我的空气登记簿的说明"，对描述云和雨的术语进行了定义。[120]他在其中解释道："自此之后，'多云'代表我透过窗口向外望去，可以看到天空覆盖着云层，并非直接可以看到天空的状态。"[121]他同样对"晴朗""薄雾""闷热"等术语作出了解释说明。所有这些术语都曾经出现在他的早期登记簿中。这些细致的解释性内容可以表明，17世纪90年代洛克身处奥茨期间，曾经试图对登记簿的这些术语进行改进和标准化。此外，他还对"雨"进行了区分，至少体现在雨水的最小阈值方面。1695 年 4 月 19 日的内容写道："'几滴雨水'代表当时有雨，但没有达到房顶流下雨水的程度。"这些内容没有涉及量化信息，不过洛克采用了精确且生动的表达方式，以便其他人采用他的术语时，可以对观察到的情况进行对比。

在日常观察的基础上，洛克偶尔还会对气象事件和天气模式进行回顾，并在右侧的栏目中记下针对长期内容的总结。早期的登记簿至少有 6 篇这种实质性评论（其他评论较简短），后来收录于《空气通史》。洛克通过简洁的观察报告描述了异常天气，比如，1667 年 3 月 8 日，"泰晤士河结冰了，马车可以在冰面上行驶"。[122] 洛克针对雨季和干旱期的时长进行了频繁地对比，他在 1673 年 6 月的条目上方补充道，6 个星期以来，"很少出现干燥的情况，雨量很大，造成了人类记忆中无可比拟的严重洪水"。又如，1681 年"出现了已知最为干燥的春天"，"自 3 月末至 6 月末"始终没有降雨。[123] 相关的测量结果或许可以为洛克的这些概括性内容提供支持并增强可信度。但洛克似乎没有参考测量数据，而是仅仅浏览了"天气"栏目中的描述性术语。洛克还在奥茨的登记簿上开始记录其他季节性事件，其中包括燕子的出现时间和离开时间。他通常会把这类内容记在右侧一栏，使用浓重的大写字体写下"燕子"一词。1692 年 9 月 23 日，洛克写道："本月 23 日：最后一次见到燕子。"如果错过了观察，洛克便会通过回忆的方式进行记录。1693 年 3 月 30 日至 31 日，他写道："其他人告诉我，燕子出现过。"[124] 同年 9 月 21 日，他似乎略带羞愧地草草写道："燕子已离开，我忘记了观察具体日期。"[125] 以上内容表明，洛克不仅制作了常规条目，而且依据值得注意的季节性变化对常规条目进行了回顾，以便推断其中的规律。

所有这些内容究竟具有怎样的意义呢？斯普拉特曾对雷恩提到的"季节史"作出总结，区分了气象数据与那些可能受到天气影响的信息，其中包括农业、动物的繁殖和迁徙，最关键的是雷恩口中的"有关当年流行疾病的良好记录"。[126] 根据希波克拉底学说的观点，季节性气候与极端天气各自产生的影响之间存在相关性。[127] 玻意耳、洛克以及西德纳姆（Sydenham）曾把流感和天花等各类疾病的发作归结为空气中的"致病"颗粒产生的影响。[128] 雷恩曾经提到，在数据足够的情况下，只要"耐心积累几年"，就可以"根据天气和季节来辨别医学操作方面的差异"。[129] 洛克显然对气候因素产生的影响很有兴趣，有时他会在"空气"（Aer）标题下方写下天气测量数据和医学事实、医学推测方面的内容。[130] 他还曾经针对空气的构成情况，对呼吸产生的影响进行过理论总结。[131] 洛克没有在他的登记簿中记录这一类医学观察，不过他热衷于收集相关数据，如死亡率报告数据（雷恩也曾提出过相关建议），并且有意愿自行整理数据。17世纪90年代初，洛克与查尔斯·古多尔（Charles Goodall）医生合作起草了一份调查问卷，用于调查世界各地不同气候条件下的疾病发生频率、死亡率、空气质量等。[132]18世纪30年代，弗朗西斯·克里夫顿（Francis Clifton）等医师开始敦促皇家学会把医学和天气方面的数据整理成表格，以便收集和分析数据。[133]洛克的登记簿采用了栏目格式，并且进行了定期记录，在一定程度上预测了相关表格的出现。

1704年3月，为了在《哲学汇刊》中发表1692年的天气登记簿，洛克把相关内容寄给了汉斯·斯隆。洛克回顾了记录登记簿的过程："（原文如此）过程中几乎没有什么痛苦，每天只需要写不到一行字，于是我开始放纵自己的好奇心。"[134]看到洛克在记录登记簿时的自律，我们就可以理解，他的乐观态度不仅来自对笔记的热情，而且因长期参与培根项目而受到了鼓励。在法国生活的几年里，洛克暂停了天气登记簿的登记工作，不过他仍然使用一种未曾尝试的全新方式记录笔记，这种笔记就是旅行日志。

洛克的日志

1675 年 11 月至 1679 年 4 月，洛克于法国生活并旅行。洛克的笔记在此期间出现了重大转变，[135]（除账目备忘录以外）他开始首次使用日志或者日记的形式记录笔记。1675 年 11 月 12 日，洛克写下了第一篇日志。他使用的是一种由松散纸张装订成册的笔记本。后续三部日志同样采用了类似的方法，并与当年的法国年鉴出现结合。洛克每年都会单独使用一部笔记本，在法国生活期间他总共使用了 4 部笔记本，笔记数量共计 1500 页左右。这些笔记采用了日志格式，每个条目都标注了日期，与洛克此前记录的大多数札记存在很大差别。除了少数例外情况，洛克此前的札记通常会在标题下方罗列摘录，没有标注日期。他当时没有把自己的札记带到法国，其他对开规格的笔记尺寸过大且比较珍贵，同样没有随身携带到法国。[136]1679 年 5 月，洛克回到英国之后，开始在札记中添加日期。其中第一篇笔记便是从他的法国日志中转抄的条目内容。[137] 爱德华·吉本曾参与了关于"国外旅行"价值的长期辩论，对这类旅行表达了高度期望。在详细地阐述博学的旅行者应当具备的资质时，吉本主张这类旅行者"应该是一位化学家、植物学家，同时应该是一位力学大师"。[138] 洛克在某种程度上符合"化学家""植物学家"的要求。不过洛克的兴趣领域其实比吉本提到的更广泛。洛克日志中的一部分内容来源于他此前记录旅行成本和距离等各类细节的习惯，还有大量条目部分地来自他在医学领域的准专业级别的参与，以及对道德和宗教领域的广泛关注。因此，他的日志里反复出现的主题包括度量衡、铸币、货币汇率、酿酒、农业、园艺、烹饪、发明、医疗、税收、宗教团体（特别是胡格诺派）的法律地位等等。[139] 笔记类型包含了针对花园、建筑、城市规划、食物、葡萄酒、天气、旅行难度等内容的游客观察，也涵盖了对农业与技术应用的详细描述、有关洛克与他的病人健康状况的详细医学报告等。此外，洛克同样热衷于收集他人可能感兴趣的各类主题的全新信息。他曾经在巴黎给玻意耳写信，请他推荐"你认为合适的当地名家"，并表示愿意代表玻意耳向这些名家征询信息。大约一年之后，洛克再次向玻意耳重申了相关提议，并提到了他在当地看到的一些东西，其中包括一台新型显微镜、一种由空气驱动的钟表、新型温度计、不知名的药物、有关一种巴哈马鱼类的报告，以及手指和脚趾指甲长达 5 英寸的一名男孩。[140]

　　洛克的日志包含了广泛的信息，因此看起来像是一种在无尽的好奇心驱动下汇编而成的杂录。[141] 而培根博物学对信息的要求似乎又为这种看似无差别的笔记添加了一层额外的含义。[142] 我们在第三章里提到，培根曾经呼吁广泛收集各类信息，根据他的设想，大量细节应该排列在便于使用但通常临时制定的标题下方。另外，这一类信息最好能够本着合作精神，由很多观察者一同收集，而且必须认识到，短期之内不太可能取得成果。17 世纪 60 年代，洛克已经正式参与了这一类培根项目，具体参与途径是与玻意耳、英国牛津的其他科学界人士以及伦敦的托马斯·西德纳姆等开展合作。[143] 洛克承认，详细的经验细节作为对自然过程未来因果关系进行理解的基础，具有重要意义。同时他认为，有实用价值的概括总结，要求人们找到比较性案例。以上两点促使玻意耳于 1666 年 6 月开始在牛津记录天气登记簿。洛克没有直接参与皇家学会旅行者问卷的创建工作，不过洛克阅读旅行书籍的情况，展现了其对于其他地区信息的渴求。1675 年末前往法国之际，洛克已然成为一名理想的培根派收藏家：他在哲学方面拥有恰当的动机和动向，更重要的是，他在制作大量且精确的笔记方面展现出必要的严谨与恒心。关于这些特质的具体表现，我们可以研究洛克在自己的日志中积累的信息类型、他如何看待这些信息的目的以及如何在不使用札记的情况下收集这些信息等等。

在没有札记的情况下，洛克也就没有必要雇用日记管理员。身处法国期间，洛克无法再把医学和非医学等各类主题的内容分别记录在特定的笔记本中。他每年都使用日志记录大多数信息。最终，洛克就像哈特利布以及哈特利布之前的其他人，创造了一种采用混合形式的笔记，按照时间顺序记录笔记条目，并且在笔记边缘空白处标记了标题，作为日志的索引关键词。洛克涉猎的领域异常广泛且多种多样，因此这些关键词是不可或缺的。他按照那些针对旅行者的建议记录了日志，因此某些页面上的各类主题混合在一起，经常会令人感到不和谐。比如，在 1678 年 3 月的日志中，"腹泻"和"笛卡尔哲学"混在了一起。[144] 不过，洛克的笔记同样包含了一些较清晰的项目。身处法国期间，洛克一直认为自己是沙夫茨伯里（Shaftesbury）伯爵家族中的一员，并且应赞助人的要求收集了农业和酿酒技术的信息。[145] 开启巴黎至蒙彼利埃旅行的前几个月里，他一直开展相关工作，记下了有关橄榄、油脂、葡萄藤、葡萄等方面的标题和内容，[146] 其中包括他的第一手观察结果以及通过与当地农民交谈收集的信息。[147] 还有一类内容是针对哲学主题的思考。1671 年，他已经完成了《人类理解论》的初稿，并随身携带了一份，后来又对其中没有完全展开的几个主题添加了一些重要注释。[148] 在第一部日志中，洛克曾经在 1676 年 7 月 16 日当天爆发了一连串情绪：激情、爱、欲望、希望、仇恨、痛苦、快乐、厌倦、烦恼、悲伤、悲痛、痛苦、忧郁、焦虑、剧痛、苦难、欢乐、欣喜、喜悦、慰藉、幸福、不幸、愉快、欣慰、权力、意志等等。[149]

在此期间洛克一直用日志记录自己阅读中获取的信息。不过与札记的内容相比，他在法国期间记录得更多的是通过直接观察获取的信息，以及包含了他的思想和评论的内容。[150] 旅行期间，洛克同样通过观察和对话来收集思想和经验信息，特别是那些有关医学和博物学的信息，以及有关当地习俗、手工艺、宗教信仰等方面的信息。他请法国当地的英国人士引荐并提出建议，如居住在里昂的威廉·查尔顿［William Charleton，实际上是库尔唐（Courten）］、巴黎的诺森伯兰伯爵夫人［英国大使拉尔夫·蒙塔古（Ralph Montagu）的夫人］等等。洛克在蒙彼利埃接触了当地医学界人士，结识了夏尔·巴贝拉克（Charles Barbeyrac）、皮埃尔·马尼奥尔（Pierre Magnol）以及皮埃尔·若利（Pierre Jolly）。我们还可以明显地看出，洛克途经巴黎前往蒙彼利埃期间、于普罗旺斯和朗格多克旅行期间，以及1677年初返回巴黎途中，还曾试图与旅程中遇到的陌生人直接交谈，获取信息。

达玛丽斯·马沙姆曾提到，洛克相信"他可以从每个人的身上学到有用的内容"，之所以能够做到这一点，是因为洛克的"表达方式十分便于理解，而且他掌握了与不同的人交谈所需要的技巧"。[151] 让·格罗利耶·德塞尔维埃斯（Jean Grolier de Servières）曾在16世纪中期首创了一种珍奇柜，洛克在里昂期间希望能够了解一下这种珍奇柜的各种装置的工作原理。然而在洛克的早期旅行阶段，他的法语水平是交流的阻碍。他在描述与他人对话的情景时提到，"他不懂拉丁语，我也不懂法语……我无法进行任何特别的调查询问"。[152] 不过洛克的日志内容显示，他后来已经可以与农民、园丁、水果栽培者、酿酒师、工匠、手工艺者、神职人员、药剂师以及医师等人士进行交谈。[153] 这些人针对洛克需要寻找或观察哪些东西、应该询问哪些人士等提供了建议。洛克常常会记下信息提供人士的姓名，特别是当谈话内容涉及动植物或者医学治疗等事实细节时。[154]1676 年 5 月，他写道："厄普顿先生把溶液和胆汁混合在一起，发现颜色没有发生变化。"[155] 在其他很多种情况下，洛克只提到了信息提供人士从事的职业或者贸易类型。他在总结自己与一群人的对话时，使用了"他们""一些人""少数人"等指代方式，记录了某类群体关于特定话题的观点。比如，总结蒙彼利埃当地人压榨橄榄的观点时，洛克提到，"所有人都认为，使用新鲜橄榄压榨的油脂更好……还有人提到，他们之所以没有早点儿压榨，是因为需要处理其他谷物"。在当地人估计马赛附近村庄的房屋数量时，洛克写道："有些人认为大约有 2.2 万座，最少有 1.6 万座或者 1.7 万座。"[156]

在绝大多数情况下，洛克寻求的是有关自然过程以及因果属性方面的知识。根据各类内容的具体情况，洛克似乎更关注信息提供人士具有的技能和专业知识，并非社会地位。[157] 在《人类理解论》中，洛克把证人的"正直"列入了评价证言的六大标准之一。[158] 洛克确实也会非常重视一部分人士拥有的知识和判断能力，其中包括医生兼旅行家弗朗索瓦·贝尼耶（Fransois Bernier）。1677 年 10 月，洛克详细地记录了贝尼耶向他描述的"印度异教徒"的情况，把这些内容当作一手资料和专家证言。[159] 但并非所有的证言都具有可信度，在很多情况下，洛克仅仅记录了对方向他描述的内容。在参观蒙彼利埃附近卡斯特里（Castries）当地的一处别墅时，洛克测量了房屋附近的一段引水渠。他当时只能获取山泉水源附近水渠规模的信息，并且遗憾地写道："我无法找到看过这 50 座拱门的人。"在蒙彼利埃期间，洛克曾经请房东费斯凯（Fesquet）先生的妻子向他解释了关于蚕的内容，并记录了详细的笔记。[160] 他还记录了李子、桃子和梨的晾干方法，并写道："这些内容来自德叙佩维尔（de Superville）夫人。"[161] 洛克发现，有些信息提供人士可信，有些则不可信。因此，他有时会在可疑的证言旁边标注字母"Q"，代表疑问。[162] 洛克有时也会更直接地表达自己的疑问。身处巴黎期间，他记录了一段关于从意大利运来的橘子树（这些果树没有树枝也没有根）的对话，并且提到，"恐怕在这个故事的后半段，园丁没有交代实情"。在前往巴黎的旅途中，洛克在"葡萄藤"的空白处标题下方写下了这样一段话："为了让葡萄藤在贫瘠的土地上结出果实，把羊角放在根部可以取得神奇的效果。"后来，他在沙夫茨伯里的要求下，写下了有关酿酒和其他农业活动的信息，并再次引用了上面这段话。洛克补充道："我对这里的内容表示怀疑，不过之所以提到这些内容，是因为这种方法便于尝试。"[163] 在这里，洛克通过现有的资料来源记录了经验信息，而没有进行过度严格地评估。洛克认为，应该首先对特定主题的信息进行充分整理，推迟对相关内容作出强烈的理论判断。因此，第一步是收集相关信息，如果无法亲眼观察，就应该对信息来源进行检查。有时他会对自己（或者他人）的一手观察结果与那些已经发表的报道进行对比。参观朗格多克运河（1666 年由路易十四发起修建，并于 1680 年完工）时，洛克提到，"这里的水库大坝是一项宏伟的工程，但规模似乎没有弗鲁瓦杜尔（Froidour）描述的那么大"。[164]

通过洛克的日志还可以看出，他同样长期关注有关习俗和信仰的内容。作为旅行书籍的热心读者，洛克怀着期待开始了旅行。但现在，他已经可以通过自己的观察对书本知识进行扩充。[165] 洛克与陌生人之间的对话成为全新经验信息的主要来源，与此同时，也为他先前关于习俗对观念和信仰所产生影响的观点提供了比较性的示例论证。[166] 洛克记录了很多关于法国各地宗教活动与道德信仰的笔记，同时还对自己亲眼所见的天主教仪式进行了尖刻地评论，其中一部分评论采用了简短的形式。[167] 洛克还记录了一些有关神父、主教、修女以及宗教仪式的粗俗故事，表现了对反教皇主义的兴趣。1679 年 2 月 11 日，他写道，一名法国游客和他的妻子参加了"教皇在场的一次罗马天主教弥撒"。圣餐流程之后，一位"身份显赫的红衣主教"向这名游客问道："你的妻子如何看待所有这些欺骗手段？"[168]尽管洛克曾针对当地有关圣物和奇迹的信仰表现出了不满，但他描述的细节使这些记录成为宗教博物学方面的潜在数据，或者更广泛地讲，这些记录组成了观点方面的数据。[169]观察天主教活动的同时，洛克还通过书籍和诸多旅行者的描述，收集了伊斯兰世界、印度群岛以及美洲地区的文化信息。[170]通过记录不同习俗以及不同信仰的示例，洛克对信息基准作出了贡献，为潜在的比较分析提供了支持。

洛克每年完成的一部日志涵盖的主题过于广泛，使他无法应用自己惯常的索引方法。这里的根本问题在于，洛克的"新方法"涉及的记录与索引之间存在一种关联关系，即具体在哪个页面上记录条目，取决于标题首字母与元音字母的组合。一部札记中的特定对开页面如果已经分配了特定的字母组合，如代表"空气"（Aer）的"Ae"、代表"记忆"（Memoria）的"Me"等等，这里的页面就为所有其他具有相同字母组合的内容示例预留了空间，直到记满整个页面为止。这种方法可以防止具有相同字母组合的标题分散在很多页面，减少索引需要单独罗列的内容数量。当然，日志条目与札记条目存在很大的差别。日志条目仅按照时间顺序进行了记录。洛克完成第一部日志之后，仍然在日志背面按照字母组合，尝试应用了"新方法"的关键词索引系统。不过，由于页边空白处的关键词数量过多（共有 522 个）且过于分散，他发现，即便使用了第二个元音字母，索引项的数量仍然过多，使得两页索引单元格中的内容过于紧凑。索引编写到第 254 页的条目时，洛克放弃了这种尝试，重新按照字母顺序排列标题。[171] 这种经历证实了洛克的一个观点——为各种学科单独分配一部笔记，减少索引标题的数量，"新方法"就可以在索引方面取得最佳效果。洛克曾在 1686 年的《文库》中提到，他很少需要使用第二个元音进行索引。不过他没有提到的是，10 年之前身处法国期间，他在编制索引方面遭遇了失败。[172]

洛克针对笔记的思考

具有讽刺意味的是，洛克先后居住于法国和荷兰期间，写下的有关笔记的内容数量最多，但当时他的手边并没有札记。在阿姆斯特丹期间，洛克应邀描述了自己的笔记方法并将其发表，他将其定义为"新方法"。此前在法国旅行期间，他也曾针对笔记的问题展开过思考。我们需要认识到，洛克针对札记的态度是对恰当的知识性态度更深层担忧的一部分。我们可以通过一则题为"论研究"的长篇条目看出这一点。该条目的起始时间为 1677 年 3 月 26 日，[173] 总共大约 8000 字。在这里，洛克通过广泛的思考，抨击了札记传统的关键要素，肯定了笔记的重要性。他的思考包括阅读、学习、肢体劳作与智力劳动之间的平衡、个人学习的可行范围、研究所需的工具和活动等等。[174] 促进产生这些内容的刺激性因素之一或许是洛克与丹尼斯·格伦维尔（Denis Grenville）之间的书信往来。格伦维尔是一名居住在法国的英国保皇党牧师。他第一次致信洛克的时间为 1677 年 3 月，当时他们都在蒙彼利埃，他们总共交换了三封书信。格伦维尔在信中，针对包括宗教在内的各类情境下开展适当研究所需要的时间和精力表达了悲观态度。[175] 洛克当时正在翻译皮埃尔·妮科尔（Pierre Nicole）的《道德论文集》（Essais de morale，1671—1679 年）中的三篇文章，他也遇到了涉及人类理性能力的非常微妙的争议。[176] 妮科尔在其中一篇文章《论人类的弱点》（Discourse on the Weakness of Man）中指出了一种知识立场的自负心态，"哲学只是一种徒劳的消遣，人类几乎一无所知"。[177] 洛克在一则提到妮科尔观点的条目中总结道，这些弱点要求人们"清除所有不必要的阻碍因素"。[178] 我们通过这篇文章可以看出，洛克并没有屈服于极端的悲观情绪。他坚持认为，只要目标能够与有限的能力水平相匹配，我们就负有追寻知识的责任，并拥有获取知识的机会。[179] 据此，洛克对当时通常使用的札记持有的批评观点是，札记对于思考和判断缺乏必要的关注。

在条目"论研究"中，洛克承认札记仍然是可供学者选择的笔记形式，与此同时，他对札记在记忆训练方面起到的辅助作用提出了疑问。洛克认为，札记最大的问题在于，这是一种用于收集引文的懒惰方法，比如那些针对道德哲学或自然哲学的标准主题提出支持或反对的引文等等。我们在第二章里提到，当学生支持或反对某一论题而进行公开辩论时，此时札记是适用的。不过洛克认为，札记教学法忽略了"事物本身真实且清晰的概念"。[180] 在这种教学法的要求下，学生记忆了未经适当研究的论点，无法形成判断并信任自己的观点。这种教育方法可能产生最差的结果，培养出"记忆良好却无知的人"。或者按照洛克的描述，培养了一种"专注于话题的人，这类人拥有大量自外界借用或者收集而来的论点"，却一直面临自相矛盾的风险。人们可以在收集材料，并认识这些材料与其他知识之间存在关系的过程中，通过审慎地判断规避这种情况。而且一个人倘若能够掌握某一论点的依据，就能在辩论过程中保持前后一致。因为与论点有关的其他观点此时已经被"置于判断范围之内"，并没有单纯地增加记忆的负担，从而"降低了丢失的风险"。[181]

提出上述批评意见之后，洛克提出了另外一个问题，即如何对信息进行最好地记录和检索。他宣称，"我认为阅读只是一种收集原材料的过程，很多无用的材料必须搁置"。洛克承认自己的阅读在一定程度上是杂乱无章的，而且表现出这样一种倾向——"我会经常更改研究主题，偶然发现一些书籍之后就断断续续地阅读，我的研究毫无章法和顺序可言"。[182] 由此，洛克强调了明确分类的重要性，"辅助记忆并避免思想混乱的一种重要方法是，针对我们研究的学科制定方案，将其作为一份有关知识世界的地图，经常把自己的研究与这种方案进行对比"。[183] 他认为，这种"地图"对于在典范话题之外维持多样化阅读来说，具有更大的必要性。洛克在日志中告诉自己，"我已经避免了思想上的混乱。我制定的方案就像是一种抽屉柜，可以把杂乱无章的内容按照秩序存放在合适的位置"。这里暗指，传统认可的标准札记标题与要求对所收集信息进行认知的教学法之间出现了背离。在谈到为材料分配"合适的位置"（标题）时，洛克认为该流程"虽然越接近事物的特性和秩序就越好，不过或许最好由每个人依据自己的用途独立完成，这样才最符合自己的想法"。他建议，每个人都应该"努力针对事物本身建立真实且清晰的概念，并且在头脑中固定下来（记忆常常无法正常运行，因此不要过于信任记忆或者增加记忆的负担）"。洛克认为，这一点要求"针对事物本身的秩序，或者至少按照个人想象的存在秩序，不时地思考"。[184] 最后一点至关重要：洛克认为，个人应该自由地选择那些最适合用作组织工具或者记忆辅助工具的各类标题。10年之后，洛克在"新方法"的英文手稿中提到了这一点，他谈到关于自己把不同的笔记分别用于记录自然知识和道德知识的时候表示，"我已经根据不同情况对笔记的形式作出了变更，这样或许能够更好地迎合一部分想象，或者更适用于某些特定目的"。[185]

在法国居住一年多之后，洛克已经通过日志收集了大量材料，这些材料或许引导他开始思考最适合存放日志的"抽屉柜"类型。1677年9月4日，洛克在"杂录"标题下方的条目中，对做笔记时"需要注意的事物的主要部分或标题"进行了分类，划分了哲学、历史、遵循（Immitanda）、获取（Acquirenda）等4个大致的类别。[186]该条目的内容组成了洛克用于展示知识主要分类的12种方案之一。仔细研究可以发现，12种方案大致分为两类：一类根据主要学科和领域对知识进行了分类（A类），另外一类主要依据认知方式进行分类（B类）。[187]"杂录1661"中的内容包含了A类方案，完成时间为1670年前后。这部笔记的开头部分把笔记内容划分为神学、政治、智慧、物理等4类，每一类又进行了细分。后来他又在这部笔记的其他内容里添加了形而上学、历史、符号学等分类。[188]洛克的另一组文件中有一篇布鲁努韦尔代写的简洁的版本，总结了这一类方案的最终形态。[189]

B 类方案完成于 1677 年 8 月至 11 月。[190] 这一类方案主要分为"认知"（Cognoscendorum）、"记忆"（Reminiscendorum）、"行动"（Agendorum），分别展示了获取并保存知识的不同方法：思考、记忆（主要借助历史性记录）以及实践或技术干预手段。[191] 这些方案与洛克针对笔记实践的思考之间存在着很强的关联关系。他曾在 1677 年 9 月 4 日的"杂录"日志条目中列出了第二类图示的 3 种分类。我们可以通过 3 个角度看出这些方案与洛克对笔记进行的思考之间的关联关系：第一，洛克在不同版本的内容里均使用了"杂录"（"笔记"）作为空白处标题，却从来没有把相同的标题应用到 A 类方案。第二，洛克在 1677 年 11 月 12 日关于一种 B 类方案的一份手稿中，把"研究 77"（Studia 77）的注释写在了子分类"行动"旁边的空白处，把这里的内容与探讨笔记原理的"论研究"的条目内容联系了起来。[192] 第三，"行动"（意指"需要做的事情"）的子分类以及副标题"遵循""获取"属于后来添加的分类，内容与洛克的旅行经历有关，涵盖了广泛的信息来源。根据洛克对各类术语的定义，"获取"涉及"当地适合移植到我们国家，且能够繁殖的自然产品，或者因具有使用特性而带到我们国家的自然产品"。"遵循"指的是适用于"私人活动或者能够作用于自然体的有益技艺"的活动。[193] 因此，"获取"包含了洛克根据沙夫茨伯里的请求，搜集的有关葡萄藤与水果样品的条目内容；

"遵循"则涵盖了根据赞助人的指令所收集的有关酿酒和提取橄榄油的内容。"遵循"同样包含了洛克对天主教与新教社区的信仰、习俗以及仪式的观察。在很多情况下,这一类信息并非来源于书本,而是来自观察和交谈。洛克有时会把"获取""遵循"作为空白处关键词进行使用,然而在日志和用于摘抄的札记中,他没有对这两种术语进一步分类。也就是说,洛克没有把 B 类方案作为笔记全新分类的基础,而是把"获取""遵循"下方的条目整理到了先前的"历史""物理"两大分类之中。洛克曾提到第三种笔记分类为"符号学",从属于 A 类方案中的知识内容。[194]

转抄笔记

洛克对旅行书籍所具有的兴趣,在一定程度上使他收集的各类版本的旅行作品组成了《航行与旅行作品集》(*A Collection of Voyages and Travels*,1704 年)的序言。序言的最后几段强调了记录并转抄笔记的重要性,"因此,让他们随时准备一部记事本,写下所有值得记忆的内容。晚上再把白天记录的内容有条理地转抄到笔记中"。[195]1679 年 5 月自法国归来之后,洛克一直使用这种方法。他开始把日志中的一些材料以适当的形式改编为札记，挑选了一些条目摘抄进了《物理杂录》（*Adversaria Physica*）和《伦理主题》（*Lemmata Ethica*）两部笔记（MS Locke c. 42）。[196] 在转抄笔记的过程中，洛克把日志中的空白处关键词用作标题，作为科学（包括医学）或者伦理（定义范围较广）方面的主题。其中一部分材料来源于松散纸张折叠制成的笔记，这些笔记就是洛克的旅行杂录。[197] 洛克在每一部笔记的背面都制作了字母顺序索引，可以轻松地找到希望转抄的条目。回到英国之后，洛克并没有花费心思对自己的日志进行索引，原因在于，这些日志已经不再属于单一且临时的信息与思想储存工具。回国之后，他挑选了一些材料分配到各类杂录和主题笔记中，也就是他的札记。

洛克转抄笔记的时候没有逐字地抄写。他在 1681 年转抄 1676 年 7 月 8 日的"癔症"（Hysterica）条目时，对简略的内容进行了扩展，并且在边缘空白处添加了交叉引用，表明这部分内容已经转移入《物理杂录》。[198] 洛克曾在居住法国期间的不同年份，对各类条目进行了整理，通过各种全新的方式对不同材料进行了排列。通过有关癔症和相关身心疾病的条目可以看出，他参考了笔记中现存的其他条目。[199] 此外，还有其他迹象表明，洛克在转抄条目的过程中对各类信息和思想进行了回顾。在"MS Locke d. 1"这部笔记中，洛克转抄了 1679 年的日志条目，并进行了极大地扩展。洛克曾通过一则简短的标注提到了塞缪尔·克洛斯（Samuel Clos）有关矿泉水的著作和一些条目，其中一部分条目的标题为塞缪尔·克洛斯的姓名，还有一部分条目标注了"矿泉水"（acqua mineralis）、"药用水"（acqua medicinalis）、"土地"（terra）等主题，并标注了自己的疑问和推测。[200]这些条目（很多标注了代表疑问的"Q"）证实了洛克所认为的针对因果要素进行假设的最佳方法——把类似的实例与同源材料相结合。他后来写道，这种假设可以"极大地辅助记忆"，扩展之后则有助于思考。在思考如何最好地对疾病进行理论总结时，洛克认为这些假设可以概括相关现象的关键特征，因此只要这些假设不妨碍观察，就可以发挥"独特的记忆术"的作用。[201]至少洛克可以通过转抄笔记对同源材料进行巩固，从阅读旧笔记的过程中受益，对先前的思想进行修改或者扩充。[202]

在不同的笔记之间进行转抄时，洛克还根据笔记内容向皇家学会输送了一部分信息。自法国回到英国之后，洛克收到了理查德·利尔伯恩（Richard Lilburne）此前寄给他的一封信。利尔伯恩是洛克在巴哈马的一名联络人，这封信提到了一种有毒的鱼。[203]洛克把这封信里的一段内容寄给了奥尔登堡，奥尔登堡于 1675 年 5 月 27 日向皇家学会宣读了相关内容。[204]洛克的日志记录了大量观察，不过至少在当时来看，他认为只有这封信中的内容值得发送给皇家学会。原因可能是洛克对这一类报告具有较高的期望。洛克曾对奥尔登堡提到，利尔伯恩此前从未提供过"如此完美的描述"。洛克在《物理杂录》中列出了 13 个用于获取更精确信息的问题，并把这份问题列表寄给了利尔伯恩。[205] 收到利尔伯恩的回复之后，洛克并没有进一步处理回信内容。[206]

　　洛克与皇家学会的另一次通信发生在他为学会搜集信息并制作笔记的 20 年后。1696 年，斯隆担任皇家学会秘书期间曾致信洛克。他写道："你现在身处英国，我希望你能够顾及学会的需求，为学会进行一些适当的观察。我记得你曾经向学会承诺针对长指甲进行观察。"[207] 洛克此前肯定向皇家学会提到了 1678 年 5 月他在法国巴黎一家名为"慈善"的医院中的经历。根据洛克日志中的记载，他曾两次造访这家医院，见到了"一名 20 岁左右的年轻小伙子"，这个小伙子的手指和脚趾的指甲长达 5 英寸。同年 5 月 24 日，洛克记录了一则题为"手指犄角"（Cornua digitorum）的条目，描述了从"所有手指上"长出的一种形似"犄角"的指甲。他写道，出现这种现象的原因是"指甲变厚"，并非指甲变长，而且这种指甲延伸的角度类似于"鸟爪的形状"。[208] 医学历史学家认为，日志的内容对钩甲案例进行了首次描述。[209] 不过洛克没有对这里的内容进行深入地研究，而是在 1678 年连同其他信息一起告知了玻意耳。洛克提到，"我保存了一大块这种指甲，指甲断裂的时候我就在现场。

整起事件发生在我身处巴黎期间"。[210] 大约一年之后，洛克回顾自己的日志时读到了"整起事件"的相关内容，并把原始记录的大部分内容抄写在寄给玻意耳的信件中。洛克严重地低估了这份报告的价值，或者至少低估了玻意耳对相关案例的兴趣程度。洛克在信件结尾写道："我知道你认为大自然的作品值得引起人们的注意，并且值得记录，即便相关内容看起来可能匪夷所思。这一点可能就是我向你讲述这个（相对于另一起事件来说）冗长且乏味的故事的原因。"[211] 很久之后，在斯隆的催促下，洛克把这种"角质物质碎片"和关于这种指甲的描述一同寄给了斯隆。[212] 洛克表示，他在按照"记录信息为我辅助记忆"的方式提供相关内容，"因此希望（你）能原谅我采用的表达方式"。[213] 不过在后来的一封信中，洛克重新考量了表达方式。他提到，"我认为，为自己的记忆所描写的内容，在面世之前应该稍作修改和更正。或许还可以找到一些需要补充的内容。如果我没有记错的话，我曾再次拜访了这名年轻人，并记录了一些更加详细的信息。我将在自己的文件中找到这些内容"。[214]1697年，洛克把自己的文章发表在《哲学汇刊》中。文章保留了两篇日志的原有形式，并且附带了一幅这种指甲的刻版插图。[215]

　　洛克发起了与皇家学会的最后一次通信，斯隆再次担任了中间人。与长指甲案例不同的是，洛克热衷于公开自己的天气记录。洛克的出版商邱吉尔（Churchill）曾计划对洛克发表在玻意耳的《空气通史》中的记录进行更新，不过洛克希望看到这些记录"在自己的有生之年出版"，原因可能是洛克希望对相关内容的出版过程进行监督。[216] 洛克提交的 1692 年出版登记册表明，他在指示抄写员从自己的笔记中抄录时十分谨慎。[217] 在 1704 年 3 月 15 日的信中，洛克对自己的天气记录表达了谦虚的态度，他提到，"如果你认为可以接受这些内容（其中记录的是毫无修饰的事实）"。不过接下来他就提到了一起极具说服力的案例，来证明这一类观察和测量在天气博物学和疾病博物学中发挥的作用。这里的案例就是洛克曾在 40 年前承诺开展的研究项目。洛克承认，"只有这一起案例"是不够的，与此同时他提出，"如果这一类记录"能够"在英国所有的郡被记录并持续发表"，那么肯定能够从中得到非常实用的知识，尤其是被"有学问的人"发现。[218] 在这段时期，洛克已经在自己的作品中主张，通过"共同报告"的形式记录观察是毋庸置疑的。他提到，如果很多可信的观察者能够证明"去年冬天英国出现了霜冻，或者在夏天看到了燕子，那么我认为没有人能够质疑相关事件的真实性，好比七加四等于十一的道理，无可置疑"（Ⅳ .xvi.6）。洛克恰恰是一名观察者，因此特别是在天气和燕子等自然现象方面，洛克完全可以对这一类报告进行补充。

整理玻意耳的笔记

　　玻意耳的文件在混乱方面几乎人尽皆知。洛克但凡得到机会，就会试图对玻意耳的文件进行整理。1691 年 12 月，洛克的导师玻意耳与世长辞，洛克担任了玻意耳的非正式遗嘱执行人，对玻意耳的文件进行了整理。在此之前，洛克曾复制了玻意耳的一部分文件，在一定程度上填补了后来丢失的原件。迈克尔·亨特注意到，洛克复制的文件包含了玻意耳有关寒冷、人类血液、历史疾病等方面的研究主题，这些都是洛克的笔记所涵盖的内容。[219] 玻意耳曾在《人类血液博物学回忆录》的序言中提到，"丢失"的文件包含了对于这部作品来说至关重要的"一系列研究内容"。这篇序言的写作对象为洛克，玻意耳解释道，他写这篇序言的目的是满足洛克的要求，"记下我能够找到的内容"。[220] 在寻找丢失内容的过程中，玻意耳可能借助了洛克在一部医学札记中写下的丢失文件目录。这部札记记录了玻意耳的牛津社交圈研究过的一些主题，其中包括"针对血液特别是人类血液的试验"。[221]

　　洛克对相关信息的保留和组织，促使玻意耳的遗作《空气通史》得以在 1692 年面世，此时玻意耳已去世。这部作品的出版工作始于 17 世纪 60 年代初。当时玻意耳提供了一套主题清单，用于指导合作收集信息。这份印刷版清单未能保存至今，但玻意耳的各类文件很可能与这份清单之间存在互动关系，一部分文件始于 17 世纪 60 年代中期，其中可能包括洛克于 1666 年 5 月 5 日的来信。这封信包含了气压测量方面的内容，并描述了萨默塞特铅矿中的空气与矿内水融合所发生的现象。[222] 通过这部正式出版的作品可以看出，玻意耳提出的要求鼓励了各类观察者的广泛参与，其中包括玻意耳的朋友、旅行家、科学名家，甚至皇室成员也参与其中（标题"二十"和"四十六"的内容由约克公爵提供）。由此可以看出，这部作品成为一种培根式合作项目，或许也印证了培根针对委托笔记作出的警告。玻意耳在序言中提到，为了对参与者的观察进行引导，"我起草了一套标题与探究问题列表……这里没有采用任何特定的方法，但内容比较全面，提到了很多可供参考的细节"。[223] 后来收集的内容似乎没有使用玻意耳提供的标题，不过 17 世纪 80 年代早期的几篇手稿试图借用这些主题，对各类信件和文件的出版进行归类。[224] 洛克复制的玻意耳手稿中有一篇《空气的博物学与实验历史主题》(*The Titles of the Naturall and Experimentall History of the Air*)，[225] 时间为 1682 年。洛克大概从此时开始为玻意耳整理各类材料。在整理材料的过程中，洛克还通过自己的资料来源补充了一部分信息，其中包括他在荷兰收集的材料。[226]

洛克在出版过程中看到了《空气通史》的内容情况。玻意耳的文件过于杂乱，编辑工作非常困难，洛克为此十分沮丧。[227] 这种情绪延伸到了他的"公告"。洛克在"公告"中指出，《空气通史》在几个方面表现得不够完善：玻意耳"关于获得协助的期望"没有得到满足，各类内容的出处的细节出现了谬误，等等。玻意耳曾经在作品的序言中坦言，自己缺乏"空闲时间来整理那些不连贯的笔记"。不过玻意耳仍然把这部作品的各类"主题"看作"一种札记，包含了我关于空气的各类内容的记忆，或者一些陈旧的笔记，特别是有关空气产生变化的因果关系方面的内容，为我提供了一些参考"。[228] 据此，洛克在道德层面针对笔记得出结论："我们无法在这部著作面世这么久之后，仍然指望作者能够依靠记忆（作者的健康状况可能不允许），搜寻与之相关的各类人物和书籍方面的内容。"[229]

洛克解释道，玻意耳已经制定了相关指引规则，虽然内容相当笼统，"他（玻意耳）在第一稿中采纳了培根爵士的建议，制作第一套标题的时候没有过于详尽，而是按照有关现象的发生顺序进行了整理"。洛克提醒道，为了让很多人能够协助推动收集工作，标题需要"在数量方面有所增加，或者更有条理"。只有这样，玻意耳的作品才能"对于某些人来说发挥空气历史札记的作用"。此外，洛克还公布了自己的重大发现：他在整理材料的时候发现，这些材料的内容与收集方式没有完全匹配，"这些空气历史材料主题的安排顺序，与它们在几年前的发表顺序以及在玻意耳朋友之间的传播顺序存在某种程度的差别"。[230]
玻意耳离世之前，洛克曾给玻意耳写了一封信，他在这封信中
表达得更加明确。洛克在信件的附言部分写道："我在上面的内
容里忘了提到，我对你列出的主题作了一点调整，我认为这样
更好，可以让这些主题与标题下方的内容相互协调"。[231] 洛克重
新组织了各种报告，通过他认为最合适的方式把各类内容分配
到不同标题。这类修改共有 48 处。有些标题下方的内容保持着
空白状态，等待日后由其他观察者提供内容进行填充。这种现
象不仅局限于作品中的最后两个标题。[232]

洛克未能整理玻意耳所有的笔记和文件。玻意耳曾在离世
前的几周内把自己的《医学实验》（*Medicinal Experiments*，1692
年）交付出版。这部作品按照每 10 条一组的方式对各类疗法和
药方进行了划分，不过同一组里的内容之间没有很强的相关性。
比如，第一组包含了咳嗽、膀胱结石、牙痛等疾病的治疗方法。
同一组中偶尔会有两三条内容具有相关性，但大多数内容似
乎按照玻意耳收集信息的顺序进行了划分。[233] 洛克与埃德蒙·
迪金森（Edmund Dickinson）、丹尼尔·考克斯（Daniel Cox）
两位医生共同编写了这部作品的另外两卷。[234] 洛克在第二卷
（1693 年）中，根据两位医生治疗疾病的情况，对大约 300 种疗
法进行了整理，然后按照字母顺序进行了排列。比如，首字母
为"A"的内容包含了痛感（Aches）与疟疾（Agues）的治疗，

首字母为"P"的内容包含了痔疮（Piles）、疼痛（Pain）、中风（Palsie）等方面的治疗。卷首索引可以按照疗法与症状查找内容。[235]

洛克发现玻意耳的《空气通史》缺乏条理，但洛克的一些朋友对这部作品大加赞赏。同样为这部作品提供了内容的詹姆斯·蒂勒尔（James Tyrrell）提到，他"对这部作品非常满意，不仅是作品内容，而且是作品采用的方法。这部作品就像一部永恒的札记，此后仍然可以添加各类观察"。有人曾向蒂勒尔提到，"这部作品缺乏新意，与玻意耳此前发表的有关空气或其他内容的作品相比，没有什么新鲜内容"。蒂勒尔反驳道，这部作品采用了一种集体札记的方法，吸引很多观察者提供了全新的内容。蒂勒尔声称，自己仍然愿意为这部作品提供"任何有用的内容，或者作者认为值得记录入这部作品的内容"。[236] 几个月前，洛克曾向威廉·莫利纽克斯（William Molyneux）提出了与蒂勒尔类似的观点。洛克称自己已经为莫利纽克斯寄来了玻意耳的一部作品：

这部作品采用了一种方法，任何人都可以根据自己能够通过阅读和观察提供的事实，在各类标题下方添加内容。像您这样不懈求知且博学的人士如果能够参与到玻意耳先生的项目中……我们就可以期待在一段时间内得到一部相当可观的空气历史著作……不过这部作品涉及的主题对于任何个人来说都过于宏大，很多人共同参与，也只能使其成为一部不甚完善的历史著作。[237]

此外，洛克在研究玻意耳材料的过程中发现，这种合作项目需要形成记录笔记并呈现信息的惯例。

记忆、回忆与检索

洛克曾在《人类理解论》中提到，记忆是"如此重要，以至于在任何缺乏记忆的情况下，我们其他的所有能力都会在很大程度上无法发挥作用"。[238] 洛克采用了一种与记忆术传统相关的比喻，把记忆称为"思想的仓库"。不过他通过一种独特的方式对这种仓库的作用进行了解读："人类的头脑十分狭隘，无法在观察和思考的同时，产生很多思想，因此就需要一种仓库把这些思想储存起来，留作未来使用。"这种评价来源于洛克对"某些优越的智力造物"的智力的假设，比如，天使的记忆可以"持续关注他们先前行为的所有场景，产生过的所有思想不会遗失"。在洛克看来，人类的记忆远远没有达到这种水平。他通过发表作品传达了这样一种信息：无论自然记忆如何发挥作用，本质上仍是一种较差的工具，存在检索速度慢以及随时间而衰退的"缺陷"。在洛克关于记忆的全部评论背后，存在着这样一个事实——如果没有特别关注或者采取其他任何措施，我们的思想就会迅速消失，"就像影子掠过玉米地，不会留下脚印或者其他任何痕迹。对于头脑来说，这些影子似乎从来没有出现过"。[239]

　　在一定程度上，洛克并没有参与同时代有关记忆的争论。对于古典记忆术，洛克只字未提，并且没有参与关于记忆的能力与工作原理的探讨。[240] 作为一名医生，他的兴趣在于疾病和生理创伤对记忆产生的影响。他曾对这样一种普遍观点表示认同，"我们经常会发现一种疾病几乎剥夺了头脑中所有的思想"（《人类理解论》，Ⅱ.Ⅹ.5）。洛克的一些早期笔记记录了有关这一主题的各类常见逸事和语录，如塞内加的惊人记忆力、科菲努斯丧失记忆的故事等等。[241] 另外，洛克同样关注了记忆在学习和日常生活中的功能。洛克在法国利用书本、证言以及观察收集信息时，强调了选择和组织的重要性，"对于我们来说，记忆所有细节是不可能的，而且没有必要"。[242] 洛克认为，笔记是一种非常重要的记忆辅助方法，可以出于判断和理性的目的，帮助记忆保留并处理信息。[243] 然而，"我们在研究中出现的重大失误"是花费大量精力去记忆材料，而没有认识到理解思想和论点属于"判断"的功能范畴，并非记忆的功能。[244] 洛克对那些提升记忆力的常规方法所具有的有效性提出了疑问，对提倡死记硬背的各类训练方法进行了猛烈地抨击。他在《教育漫话》这部作品中，针对"儿童应该把事物牢记于心进而锻炼并提升记忆力"的观点提出了反对意见。他认为按照这个逻辑，"演员就是记忆力最好的群体"。洛克认为事实并非如此，原因很简单，"强大的记忆力来自良好的构建，并非来自通过训练完成的习惯性改进"。洛克得出结论，"头脑关注并谨慎对待的事物，被记忆得最牢固"，另外，"如果能够结合方法与秩序，我认为，所有内容都可以通过薄弱的记忆力得以记忆"。[245]

洛克提出了通过书籍或其他信息来源记录笔记的一些方法，此外，他还针对能够对思考起到辅助作用的习惯进行了推测。1704年，皮埃尔·科斯特提到了洛克的建议，"每当我们产生了新的想法，就应该尽快记录到纸面上，以便可以通过观察对其进行更好地判断。人类的头脑无法记忆一长串因果关系，也无法清晰地看出大量不同思想之间的关联关系"。[246]

洛克在《人类理解论》中，把"沉思"定义为"在一段时间内通过真实审视的方式"在头脑中保存"思想"的一种方法。[247] 他对两个相关问题进行了分析：第一，通过"论证"产生的知识，也就是他所谓通过"干预证据"（intervening Proofs）产生的知识，无法维持"直觉"（intuitive）感知的"明显光泽和充分保障"（Ⅳ.ⅱ.4-6）。第二，即便那些"记忆力超群的人"也几乎无法"留存所有这些证据"（Ⅳ. xvi . 1），特别是无法"按照先前记录或观察的某些内容的相同顺序与规律性的结论，进行推导，有时一个问题可能足以写出一大卷作品"（Ⅳ. xvi . 2）。洛克与笛卡尔以及霍布斯的观点相近，他怀疑在"一长串"推论之后是否能够维持注意力（Ⅳ. ii . 6），这种思想链条可能无法保存在记忆之中。因此，书写是唯一可靠的手段，其中包括以简短笔记的形式记录。[248]

洛克曾在生命的最后阶段明确指出，书写（包括简短笔记在内）对于保存并澄清我们的最佳思想而言是必不可少的。这里的相关内容来自洛克写给塞缪尔·博尔德（Samuel Bold）的一封回信。博尔德仰慕并支持《人类理解论》这部作品。[249] 博尔德在对相关问题进行良好论证的过程中，坦言无法跟进自己的思想："我遗失了很多东西……我愿意放过一部分内容，因为我的思想不够稳固且不够强大，我无法在追寻这些思想的过程中得出适当的结论。"[250] 洛克在回信中认可了作笔记的习惯，并提到了培根：

你提到自己丢失了很多东西，因为这些东西从你的头脑中溜走。我也曾有过这种体验。培根爵士曾就这个问题提供了一种可靠的补救手段。我记得他建议，时刻都要准备好笔和墨水，或者其他书写工具。[251]

洛克从更具体的层面敦促博尔德，"一定不要忽略把瞬间产生的所有想法记录下来。我必须承认，我经常忘记记录，时常为此懊悔不已。那些未经寻求便进入我们头脑的思想，在我们拥有的一切思想之中往往是最宝贵的。这些思想一旦消失便不再重现，因此需要对其加以保护"。

洛克在这里提到的内容，与佩蒂、奥布里所谓的那些宝贵的"转瞬即逝的想法""不胫而走的思想"遥相呼应。洛克把记录想法当作介于记忆与判断（理性）之间的一部分劳动内容。他告诉博尔德，后者的问题不在于"头脑"，而是记忆缺乏能力"保存一长串推理，头脑产生这些内容之后非常疲惫，不愿意再次回想。这样一来，内容之间的串联便逃离了记忆，对思想的追寻出现了停顿，推理在得出最终结论之前就被忽视了"。

洛克得出以下结论，这里的内容同样可以作为洛克终其一生记录笔记的结语：

> 如果你未曾进行过尝试，就无法想象在研究过程中持笔与不持笔之间的差别。如果你在寻求思想之间关联关系的过程中进行了记录，那么就可以毫不费力地对思想进行回忆，并轻松地审视。这样一来，你的思想就会把你带到比预期更遥远的地方。试一下，然后告诉我事实是不是这样。[252]

结语

在"新方法"的英文版草稿中，洛克提到他描述的是"我为了帮助自己糟糕的记忆而收集信息的方法"。[253] 目前我们已经接触了各种各样的观点，可以认为，洛克主要把笔记当作一种避免过度依赖记忆或回忆的手段，他的重点在于对可靠的记录进行检索。在《理解能力指导散论》（*Conduct the Understanding*，1697 年）这部作品中，洛克似乎十分乐观，他提到，"书写不过是复制我们的思想"。[254] 这种书面记录可以转移到其他笔记中，并与相关信息进行比较。即便如此，洛克在寻找某一则条目时，使用的方法仍然依赖于对标题（主题）的记忆或者回忆。根据"新方法"的原则所构建的索引与标准的字母索引不同。这种索引没有展示任何人都能查阅和识别的名称与主题，仅仅记录了笔记标题所使用的字母与元音组合以及内容页码。洛克曾提到，选择使用某一种空白处标题的时候，他首先考虑的是，"我认为自己倾向于通过怎样的主题寻找笔记内容"。他认为应该"把主题简化为某个单词"，以便"再次查找"。[255] 洛克制作的索引具有个人化特征，只有了解特定主题或条目位于怎样的标题下方，这种索引才能真正地发挥作用。洛克看到自己的某一则条目时，如来自某本书的一条摘录，条目内容无疑会激发他对来源材料的回忆，或者回忆起条目展示的问题。洛克把自己的日志条目与先前的笔记内容进行结合，将其作为刺激因素激发后续思考。事实上，根据人文主义学者与耶稣会士的传统观点，产生这种附加效果的原因可能更多的是，洛克针对条目内容在他设计归纳的知识地图中的位置，作出了有针对性的判断。

对于英语读者来说，接受并认可洛克的"新方法"，始于他离世后不久于 1706 年出版的两部英文版作品。[256] 其中，由格林伍德出版的一个版本在开篇提到，这种"制作札记"的方法具有"理性与方法大师、已故学者洛克先生"的权威。[257] 这个版本的前言还收录了让·勒克莱尔《批判艺术》（*Ars critica*，1697 年）的章节译文。勒克莱尔曾在这部作品中提出，洛克的笔记方法实现了记忆与判断之间的适当平衡。[258] 勒克莱尔的一些观点与杜波特、霍尔兹沃思等学者的观点相一致，他主张避免抄写大段内容，而是应该记录简短的笔记，这样一来就可以轻松地找到相关内容的来源。他认为应该"标记内容出处"。[259] 勒克莱尔或许认为洛克的方法非常适于实现这种目标，但没有进行详细地解释。文森特·普拉奇乌斯曾为欧洲的"书信共和国"写下了著名作品《摘抄的艺术》，他在这部作品中表达了对勒克莱尔观点的怀疑。[260] 在作品的开篇部分，普拉奇乌斯列出了 8 种有关学术笔记的重要探讨。洛克匿名发表的内容排在了最后一位，属于最新内容。普拉奇乌斯对"新方法"作出了说明，并且对洛克的解释说明进行了总结。[261] 普拉奇乌斯承认这是一种十分新颖且值得注意的索引模式，但他认为这种索引的缺点超过了优点。在他看来，这种方法烦琐，因为在使用过程中为了找到特定标题，可能需要在分散的页面中查找字母组合涵盖的很多个单词。[262] 普拉奇乌斯认为快捷性是索引的首要考虑因素，并提出他对哈里森索引方法的改进更有效。[263]

在此之前，洛克的一部分联络人表达了对"新方法"的接受。洛克的荷兰联络人之一约翰·弗里克（John Freke）曾经在信中提到对个人笔记进行便利检索的问题，描述了本杰明·弗利对"新方法"的反应，"我把你的札记方法转告了弗利先生，他对这种方法很满意，并提到自己的方法与你的方法十分相似。今天上午他把这种方法转告了市长先生。他发现市长先生正在试图找到一种方法，按照特定秩序对概念进行排列整理，以便需要的时候找到相关内容"。[264]

我们目前不清楚弗利提到的是一种怎样的"秩序"，也无法确认市长的方法与洛克的方法相似。这种描述往往会产生误导。博尔德采纳洛克的建议，随身准备一支笔的时候，曾提出这样一个问题："我还想向你询问一个问题，这个问题与你的札记方法有关。已经存在的标题所处的对开页面是否必须完全保持空白，以便添加其他相关内容，还是可以把具有相同字母组合的其他标题添加到空白处？"[265]

在这里我们可以看出，博尔德更倾向于认为，对开页面由首先分配的标题所占据，此后只有其他"相关内容"可以添加到相同的页面中。事实上，对于一部分人来说，洛克在同一幅页面中记录不同内容的方法过于激进。日后，另一名洛克的支持者伊萨克·沃茨，曾在《理性的正确应用》（Logick，1725 年）一书中表达了对"新方法"的支持态度。[266] 沃茨认为，洛克的意思并不是为所有页面预先分配标题（索思韦尔的札记曾采用了预先分配的方法）。另外沃茨主张，从对笔记空间的经济的使用角度来看，忽略字母组合而通过主题来分配页面内容的做法，极大地淡化了洛克的创新，会导致洛克的方法已解决的问题再次出现。[267]

洛克确实能够很好地掌握自己挑选、收集、记录并编制索引的信息。不过我们需要认识到，洛克的活动规模与活动目的仅限于个人层面，没有涉及机构层面。让 - 巴蒂斯特·科尔贝（Jean-Baptiste Colbert）是路易十四时期极具影响力的大臣。科尔贝与洛克处于同一时代，但做法不同。科尔贝确实记录了一些笔记，但他同样把其他人制作并积累的大量笔记和文件据为己有。这种掠夺行为催生了科尔贝出于君主与国家的利益而收集、监管并使用的档案。相比之下，洛克笔记中的所有内容均出自其对各类材料的关注。[268] 通过洛克与玻意耳的沟通，他能够检索在法国收集的信息，以便以后与英国皇家学会交流，洛克的笔记仍然具有与他人进行协作的潜力。不过这些例子取决于洛克具体关注了哪些内容并采取了怎样的行动。在大多数情况下，洛克似乎并没有采取任何特别的行动，而只是横跨很多领域积累了大量材料。他对一部分内容展开了研究和探索，对其他内容则未进行深入地探究。洛克曾暗示了如何对他记录的观察与实验得出的假设进行利用，探索了通过利用方案与标题排列信息的方法，不过他的索引方法主要依赖于那些用于辅助自身记忆的个人化关键词，以便在需要的时候找到相关内容。从原则上来讲，其他人同样可以耐心地挖掘洛克的笔记，进而利用他的笔记，但洛克主要把这些笔记当作未经开发的数据库。在下一章里，我们将看到不同的人——特别是罗伯特·胡克，如何看待那些能够使个人笔记发挥集体价值的各类方法。

第八章—集体笔记与罗伯特·胡克的动态档案

　　为了描述科学革命的关键要素，H. 弗洛里斯·科恩（H.Floris Cohen）提出，数学描述方法、原子论与语料学、以经验为基础的观察和实验，对于获取知识的全新方法来说是至关重要的。但他继续问道："这些'公认现代科学'的核心内容出现之后，是如何持续存在的呢？"[1] 这个问题的一种答案是，字典、百科全书以及其他概述类作品为更广泛的读者针对科学内容进行了总结和编纂，并植入了公共文化。[2] 不过，促使新科学得以巩固的一种最重要且更基础的因素是对笔记、信件以及文件的收集、组织和储存。英国皇家学会成立 6 年之后，斯普拉特就在他的《英国皇家学会历史》（1667 年）中宣称，皇家学会已经成为优秀的情报与信息的保管机构。[3] 他提出，皇家学会成员的核心意图是"忠实地记录他们能够接触到的所有有关自然或艺术方面的作品，以便于当代和后世"能够区分谬误与真理，这种记录行为组成了新知识探索活动的一部分内容。相关材料已经"得到了妥善保管"，皇家学会由此成为"全世界的综合储存机构与自由集散地"。[4]不过，皇家学会面临的挑战不仅是建立档案并接受来自各类来源的材料，而且要对人们合作获取并储存信息以备使用的方法进行指导和规范。这类笔记要求具有适合个人采用的各类协议与激励机制。

我们已经看到，哈特利布、伊夫林、玻意耳、洛克等人对自己的笔记进行了较好地掌控。他们对笔记传统中的一般性规范进行了调整，将札记与日志相融合，并制作索引用来辅助记忆和回忆。玻意耳的案例表明，那些碎片化笔记以及松散的笔记同样能够起到辅助作者记忆的作用。不过，即便玻意耳记录的一些笔记能够像他希望的那样帮助其他人，但仍然无法很好地为记录者之外的他人发挥记忆方面的辅助作用。对于规模大、周期长的培根项目来说，这一类个人笔记具有的局限性显而易见。普拉奇乌斯曾提到过这种局限性。1689 年，普拉奇乌斯针对洛克的"新方法"发表了批评性评论，同时表达了自己对哈里森"研究柜"的偏好，提到了"研究柜"的可移动设置与灵活的索引。在共享的情况下，笔记的价值将不再体现为对个人回忆的提示，而是能够被交流、结合与分析的稳定的信息记录。但这些信息必须通过某种常规方式收集和记录，以确保对于那些未参与最初收集工作的个人来说是易于检索和理解的。笔记共享仍处于起步阶段，但斯普拉特表达了自己的乐观态度，"皇家学会把主要的观察内容缩减为普通规模，通过公开的登记簿进行了记录，直观地传给下一代人，并将永世流传"[5]。

在本章里，我们将探讨英国名家曾经提出或者实践过的各类集体笔记概念。首先我们将看到，皇家学会的一部分核心成员曾针对信息的整理和储存提出了准正式的指导规则。这里的一位重要人物是皇家学会最早的秘书之一（约翰·威尔金斯同样是最早的秘书之一）亨利·奥尔登堡，他从1665年3月开始进行了大量通信联络，为《哲学汇刊》提供了大量内容。我们还会提到马丁·利斯特、约翰·雷、弗朗西斯·威洛比，他们曾经对动植物研究方面的笔记进行了分享和对比。最后我们将看到，罗伯特·胡克有关某种机构内部（如皇家学会）制作、储存并使用培根博物学内容所面临的可能性与困难的重要思考。

培根模型

首先，我们来明确收集笔记与针对笔记方法制定规则之间的区别。在本书前面几章里，我们可以清楚地看到笔记收集方面的内容，哈特利布试图对现存的已故学者笔记进行整理就是一个很好的例子。这一类经过整理的笔记是相关人士一生努力的成果。我们还可以通过奥尔登堡渴望获取在世学者笔记的例子看出，英国名家持续地的收集和整理笔记。奥尔登堡曾积极地敦促丹尼尔·格奥尔格·莫尔霍夫（1639—1691 年）履行承诺，"寄送著名学者古德（Gude，有关农业的文本）的学术笔记……以及有关医学、博物学、数学的其他手稿的目录"。[6]

第二种概念的内容涉及出于集体项目的利益，对笔记的内容和形式进行指导与监督。早在皇家学会成立之前，这类活动就已经具备了可行性。相关内容曾出现在培根的作品以及受到培根的启发的人群进行的活动之中，如哈特利布和他的社交圈。哈特利布的社交圈与法国巴黎马兰·梅森的联络人网络有交集。约翰·威尔金斯和塞思·沃德曾于 1648 年在牛津成立了一家俱乐部，俱乐部成员明显参与了相关活动。这些非正式团体内部具有一种广泛的共识，即这类活动应该划分为两个阶段：首先对书籍和口头报告中能够接触的信息进行整理、简化和记录，然后对新材料的收集进行协调。[7]

《畜牧业遗产》（*The Legacy of Husbandry*，1652 年）这部作品体现了上述第二个阶段的尝试。这部作品的作者为阿诺德·博特（Arnold Boate），但署名为哈特利布。作品包含了一份"字母查询表"，内容罗列了从"杏子"（Apricocks）到"蠕虫"（Wormes）等条目（主要涉及但不限于动植物），每一则条目都包含了相关内容的细节。比如，"爱尔兰有哪些种类的蠕虫？这些蠕虫会造成怎样的危害？如何防治？"等内容。[8]这些内容涉及问卷的一种早期形式，不过条目并没有根据培根和玻意耳针对博物学提出的建议，按照一般性标题进行整理。哈特利布曾针对该作品项目所包含的合作特性进行过思考，他对玻意耳说道："如果你们中间所有聪明的头脑能在各种不同地点留意到任何值得观察的内容，那么我们就能慢慢完全了解全国各地的博物学。"[9]

一些人士曾经公开了自己在信息的协调观察与收集方面的工作内容。培根曾经提到，他担心自己的《林木集》看起来像是"一堆杂乱的细节"，不过拉尔夫·奥斯汀（Ralph Austen）仍然把这部作品当作实证研究的典范。[10] 这部作品包含 10 组内容，每一组均由 100 条观察或实验内容组成。因此对于培根的追随者来说，这部作品是一部强大的指南，为培根倡导的内容提供了补充和修正的起点。1658 年，奥斯汀为玻意耳写下了一组评论，评论内容涉及《林木集》中的"果树、水果和鲜花"第 3 组内容，奥斯汀认为培根曾经"在他的博物学记录中为我们留下了很多内容"。[11] 奥斯汀罗列了培根对某些"实验"进行的总结，并在内容下方添加了自己的"观察"。奥斯汀的很多评论都对培根在实验变化的基础上提到的内容进行了证实和扩展。在培根的第 406 号实验中，用奥斯汀的话来说，"对树木根部附近的泥土进行挖掘和松动，可以促进发芽"。奥斯汀表示赞同，不过他补充说，这种做法无法促进"提前发芽"。第 417 号实验的内容与大树枝的生根能力有关，奥斯汀认为培根进行的这个实验"主要来源于对一般观点的信任"。[12]奥斯汀的一部分评论对培根的作品表达了支持，比如，他曾表示第402号（第2—3页）"是一个很好的实验"，对于其他内容，奥斯汀仅仅表示基本命题在判断方面出现了错误。培根曾作出推论，认为植物的主要营养来源是水而不是土壤，奥斯汀写道："水只能提供一种薄弱、粗糙且冰冷的营养。"奥斯汀对《林木集》的内容作出评论后，挑选了46则条目列入了"一幅能够展示后续实验与观察所包含主要内容的图表"，他认为这些条目可以指导深入研究。[13]

约书亚·奇尔德雷（Joshua Childrey）曾在《培根不列颠》（*Britannia Baconica*，1661年）中表示，他同样把培根当作典范。他希望读者"在读完培根爵士的《博物学的准备》第六条格言之前，不要因为我写下了（在他们的想象中）毫无意义、空虚且无用的内容便对我妄加批判"。[14]奇尔德雷在这里支持了培根的主张。培根认为自己的博物学作品应该包含"札记形式的内容"，但人们可能会认为"把这些内容记录下来毫无意义"。[15]奇尔德雷后来向奥尔登堡提到，他曾经试图本着这种精神使用培根在《博物学的准备》中列出的130个标题。

在 国 王 登 基 大 约 两 年 前 ， 我 为 韦 鲁 勒 姆 爵 士

（Verulam）^①在《新工具》末尾的历史内容专门购买了很多笔记本，每一本大约有 16 页。我在这些笔记本里（按照培根提供的数字和标题）记录了自己在阅读中发现的所有哲学内容，并且（在上帝的意愿下）准备继续记录……我在 1646 年首次倾心于培根爵士的哲学，并且曾在 1647 年至 1650 年尝试过实验（现在我已记不清实验次数）。此外，我还有两部对开本大型笔记本，我把其中一部命名为《自然年表》，另一部的名字为《自然地理学》。《自然年表》记录了干旱、彗星、地震等现象发生的时间，《自然地理学》记录了乡村地区的罕见自然现象。我无法指望能够写满这些笔记本，只有上帝才知道我在有生之年能否写完这些笔记。不过……我打算死后把这些笔记捐赠给皇家学会。¹⁶

目前没有任何迹象表明皇家学会收到了奇尔德雷的遗赠。但从这里可以看出，热心的笔记作者认为皇家学会可以受益于在培根启发下完成的笔记。虽然这些笔记并非来自培根博物学提到的合作。安东尼·伍德曾提到，奇尔德雷于 1670 年 8 月 26 日离世，"此前从未加入皇家学会"。¹⁷

---

①韦鲁勒姆爵士即培根。——译者注

作为集体信息的谚语

　　约翰·雷的《英国谚语集》(*Collection of English Proverbs*，1670 年)同样是一个十分有趣的例子。通过这部作品我们可以看出，约翰·雷试图把现有的未经开发利用的信息来源作为未来研究的基础。约翰·雷描述了自己 10 多年来的工作方法，"我阅读了所有能够找到的已经印刷发表的目录，随后观察了其中所有的常见内容。另外，我请在英国几个地方的朋友和联系人从事了类似的观察和研究。他们为我提供了莫大的帮助"。随后他补充了"读完这些目录偶然发现或想起的内容"，他把所有内容按照"健康、畜牧业、爱"三种主题或标题进行了整理。我们可以在"健康、饮食与生理"这部分中看到，"午夜前睡一个小时抵得上午夜之后睡两个小时"，"饮酒会得痛风，不饮酒也会得痛风"，"勤洗手，少洗脚，不洗头"，等等。[18] 一位学者曾指出，"雷多才多艺，他最重要的作品之一可能与植物学或者博物学毫不相关"。[19] 但也有相反的说法，雷的朋友为他收集了"多达数百条"新谚语，针对各类内容积累了共同观点，内容范围可以扩展和修改，为进一步的博物学研究奠定了基础。[20] 考虑到这一点，雷筛除了"所有关于占卜、日期、小时等具有迷信色彩且毫无根据的内容……我希望这些内容能够从人们的记忆中完全抹除，不应以任何方式传递给后世"。[21] 在第二版作品中雷提到，他删除了一些包含下流词汇的谚语。但如果他对内容作出了判断，比如，发现包含了有关"人体排泄物"等方面的重要内容，就会对谚语进行保留。[22]

　　雷对自己收集的内容进行了一些初步分析，对一些谚语进行了注释。如果能获得实证观察的机会，他同样乐于推翻或者证实一些观点，并按照时间和地点把修改情况记录下来。在有关农业和天气的 49 条谚语中，共有 11 条包含了雷添加的内容。[23] 比如，雷在"如果青草在一月生长，那么就不会全年生长"这条谚语下方增加评论，根据最新信息，"任何规律都存在例外情况，比如，1677 年冬季的天气非常温和，一月的牧场遍布青草，不过，同年夏天的牧草收成仍然超过了往年的普遍情况"。对于"冬季绿意盎然，教堂墓地拥挤"的谚语，雷补充道："这句谚语在 1667 年就已经被推翻。当年冬天的天气十分温和，但第二年的夏天和秋天并没有暴发流行性疾病，也没有出现死亡率攀升的现象。"[24]

　　一些读者在《英国谚语集》第一版的激发下，"搜索了自己的记忆，尝试回忆了相关内容"，因此雷认为这部作品的内容会随着时间的推移而增加。[25] 他在对"谚语"进行定义的时候遇到了困难，不过仍然把"博学与聪明人士为我寄送的内容"包含在材料范围之内。因为他对经验内容的兴趣，超过了他在收集共同观点时涉及的文学或社会学层面的顾虑。[26] 雷对谚语的收集显然是一次文本练习活动。但他收集的谚语以及作品中的实证内容附录，与奥斯汀和奇尔德雷分别以培根的《林木集》和《博物学的准备》作为出发点，以合作形式收集信息的活动类似。皇家学会需要达成的目标是鼓励出现一种合作方法，这种方法不依赖培根提供的具体观察结果。

机构笔记

斯普拉特曾经提到，为了对特定作品进行"消化"并将其转化为"手稿卷"，皇家学会已经针对研究范围之内的领域成立了委员会，对"各类存在的书籍进行阅读"。该委员会关于信息收集的早期思路，以个人笔记的经验为框架。斯普拉特在描述"初步收集"时曾提到这一点。他解释道，研究人员的习惯性做法是"通过他人的观察、书籍、自己的经验或者普遍观点等来源，对自己的想法或者有关的记忆进行转化"。[27]皇家学会设想了一种内容更丰富、广泛程度超出个人能力范围的信息库，对那些利用传统方法收集的信息进行指导和保护。

其中最受青睐的工具之一是一份问题列表，这份列表以哈特利布的出版作品提出的"疑问"为主线。1661 年 12 月 5 日，在布龙克尔（Brouncker）爵士和玻意耳的建议下，皇家学会把一些问题写入登记簿，组成了列表中最早的内容。这份列表由 22 个问题组成，很多问题包含了发送至特内里费岛（Teneriffe）的特定的观察和实验指令。[28] 玻意耳的"博物学一般性标题"采用了类似的方法，不过这里的内容推荐使用了更广泛的分类标准，以便后续提出更具体的要求。[29] 奥尔登堡曾经提到，这些"一般问题"即将出现，随后他收到了亨利·朱斯特尔（Henri Justel）自巴黎发来的热情回应，"我到处与人谈论你的这项好计划……创造一部博物史，也是为了在学者群体中激发仿效精神，并促使他们模仿你"。[30] 斯普拉特曾提到皇家学会采用的方法：

他们对各类问题进行收集与传播的方法是这样的：首先要求一部分专门人员，在他们身处的国家，对各类自然和人工制品的相关论述和说明进行研究。与此同时，雇人与水手、旅行者、商人等人士交谈，获取质量最好的信息。随后把这些来自人群和书籍的信息相结合，编写有关各地可观察事物的问题列表……出于打造一般性博物学的目的，他们针对需要观察的事物编写了问题列表和指导：为了编写空气、大气和天气方面较完美的历史作品，需要留意哪些内容等等。[31]

通过这些有关信息的要求可以看出，札记传统中的标题可以成为博物学与实验研究提出的问题，通常类似于培根提出的特定主题。不过这里存在一个问题，一部分内容可能引发各种奇闻逸事，即便那些具有中性特征的问题，也可能频繁地产生倾向于奇特现象的报告，而不是像培根要求的那样，针对普通或普遍现象的不同表现形式产出观察结果。[32]

奥尔登堡在 1669 年写给比利时数学家勒内·斯吕塞（René Sluse）的信中，曾把《哲学汇刊》描述为"哲学札记"。[33] 这种类比的一个直观解释为，《哲学汇刊》包含了各种信件和文章，特别是在按照主题进行检索的情况下，可以发挥一种个人笔记的作用。这种对比具有很重要的意义，但我们必须强调，二者在原则方面仍然存在差别。奥尔登堡的信息汇集概念与传统札记的特征产生了背离：他没有在既定标准所产生的材料中进行挑选，而是肯定了那些可能不会引起注意的渺小且明显不重要的记忆、观察或者报告具有的潜在价值。

胡克对这种做法表示支持。约翰·卡特勒（John Cutler）伯爵所捐赠的胡克作品中包含了一篇未发表的演讲稿（据猜测，创作时间为 17 世纪 70 年代）。胡克在这篇演讲稿中强调，他的赞助人所设想的"哲学历史"无法通过"世界上最有能力且最有成就的个人借助努力"来实现，当然也无法通过"我那微弱的能力"来实现。因此，胡克提议利用其他人提供的内容，并承诺，"无论我从所有人那里获得了怎样的帮助或信息，都将及时地逐句记录相关内容，并记录获取时间与提供人的姓名"。他还在一条重大的限定条件中补充道，如果这些信息包含了"任何新颖、重要且简短的内容，将根据获取时的情况逐字发表"。胡克希望通过这种方式记录那些看起来似乎"体量不够"或者不适合发表的内容，把"很多卓越的内容从遗忘中解救出来"。[34]1677年9月奥尔登堡离世，《哲学汇刊》中断了四年。后来罗伯特·普洛特（Robert Plot）接任编辑，明确了此前已经确立的一种态度。他提到，应该把这份刊物视为"一部便利的登记簿，用来介绍并保存很多无法以著作形式发表的实验，否则这些实验可能遗失"。[35]

皇家学会关键成员的这一类言论，实际上提议把登记簿和《哲学汇刊》当作机构笔记使用。胡克通过鼓励的方式提出建议，认为所有信息提供者应该能够"查看登记簿"，检查"各类历史观察或猜想"是否按照"传达时采用的秩序"进行了适当地记录。[36]对于那些勤勉的联络人来说，皇家学会可以发挥一种仓库的作用，用来储存比尔所谓的那些"混杂"的观察和实验。胡克曾在《哲学汇刊》创刊第一年为奥尔登堡提供了自己收集的内容。比如，他曾在1666年9月24日的一封信中，描述了干旱对橡树、含盐水源特性以及冬季霜冻过后鳗鱼产量的影响，这三种观察之间存在松散关联的关系。[37]马丁·利斯特也曾通过《哲学汇刊》记录自己针对昆虫的持续观察，观察内容通常直接取自他所谓的"我的私人笔记"。利斯特认为，可以要求奥尔登堡持续更新相关内容，比如"在我上次提供的内容后面附加一篇最新观察"。[38] 在本书第五章里，比尔曾声称自己没有按时记录笔记。不过，通过向奥尔登堡提供内容，比尔可以把《哲学汇刊》或者登记簿当作一种可以查阅的笔记，并且能够通过索引进行检索。他曾经把 1670 年 3 月与 1671 年 1 月发表的内容的序号编写为一部索引。[39]

奥尔登堡意识到，诸多联络人提供的那些离散的特定内容需要以某种方式进行引导。1666 年 1 月 27 日，他向玻意耳提到，胡克向他提供了关于"一种博物学写作方法"的一篇文章。[40] 玻意耳于 1666 年 4 月发表的"博物学一般性标题"涉及胡克文章的相关内容，他还在 1666 年 6 月 13 日的一封长信里描述了"我关于博物学的设计"。[41] 玻意耳曾在"博物学一般性标题"中提出了"非常综合且极具指导性"的研究主题（有关天空、空气、水、泥土等方面的内容），他后来提到的内容则更加具体，涉及"体"、"质"（如冷、热）、"物质状态"（流动、坚硬、有生命、无生命）、自然过程等方面的历史性内容。[42] 此外，他还试图为那些潜在的观察者提供适用于不同科学领域且更加具体的知识框架。在"预期"（desiderata）内容里，玻意耳对数学仪器的使用和"化学"操作进行了说明，列出了旅行与航海主题作品的"主要作者的姓名"，还提供了有关各类自然现象的主要"假说"方面的"总结"或者"简短考察"，比如"逍遥学派（Peripatetik）、笛卡尔学派、伊壁鸠鲁学派"等内容。玻意耳这样做并非把相关假说作为博物学的"基础"，而是为了抵消大型系统或理论对观察的扭曲。玻意耳提出，留意这些强大的"理论"，可以"告诫一个人在一项实验中，对他可能注意不到的各类情形进行观察"。[43]《关于冷的新实验与观察》体现了玻意耳的这一立场。玻意耳解释道，他并没有提出"有关寒冷原因的任何特定假说"，因为只有完成"历史部分"，他才能"对现象进行考察和对比"。在邀请他人加入这项研究的同时，玻意耳意识到，材料的呈现可能会产生一定的影响。一方面，他不希望"把我的各种实验杂乱地排列在一起"；另一方面，他不想强行使用某种倾向于特定理论的排列方式。因此，玻意耳把自己的材料按照21个"综合主题"进行了划分，鼓励读者添加"其他实验或观察"，或者创造其他新主题。玻意耳采用了培根在《林木集》中使用的方法，拒绝采用"某种严格的方法"，因为严格的方法可能阻止他人自行添加内容。[44]

即便这些关于观察的建议得到了重视，仍然存在另一个问题——如何记录相关信息，并转写为奥尔登堡邀请他人提供并最终收到的笔记和信件。玻意耳在一篇题为《设计》（Designe）的文章中提出了"对构成历史主体的细节进行传达"时的适当"写作方式"的问题。[45]在相关内容方面，胡克的"记录天气历史的方法"更加具体且更有雄心，他提供了一幅用来记录观察内容的表格（或称为"方案"）。斯普拉特引用胡克提出的内容作为皇家学会早期成就的证明，同时斯普特拉提到，通过这些内容可以看出，为了促成"一部有关空气、大气、天气的完整历史"需要完成哪些方面的工作。除了风向、温度、湿度、气压栏目，胡克还列出了一栏包含流行性疾病等内容的"显著效应"以及"天空表面"栏。"天空表面"栏包含一些定性术语，比如"天空具有很多细小且高度较高的气息，会呈现毛茸茸的样貌，形似毛发、麻片或者亚麻片"。[46]1663 年的皇家学会会议纪要要求把这篇文章"发给一直从事天气变化观测工作的若干人士"。[47] 胡克提出的"方案"一经采用，就可能为记录相关观察内容的私人笔记提供一定程度的统一性。洛克的天气登记簿记录始于 1666 年 6 月 24 日，他有可能采用了胡克提供的模型，或者遵循了玻意耳于 1666 年 4 月记录气压读数的方法以及如何把相关内容记录到日记中所提出的建议。[48] 奇尔德雷曾在 1669 年年中寄给奥尔登堡的信中很好地描述了建立一种适当排列方法所面临的困难，并附上了 1668 年 1 月至 1669 年 6 月 30 日的天文观测记录。这些记录出自他的一位朋友之手，一名"年轻忧郁的绅士、一名学员"。奇尔德雷写道，这位朋友"答应我会一直观察并记录，我相信他会的。（我认为）他更适合进行这方面的观察，原因是他没有受到占星术的影响或者（更确切地说）

毒害，更有可能保持公正"。[49]

虽然这名年轻人持有一种有利于相关领域研究的立场，但是"无法轻易被说服。我向他提供斯普拉特先生历史著作中的天气概况时发现了这一点。当时我要求他把相关内容作为范式，并提供了我的深入指导，但他不愿遵从"。

奇尔德雷的这位朋友的抵触态度或许并非个例。在这里可以看出，皇家学会在对要求他人提供的信息与实际获得的信息进行标准化时面临着困难。

为了利用收集的信息作出比较性推论，信息提供者需要接受一些涉及他们研究调查工作的协议。奥尔登堡和他的一部分联络人发现，这种要求超出了哈特利布曾强调过的对有价值的信息进行整理的范畴。本杰明·沃斯利（Benjamin Worsley）提出了更进一步的建议，呼吁长期有条理地收集新数据。17 世纪 50 年代晚期，沃斯利在谈到天文学和本命占星学时曾解释道："我指的是持续进行观察并且记录观察日记，然后为我们提供有关天气观察和天气各方面变化的历史记录或日记，每天提供关于地点、动向或者方位的描述。"[50]

普洛特曾于 1674 年为自己的作品《牛津郡博物学》（*Natural History of Oxford Shire*，1677 年）列出了一系列问题，用于收集材料。沃斯利提到的内容可能在一定程度上偏离了"正常要求"，不过普洛特同样认为需要在信息方面建立一种基准。[51]普洛特认为，想要获取 1666 年 5 月 10 日出现在牛津郡的"雷电风暴"的相关描述并非难事，但他想知道，如果能够获得"过去几年中每个月及每一天的所有天气情况"是否更有利于研究。[52]在谈到博德利图书馆的一份手稿时，普洛特提到，牛津大学墨顿学院（Merton College）的威廉·默尔（William Merle）曾在 1337 年至 1344 年持续地记录了天气情况。此外，普洛特同样提到了同时代人士——"博学且善于观察的比尔博士"，比尔曾在 1673 年 1 月的《哲学汇刊》中呼吁那些"年历制造者"对每天的天气情况与异常现象进行记录。[53]

　　在比较性数据和其他很多问题方面，比尔是与奥尔登堡合作时间最长的联络人之一。不过奥尔登堡也曾经尝试把一部分研究工作转交给玻意耳。[54]比尔的一部分书信内容反映了思想之间的自由结合，但他秉持的态度反映了一种转变——从哈特利布对手稿、书籍和证言的专注转向收集全新科学信息的常规流程概念。在《赫特福德郡果园》这部早期作品中，比尔意识到需要根据普通经验知识来检验书籍中提到的主张。他写道："几年前我曾读到一篇有关果园的小论文……在这篇论文里我发现了很多在我看来十分离奇的推断……这些内容与我们的日常活动不一致。"[55]有人认为比尔的一些观察具有"混杂"的特点（该评论可能来自奥尔登堡），比尔本人确实曾经提到，这些观察内容可能"不值得为了应用于时间和地点相似的情形而进行记录"。[56] 比尔曾声称自己不依赖笔记，或者至少可能不依赖札记，但他显然会针对一些经验内容记录笔记。1666 年 1 月，奥尔登堡转交了比尔有关气压读数的一篇报告，"我现在没有仔细查阅笔记，但有一次我惊讶地发现，气压计指数在一天之内下降了四分之三英寸"。[57] 因此，玻意耳要求在"天气和风的情况产生变化"之后确认气压下降情况时，比尔能够迅速回应。[58]

17 世纪 70 年代，比尔提出了"信息聚合是唯一选择"的概念，因为"通过这种方法，我们在几年之内学到的内容，可以超过我们在短暂且脆弱的一生中随机学习的内容"。在普洛特引用的内容里，比尔希望"当前一年的同一个月同一天发生的天气、其他重要事故以及现象再次发生时，一些灵巧的年历制造者能够作出忠实且公正地描述（而不是依靠猜测）"。他相信，这种做法可以构成比较的基础，使人们能够"以各种方式利用这些信息"。[59] 比尔提议，还可以通过这一原则来收集其他类型的信息，比如伦敦市场出售的小麦、黑麦、大麦、豌豆、黄豆、燕麦等农产品的每月"最高与最低"价格，"男性和女性出生、死亡、瘟疫等情况的每周记录"，等等。[60] 比尔举例说明，1670 年他在报告中写道："我查阅了自 1664 年 5 月 28 日至今，自己在《星历》中记录的内容，发现这段时期中未曾出现过这次圣诞节的寒冷程度。"有了这些记录，比尔就可以认为，"与此前的冬季相比，最低温出现在 1665 年 12 月 17 日"。[61] 比尔呼吁对信息进行更加协调地整理，他的观点得到了普遍接受。不过集体笔记行为无法保证提供充分的比较基础。[62]

朋友之间分享笔记

通过雷、威洛比以及利斯特的活动，我们可以看出较小范围内的笔记情况。自 17 世纪 60 年代开始，他们已经成为朋友和合作伙伴，针对动植物方面的一系列博物学主题记录了笔记并分享。分享笔记的成果之一是植物、鸟类、鱼类、昆虫方面重要目录的出版。他们的工作依赖现有的文本资料，比如格斯纳、乌利斯·阿尔德罗万迪（Ulisse Aldrovandi）、马格努斯·奥劳斯（Magnus Olaus）的作品，不过雷强调他们需要对某些信息的独立来源进行核对，寻求可靠的证言，并尽可能地使用一手资料。在解释他与威洛比在鸟类研究工作中采用的方法时，雷向读者保证，他们没有对现有信息进行"拼凑"，而是"仅仅纳入了我们可以根据自己的知识和经验证实的细节，或者可以通过优秀作者的证言、足够的证人获得的保证"。他们准备排除所有不符合这些标准的描述，这样做的一个很重要的原因是，不符合标准的描述可能致使物种数量无故增长。[63] 布赖恩·奥格尔维（Brian Ogilvie）曾提出了"描述的科学"这一概念，在

相关领域中，详细的描述、插图、目录属于"对观察、记忆和
经验进行长期浓缩的最后阶段"。雷、威洛比等人在该领域占据
了一席之地。[64]

　　1600 年前后人们开始质疑，为物种分配样本时，是否应该
依靠记忆进行详细地描述。然而这种做法在当时显然已经成为
标准操作。17 世纪出现了博物学家个人记忆力惊人的故事，不
过各种逸事常常也会提到他们使用了笔记。格雷戈里奥·玻利
瓦尔（Gregorio Bolivar）是 17 世纪初生活在南美洲的一名西班
牙方济会修士。在一篇谈话记录中，罗马灵采学院（Academy
of the Lincei）秘书约翰尼斯·费伯（Johannes Faber）提到，格
雷戈里奥·玻利瓦尔借助笔记激发了超常的记忆力，"我的读
者，我向你发誓，到目前为止我从他口中和笔记中获得的内容，
他全部凭借优秀的记忆力进行了描述，且没有借助任何书籍。
他仅仅通过一种类似于纲要的工具对所有内容进行了整合"。[65]
医师兼博物学家坦克雷德·鲁宾逊（Tancred Robinson）曾通过
类似的表达方式对雷作出评价："我非常高兴能够看到编纂一部
植物通史所需要的庞大的记忆、精准的判断以及广博的学识。
这项工作只有拥有非凡才能的你胜任。"[66] 不过，雷在 1685 年
写给鲁宾逊的信中强调了笔记的重要性，"如果我有威洛比先生
的笔记，我相信一定可以找到比其他作者描述得更详细的有关
欧雅鱼的信息。我可以确定，我们曾经不止一次对这种鱼进行

描述……但不幸的是，我丢失了所有关于德国高地和低地的笔记"。[67] 雷知道，丢失笔记意味着丢失信息。

雷的社交圈把自己的笔记视为博物学研究的一种基础工具。在剑桥期间，雷和威洛比是詹姆斯·杜波特的学生。杜波特曾着重强调，袖珍笔记本上的简短笔记具有很重要的价值。与菲利普·斯基庞（Philip Skippon，雷的一名学生）前往欧洲大陆旅行期间，雷和威洛比对各类细节进行了仔细地记录。1673 年，雷发表了他们的观察记录。这部观察记录的大部分内容采用了日记条目的格式，内容可能来自雷的日志以及威洛比独自在西班牙旅行期间完成的记录。[68] 他们曾在 1663 年至 1664 年的冬天暂住于意大利帕多瓦，在参加了当地大学的解剖学讲座，并在解剖学家彼得罗·马尔凯蒂（Pietro Marchetti）的家中目睹了一具女性尸体的解剖。威洛比的文件中包含了有关这次解剖的一部内容丰富的笔记与评论性内容，这次解剖由马尔凯蒂的儿子安东尼奥主刀。[69] 这部笔记共 35 页，观察内容的编号从第 12 页一直排列到第 32 页第 165 条。威洛比在自己的西班牙旅行评论中采用了类似的方法。在《航行与旅行作品集》中，雷编写了几名旅行者的描述，认为德国医师莱昂哈特·劳沃尔夫（Leonhart Rauwolff，1535—1596 年）对黎凡特地区的描述确实出自普通笔记，"在这三年里，我把每天看到、学到以及体验到的所有内容……按照良好的秩序记入了一部袖珍日志，作为终生留念"。有人要求雷发表一篇报道，雷说道："我重新浏览了自己的旅行笔记，无论发现了怎样的特殊内容，我都转抄到了一部专门的笔记中。我把这部笔记按照我在几个国家旅行的情况分为三部分，并已交付印刷。"[70]

从雷与利斯特的互动情况同样可以看出雷关于细致的笔记具有的必要性的观念。[71]1666 年 2 月，雷和利斯特在旅行途中于法国相遇，同年又在剑桥会面，随后两人便开始了书信往来。[72]雷把利斯特看作一位同行旅伴，认为利斯特坚持"用自己的眼睛去观察，通过书籍对各类事物进行对比，而没有怠惰地依赖任何大师的指示"。不久之后，雷开始寻求利斯特的建议，为自己的剑桥郡植物袖珍笔记目录添加内容，并且对利斯特的蜘蛛研究工作给予了鼓励。[73]在探讨古人记录的内容时，雷和利斯特达成共识，认为有必要在所有的博物学领域中积累各类细节。利斯特最初曾因老普林尼的《博物志》缺少详细描述而惋惜，不过在雷对这部作品的价值作出解释之后，利斯特的态度发生了转变，"我记得你曾经帮助我消除了对普林尼的偏见，从此之后我一直把普林尼看作伟大的学识宝库"。[74]培根曾认为普林尼的事实收集相对缺乏价值，利斯特后来批评了这一观点。利斯特认为，这种草率的谴责违背了培根树立的原则，"因为如果一种特定的性质或现象在某些特定的事物中能够得到更加明显地展示，那么毫无疑问，我们拥有的特定历史数量越多，愈发能够从中得到更为丰富且清晰的认识"。他接着提到，在自然事物的内部结构和基本原理方面，"我认为对于那些超越了我们通过特定实验获得学识的事物，绝对有必要进行精确且细致地区分"，因为这种理解属于"博物学的后续内容"。利斯特曾试图说服雷为他即将发表的《英格兰植物目录》（*Catalogus plantarum Anglicae*，1670 年）序言添加一篇方法论声明。雷同意"特定和精确在博物学中的有益之处"，但补充道，自己不想把序言扩充为一部小型著作。不过雷显然认为精确且详细的观察是所有博物学领域的基础，每一种领域都"足够一个人穷尽一生研究"。[75] 因此，笔记的收集工作不可或缺。正如利斯特曾坦言："我不是什么神秘的学识渊博人士，不过我认为自己可以让每个人变得自由且健谈……我们的生命如此短暂"。[76]

高质量的笔记不仅可以长期保存信息，而且可以与外界分享并交流。鲁宾逊曾于 1684 年说道："我的私人札记在植物方面确实包含了一些奇怪的观察和实验，不过我认为这些内容具有实用价值。"[77] 雷和利斯特在书信往来早期已经开始通过个人笔记的内容交换信息。1667 年 7 月，雷未能在剑桥见到利斯特，于是他自威洛比在沃里克郡（Warwick Shire）的米德尔顿庄园（Middleton Hall）致信利斯特，请利斯特"今年夏天花一些精力研究草类植物，以便我们可以对比笔记"。[78]1669 年末，雷和利斯特针对一部"英国植物总目录"交换了笔记。雷向利斯特承诺，"通读你所有的笔记，写下我不了解的内容以及我在英国尚未见到的物种"。[79] 利斯特为雷寄来了干燥植物样本和他的"蜘蛛列表"，并提到威洛比"可以随时随意索要我的文件"。[80] 威洛比通过雷向利斯特提到，仅仅利斯特目前记录的"31 种蜘蛛"，英国的种类数量可能已经是一倍了。[81] 在通信过程中，雷和利斯特借助笔记相互提供答案或者提出问题。比如，提到梧桐树汁液的流动问题时，利斯特提到，"7 月初我切下了一块大约一英寸见方的树皮，树皮距离地面大约等于我的身高"。两个月后，利斯特再次提到，"我在自己去年的日志中发现，特别是在 12 月 17 日，这棵树渗出了大量汁液"。[82] 雷"查阅了自己 1668 年的笔记"，作出了回应，并且提供了他从柳树和梧桐树上砍下树枝后汁液渗出情况的观察内容。[83]

除了通过书信交流笔记内容，利斯特还与奥尔登堡保持着密切的书信往来，为《哲学汇刊》提供了材料。利斯特向雷提到，他可以通过查看《哲学汇刊》获取信息，"我已经向奥尔登堡先生提供了梧桐树渗出汁液的笔记"。[84] 后来雷把威洛比的笔记和文件整理为《鸟类学》(The Ornithology，1678 年)，利斯特曾在信中写道："我的笔记在鸟类主题方面非常不足。"[85] 不过他们在其他领域同样进行了卓有成效地共享，除了植物还涉及昆虫和鱼类方面的内容。威洛比离世之后，雷作为威洛比的遗嘱执行人继承了这些主题以及鸟类方面的材料。[86] 了解到雷的兴趣领域和他掌握的材料范围之后，鲁宾逊敦促雷以"一部自然通史"为目标进行研究和写作。[87] 利斯特和雷通过书信往来交换了笔记，笔记附带日期和详尽的细节。我们据此可以推测，交换笔记是这种百科全书式项目的关键组成部分。

我在本书中一直强调，笔记的作用不仅仅是保存信息，还可以帮助笔记作者激发回忆和思考。值得注意的是，雷和利斯特在没有查阅自己的笔记的情况下，往往拒绝回答问题。他们还在提炼思想的过程中对旧笔记进行了回顾和补充。利斯特曾在 1669 年提到，他一直"把上一年的笔记添加到之前的笔记中，并且发现了很多内容，足以对各个方面进行修改和调整，特别是我发给你的（蜘蛛）列表的内容"。在谈到树的"汁液"时，利斯特提醒雷："我的这一类笔记大部分只记录了一年，我不愿冒险作出未经提炼的猜测。"[88] 通过其他内容也可以看出，利斯特重新浏览了自己的笔记，"上个月我重新写了一部蜘蛛史（自从我按照各种顺序整理笔记以来，这是第四版），并且添加了去年夏天所有的观察和实验"。[89] 另外，利斯特和雷似乎针对笔记的使用进行了思考。利斯特曾澄清道："我有时会使用笔记，有时则依赖自己的记忆。"[90]

对于雷和利斯特来说，笔记不只被认为是获取之后进行交换的原始数据，同样能够为作者扩充经验和理解。特别是利斯特，他一直对自己的笔记进行扩充、回顾和整合。利斯特曾经向奥尔登堡展示了自己的这种倾向，他向奥尔登堡提到，"如果我有时间对我发给你的笔记进行扩展"，那么想重新思考此前作出的一些评论。[91] 各类问题可以使人重新回顾旧笔记中的内容，这些内容反过来又可以引发回忆和更深入地质疑。我们可以看到，对个人笔记持续地阅读、思考与回忆，同样构成了玻意耳思维风格的基础。个人与个人笔记之间的紧密关系无法完全传递给他人。不过雷和利斯特在沟通中可以做到相互理解，在 10 多年里，他们可以很轻易地把对方的笔记整合入自己的研究工作。在他们这种小型合作关系之外，笔记能否以同样的方式发挥作用仍然值得怀疑。1692 年，奥布里为雷寄来了自己收集的博物学和其他方面的大量笔记，但效果与雷和利斯特定期交换材料相比存在很大差别。雷回应奥布里的时候提到，"我已经仔细地读过你的《物理杂录》，但是出于内容和观察的多样性与稀缺程度的原因，我需要重复阅读。"[92] 几个月后，雷再次阅读了这部作品，他敦促奥布里出于"为他人带来益处与指导"的目的，尽快发表作品。雷还强调，奥布里应该"在自己的有生之年"发表作品，因为遗嘱执行人在发表工作中可能不会尽职尽责。[93] 通过雷和利斯特之间的对话可以看出，奥布里的笔记如果能在少数合作者之间持续地进行交换、吸收与整合，将会收到更好的效果。

构建"哲学储存库"

皇家学会等机构主持的集体笔记，无法在信息和思想方面进行如此密集地分享。不过皇家学会能够做到积累大量信息。斯普拉特曾提到，皇家学会"有一种登记制度，可以针对所有内容记录笔记。这些笔记随后可以简化为日志和登记簿"。[94]迈克尔·亨特曾对皇家学会"近乎痴狂的记录行为"进行过评价，而莫迪凯·范戈尔德（Mordechai Feingold）强调，自皇家学会成立之初，获取和保存相关材料已经成为这家机构的核心业务。[95]学会成员和联络人按照要求发送所有信息之后，皇家学会将怎样处理这些信息呢？斯普拉特曾把皇家学会称为信息"仓库"，那么这家机构如何对信息进行挑选、组织和储存，以备当下和未来使用呢？

一些早期迹象表明，皇家学会对相关工作内容予以认可，但没有进行很好地执行。1665年7月，皇家学会成员为了躲避瘟疫而离开了伦敦，奥尔登堡向玻意耳询问应该如何处理"由我保管且属于皇家学会的那些书籍和文件"。[96]这表明皇家学会没有专门的物理空间来保存纸质档案，而不像格雷沙姆学院那样在房间里使用橱柜或者展柜存放了物品和标本。[97]同年11月，奥尔登堡在信中告诉罗伯特·莫里（Robert Moray）伯爵，与皇家学会保存的手稿相比，通过胡克的《显微术》更容易找到他想了解的"小型浅湖的形成"。奥尔登堡坦言："我无法直接打开盒子去查看资料，所有东西都会陷入混乱。"[98] 两年后，奥尔登堡向玻意耳提到自己需要独自处理大量资料并提出抗议："我敢肯定，没人能想象我一周之内需要处理多少文件和著作……我承认已经尽力付出了耐心，但是由于忍耐时间太长，我不确定是否会失去耐心。"[99]

西奥多·哈克曾针对文件的存放位置、安排和管理提出解决方案，由此可见，当时这些内容构成了问题。哈克在 1662 年 11 月 5 日的会议纪要中提到，他此前已经"提出了一种简单的储存方法，并希望向整个学会传达这种方法"。同年 11 月 19 日，哈克向皇家学会示范了"他的储存方法"。[100] 哈克当时很可能以哈里森的"研究柜"为主线推荐了一些内容。哈里森经济拮据，但他设计的"研究柜"曾为国会文件提供了索引方法。一部分皇家学会成员认为，当下亟须提出解决方案，使文件得到妥善安排并易于获取。1674 年的一份意见书提出，国王作为皇家学会创始人，应该仔细地阅读"学会的日志和其他书籍"，另外，应该有"一部审慎编写与呈现的目录或者文集"来展示工作进展。[101]1677 年 9 月 24 日的一份委员会决议提出，"与皇家学会有关的所有文件和书籍都要保存在仓库或图书馆中"。[102]当时，皇家学会保存文件与获取文件的管理水平似乎存在很大差异。1674 年，约翰·霍斯金斯曾饱含谢意地提到尼赫迈亚·

格鲁（Nehemiah Grew）的储存目录，声称这部目录使人们"突然之间能够找到事物的相似之处和差别之处"。[103] 不过，皇家学会的其他档案工作似乎仍然未能取得这样的进展。[104]

皇家学会提出或者其他人代表皇家学会发布的早期公开声明，对信息的收集工作采取了一种自由主义立场。斯普拉特在他的《英国皇家学会历史》（1667 年）中解释道："皇家学会的目的是对混合的大量实验进行积累，无意把各类实验归纳为完美的模型。因此皇家学会没有按照任何学科秩序对自身作出限制。"斯普拉特拥护这种政策的价值，认为，"如果登记簿更有条理"，那么可以看出，特定的秩序是一种不成熟的做法，会产生反作用。[105]1668 年，格兰维尔对斯普拉特的观点表示支持，肯定了"为后世保存资料"的需求。[106]1670 年，玻意耳手册的出版商似乎表达了类似的态度。这位出版商（可能在玻意耳的同意下）提出，通过作者几部"松散的手册"可以看出这种倾向的合理性，因为作者的"这些作品以及其他物理学著作的主要目的是为博物学提供资料，只要作品内容足够丰富且相称，就达到了目的。不对作品存入'哲学储存库'时包含的秩序和关联等方面作出限制"。[107]

此前，玻意耳曾在《关于冷的新实验与观察》（1665 年）的公告里表达了另外一种态度，强调作者应该对自己发表的内容保持谨慎，确保"任何对推演出的公理和理论产生不良影响的内容不会进入哲学的仓库"。[108] 当然，玻意耳的作品与皇家学会的档案之间存在差别，不过这里的主要问题是，输入的信息应该以怎样的程度进行过滤。玻意耳在《关于实验自然哲学有用性的一些思考》第二卷中采取了一种比较宽容的立场，认为，即便人们还没有认识到材料包含的全部意义，大多数材料仍然应该保存。他把自己的作品看作这样一种储存库，"坦率地说，这一卷的意图并非尽可能地完善，而是希望对我的其他作品中一些零散的实验和评论进行保存，以防丢失"。[109]

罗伯特·胡克曾是玻意耳的助手，1662 年 11 月开始任职皇家学会的实验管理人。17 世纪 60 年代初，胡克开始思考挑选并储存信息的最佳方法。他希望在收集笔记和文件的同时进行处理，随后再把相关信息分配到由皇家学会保存并由指定成员管理的笔记中。在他看来，制作笔记的整个过程包括对信息进行挑选、分类和安排，不应该止于获取材料的阶段。雷和利斯特频繁地分享和对比笔记的做法，无法轻易地在机构层面得到复制。不过胡克也在寻找构建动态档案的方案。我们可以看到，胡克为了达到这一目的而进行了大胆尝试，把皇家学会的期刊当作自己笔记的扩展。奥尔登堡于 1677 年离世之后，胡克仔细地查阅了奥尔登堡的秘书工作记录，摘抄了一部分内容，制作了详细的笔记，并删除了皇家学会的一部分会议纪要草稿。[110]胡克检查了各类记录内容的优先等级，他曾在某处指出，"这里没有记录实质性内容，相当于一片空白"。今天我们所谓的"胡克开本"（Hooke Folio）是胡克于 1703 年离世之前的手稿文集，2006 年发现于汉普郡的一栋房屋内，由皇家学会收购。[111]

理查德·沃勒（Richard Waller）曾在胡克的文件中发现了对牛津哲学俱乐部的一段描述："1655 年前后的一些会议（此前我对这些会议知之甚少）曾提到各种各样的实验，这些实验在探讨和尝试的过程中获得了各类成功。不过相关内容未能留下记录，只提到了特定人士为了辅助自己的记忆所采取的做法。因此丢失了很多优秀的内容。"[112]

胡克很可能决心防范这一类丢失现象再次出现。然而大约 25 年之后，他仍然惋惜道，很多"丢失了"。原因是旅行者经常推迟记录观察细节，"以至于忘记了自己的目的"。胡克在提出补救措施的时候借鉴了皇家学会较早的观点，即，有必要向人们展示"如何进行观察并保存相关记录"。[113] 对于胡克来说，有一点毋庸置疑，那就是缺乏辅助的记忆无法提供培根博物学要求的细节。

胡克谈记忆与检索

胡克终其一生都在遭受记忆力不足与健忘的困扰。我们知道，他经常接触各类化学物品与药物，因此也就不难相信，胡克同样把这些物品看作一种提升记忆的手段。[114] 胡克自 1672 年 3 月 10 日开始写日记，部分原因是他希望通过笔记来提升记忆力。早期记录显示，他还曾购买过一套记忆辅助诗歌。[115] 我们在第一章里曾提到，奥布里把这种对记忆的痴迷当作胡克的特征，把胡克描述为"创造力"与记忆力不平衡的一个人。[116] 胡克认为，这种对立关系体现为"一种几乎成为谚语的说法——有智慧的人记性差"。[117] 但我强调过，笔记和其他书写形式的应用削弱了记忆与理性之间的对立关系。因此对于胡克来说，日记的作用体现在 1697 年 4 月他决定，"在这一天写下有关我个人生活的历史记录，与此同时，尽可能地多写一些我记得、能够通过自己的记录或者皇家学会的记录查阅的重要内容段落"。[118] 胡克试图将记忆、个人笔记与机构记录结合的过程，体现了本书前面几章的主题。为了把脑力分配到推理和理解方面，他曾努力地寻找辅助记忆的方法。胡克对相关内容的关注构成了他的两部主要著作的主旨——1665 年的《显微术》以及胡克离世之后于 1668 年前后面世的《总纲》。[119]

在《显微术》的序言里，胡克设想了一个对"感官"进行引导，使其"更容易且更准确地履行职责"的世界。他猜测，一些人工辅助手段可以帮助人类"在一定程度上恢复"那些"因与生俱来的堕落，以及从他的教养和与人对话中"丢失的

"曾经的完美"。[120] 与此同时，他坚持认为，显微镜之类的仪器带来的扩充作用，必须辅之一种能够延伸到更高等才能的智力改革，"真正的哲学依赖很多环节，但凡某个环节出现松动或衰弱，整个链条就存在断裂的风险。哲学的链条始于眼睛和双手，通过记忆得到推进，并借助理性得以延续"。[121] 记忆是整个链条中最薄弱的环节，对记忆进行改善的过程存在很多特殊困难。各种仪器或者药物或许可以对 5 种感官的输入信息进行放大，而记忆的作用在于保留那些来自所有感官的信息。通过这种结论可以看出，在胡克"为纠正感官、记忆和理性的运行"而寻求方法的过程中，记忆似乎最容易出现问题。胡克提到，"对头脑进行普遍医治的下一步补救措施将作用于记忆。这种措施包含了各类知识性内容，可以告诉我们，为了达成目标最好把哪些内容储存起来，哪些处理方法的效果最好，以至于相关内容不仅能够保全，还能在需要使用的情况下便于获取"。[122]

胡克在这里提到的并非某种持久改善自然记忆的手段，而是确保所有信息被吸收之后，能够在需要的情况下记忆和回忆的方法。他在《总纲》中继续展开了对相关内容的思考，认为培根式历史的构建要求为记忆创造各种外部辅助手段，作为某种程序的一部分。在这种程序中，所有类型的智力都将具有"保护、动力以及辅助"。胡克提出，"仪器、实验和比较性的收集可以辅助感官，对所有内容进行书写和记录，并按照最佳且最自然的秩序进行排列，从而辅助记忆。这样一来，不仅能够把各类内容整理为合理的材料，而且能避免丢失、遗忘或者遗漏。在此过程中，推理首先得到辅助，保持独立和稳定，把头脑的全部意图投入工作，与此同时，可以避免陷入记忆的劳苦和禁锢。具体方式包括为记忆唤醒特定内容、把这些内容按照顺序排列，或者记忆其他标题的内容。还可以借助置换、掺杂、排列、梳理条理等手段。前提是所有事物都按照特定的顺序进行记录……"[123]

这些内容是胡克的代表性思想。为了理解这些内容，我们首先应该注意到，胡克提出了排列信息的两种方法，即《显微术》提到的务实方法（所谓的"最佳"方法），以及《总纲》提到的更具有规范性的方法（"自然秩序"）。我认为，这表明胡克在培根针对博物学信息收集方法的建议与其他方法之间作出了选择。胡克与玻意耳、洛克等人赞同培根的观点，认为研究的第一阶段需要通过一种"哲学历史"来构建"按照便利秩序进行排列的材料储存库"。[124] 不过在谈到"最自然的秩序"时，胡克似乎指的是一种人为方案发挥的潜在作用。正如约翰·威尔金斯在《论述》（1668 年）中所述，命名法在这种方案中可以反映一种基础分类。1668 年 5 月成立的皇家学会委员会对这一类应用进行了探索，不过委员会在哲学语言的根本基础方面存在严重分歧。[125] 委员会曾提出使用数量较少的"100 个概念"作为哲学语言词根的计划。无论这种方法可以"对记忆起到怎样的帮助作用",胡克均提出了反对意见。[126]1681 年,他向莱布尼茨明确表示,通用字符的作用不限于"补充拉丁文"。通用字符不仅可以"用于对事物和概念的表达与记忆,而且能直接对辅助手段进行规范,甚至可以驱动头脑发现并理解任何可知事物"。[127]这种方案的基本分类方法可以对主要标题进行补充,收到材料的时候,记忆可以根据这些主要标题来排列材料。另外,胡克还可能尝试对培根的博物学方法和威尔金斯的分类法进行了结合,按照"研究中的特定标题"收集信息,这些标题可能从属于更高级别的分类。[128]从原则上讲,这些标题可能来自一种能够针对记忆发挥外部辅助作用的公认分类。

胡克的方法规避了记忆与理性之间的竞争,通过一种标题框架为记忆减轻了一部分负担。记住这种标题框架之后,可以使其成为一种心理层面的壁纸,不进行记忆的情况下也可以作为外部提示使用。胡克设想的培根式历史记录超越了学科的基本划分和皇家学会储存库对材料进行排序所发挥的作用。胡克的设想涉及过于特定且过于详尽的信息收集,无法借助一套既定的分类进行有效地处理。另外,对数据进行灵活地重新排序(比如胡克提到的"置换、掺杂、排列、梳理条理等手段")会与各种规范的分类法产生冲突。

胡克提到的记忆的物理基础,强调了对信息管理提出集体方法的需求。《显微术》和《总纲》面世大约 15 年后，胡克发表了一次"光"主题的演讲。[129] 他在演讲中探讨了介质、振动、光线、辐射、脉冲等概念，随后作出了一种看似离题的推测，论述了时间感以怎样的方式依赖于记忆。[130] 他提出一种假说，探讨了思想如何以有形印象的形式储存在"记忆的储存库或者器官"之中，并借助"灵魂"来运行，好比太阳把光芒照进这个空间的各个角落。[131] 就我而言，他提出的这两个问题涉及记忆的负载以及记忆储存材料的方式。第一个问题的基本假设是，记忆是一种物质能力，需要借助物质空间对思想进行保留。胡克认为，记忆能力必然受到大脑容量的限制。[132] 他认为睡眠过程中不会产生任何思想，因此他扣除了睡眠时间，计算了一个普通人在一年内通过记忆储存的想法数量。最终他得出结论，头脑每年会增加"大约 100 万个想法"。这个数字令胡克震惊，他决定"每天增加 100 个想法"，这样一来就可以在 50 年里收集到 200 万个想法。从更积极的角度来看，胡克通过微观观察发现，即便对于上亿个想法来说，仍然"不用担心大脑空间不足"。我们只需要认为，"在如此之小的物体中储存思想，类似于其中存在很多不同的生物"。[133]

关于第二个问题，可以看出无论胡克对记忆能力持有怎样的观点，他仍然对在需要的情况下，记忆帮助回忆想法和思路的能力持怀疑态度。关于思想的储存顺序，胡克推测记忆会按照时间顺序接收思想，把思想串联起来，"在大脑的储存库中形成思想链条"。[134] 每个思想都具有特定内容和自身在思想链条所处位置的标记，"按照特定的顺序排列，我认为思想主要按照这种顺序形成"。思想链条按照时间顺序排列，因此没有反映自然界真正的模式。胡克认为，这里最大的挑战是对记忆保存的思想进行重新排序，排序流程在很大程度上由头脑通过各种方法对各类元素进行组合来完成，"思想的一部分是记忆，还有一部分是灵魂形成新思想时的运作"。[135] 不过这里仍然有一个问题——如何在需要的时候把特定的思想交给理性或判断进行处理。在提到记忆的遗忘倾向时，胡克补充道，记忆"无法很好地提取所有内容并立即通过判断进行检查，不过记忆对于排序靠前的事物存在偏好，并且对于一部分事物具有尤为强烈的关切"。[136] 胡克总结道，必须拥有一种能够通过理性进行分析和重新排列的外部材料储存库。通过这种方法，科学分析将超越自然记忆的时间模式和关联模式。

这种科学分析需要使用外部记录，主要有两个原因。第一个原因，这种方法具有必要性，因为头脑无法留存恰当的博物学体系需要的各类细节。胡克认为，这种数据的规模已经远远超越了个人的记忆能力。即便不探讨各类标题的相关内容，只谈标题数量，仍然无法记忆。胡克推测，仅"空气"的历史就已经包含了"大量标题"。[137] 使用外部记录的第二个原因是，这些记录可以在一定程度上提供自然记忆不具备的灵活性。胡克强调，即便可以对信息进行压缩和简化，同样需要频繁地重新分类。胡克的这一观点遵循了培根的建议。培根曾提出，最初的标题组合应该具有试探性，"对哲学历史问题进行分配的方法……不需要很精确或者很奇特，只要像粮仓或者仓库那样把各类内容堆积起来即可，随后再进行抄写、安置、排序和罗列"。[138] 胡克坚持认为，随着进一步的"观察和实验"取代早期材料，标题也需要调整，不过他不愿过早地剔除任何内容。相反，"当某一处的材料被抹除并记录到其他位置，那么这些材料至少得到了保留，直到目的相同且更重要的其他内容可以取代这些材料"[139]，胡克认为这种做法比较好。笛卡尔曾在《指导心灵的规则》中着重提出，记忆无法处理长链条推理。胡克则强调，记忆无法对不同标题下方的各种信息进行重新分类和重新排序。各种固定的标题组合，无论在记忆辅助方面具有怎样的价值，都会造成妨碍。出于这种原因，笔记不应该仅仅对需要记忆的内容（如主要分类类别等）进行提示，而是应该提供一种对信息进行手动操作的方法，这样一来，就可以在不加重记忆负担的前提下推理。

笔记与信息

　　胡克针对经验信息管理提出的建议，依赖于培根倡导的笔记方法和检索方法。哈特利布同样对培根提倡的内容进行了实践，不过他提出了一些有别于培根的假设。胡克是培根与哈特利布最热情的追随者，他很清楚灵活且有组织的书面材料储存方法具有的必要性。在胡克看来，有条理地制作笔记是皇家学会的核心业务。他曾在 17 世纪六七十年代向学会提交了各种想法，提出了他所谓的皇家学会"构想"。通过这些内容可以看出，胡克十分关注皇家学会的笔记业务。胡克提交的一份手稿建议，"应该任命一定数量的学会成员阅读古代和现代作家有关自然知识和实验知识的文章。每一名成员自行选择阅读的书籍，并对所有与皇家学会构想相契合的内容进行归纳总结"。[140] 这种对笔记的强调得到了普遍认可。不过，斯普拉特的《英国皇家学会历史》曾提到一种被动接收现有信息的立场，胡克的观点与这种立场背道而驰。胡克曾在《显微术》一书中作出警告："不考虑有关证据和使用情况，而对所有内容进行堆积储存，只能归于黑暗和混乱。"他声称，"应该针对我们接收的各类细节所具有的真实性、稳定性和确定性，进行谨慎地选择和严格地检查"。[141] 在《总纲》中，胡克与玻意耳一样，也认识到了不成熟的系统具有的风险。不过胡克还指出了另外一种倾向，也就是通过各种来源收集大量细节的一种狂热倾向。这种倾向会对研究的有效性造成影响。他告诫那些"在各类细节中晕头转向的人，他们只是在不断地摸索细节而已，并且认为自己最终可以偶然发现一些能为他们关注的东西提供信息的内容"。[142]

自 17 世纪 70 年代开始，胡克针对笔记制作方法提出了更具有批判性的立场。他建议指派皇家学会成员（"成员总数的十分之一"）研究书籍去寻找现存信息。在这项工作中，学会成员应该有选择性并进行辨别，"认可并确定自己发现的准确且真实的内容，剔除所有虚假和虚构的内容，然后通过正确的方法在恰当的位置进行记录"。[143] 在 1680 年至 1681 年发表的《哲学涂鸦》（*Philosophicall Scribbles*）中，胡克敦促每个人都要怀有类似的警惕心，"对自己为未来所记录的内容保持高度谨慎"，"检查自己已经记录的内容"，删除所有"虚假"的信息。[144]1692 年 2 月，胡克在向皇家学会宣读的一篇论文中表示，对材料进行明智地选择并不是一件容易的事，因为有很多文章和报道都基于"据称精通相关领域或者相关知识的人"具有的权威。在胡克看来，前景令人担忧，"这些作者在某些领域中以怎样的充分程度处理了哪些信息呢？如果仅仅考虑博物学和物理学，加之相关的艺术领域，这些信息并非一两种，而是数百种。准确地说是数千种"。[145] 不过，过往各类著作的量级会通过严格的筛选被削弱。如果现有的很多知识存在谬误或者无关紧要，就可能出现一种全新的开端。

信息一经选中将通过怎样的方式得到保存与排列供后续使用呢？用我们 21 世纪的话来讲，胡克发现输入与输出之间存在着一种密切的关联关系。记忆接收信息的方式会影响信息的保留和通过提示进行回忆的能力。胡克赞同培根对古代作者的批评态度，但他仍然提到，"我在这里并没有完全抵触逻辑，或者说已知的推理方法。我不认为这些内容毫无用处，逻辑有自身的优点和用途……可以为某些类型的发明提供帮助……还可以通过特有的方式辅助记忆"。[146]

胡克提到的工作内容的目的是为全新的经验科学领域寻找方法，获取上述优势。他认为，通过书面方式记录的信息可以通过描述基本要素的方式进行处理，进而促进记忆。对于视觉图像能够产生强烈感官印象的普遍观点，胡克表示赞同，他在评论摩西·皮特（Moses Pitt）的《英国地图集》（*The English Atlas*，1680 年）时称赞道，作品中的地图比例良好，是一种"对世界及其各个部分在图片中的真实呈现"。他还提到，"思想或许可以更轻易地、深深地刻在记忆中，这一点恰恰是这类作品的主要用途。通过简单、清晰且非复合化的方式为感官呈现事物，比任何方法都更有助于理解和记忆"。[147] 胡克在自己的作品中把这一原则扩展到了其他类型的数据。根据斯普拉特的报告，胡克的天气"总纲"通过样本"一次性地展示了一个月的内容"。[148] 胡克把这种呈现方式的使用当作达成"一种能够预测其他天气类型的天气理论"的一个步骤。[149] 他还通过树形图，按照拉米斯修辞学（Ramist fashion）的方法，呈现了"水文学"的关键组成部分，使用浓重的字体对关键术语进行了标注，这同样体现了对视觉辅助手段的侧重。[150] 胡克提出，"属于任何一种研究领域的历史都可以通过一幅视图呈现"，"水文学"的内容提供了一种示例。[151] 地图、图表、登记簿和表格等方面的示例依赖于视觉图像，不过胡克同样考虑把辩论等书面信息简化为易于记忆的形式。

胡克设想的数据复制对简化的偏好造成了影响，产生了模糊之处。他告诫人们不要因自然信息过多而焦虑，并宣称，"整个博物学的篇幅可能比任何作家的作品都要少"。规避"各种华丽辞藻"就可以囊括相关内容。[152] 不过，胡克针对完整"哲学历史"的个人建议，提倡对信息进行详尽地收集。他提到，"世界上所有的事物和运作"都无法逃脱观察，另外，"那些最珍贵的事物或许并不比最琐碎、最卑微的事物更重要"。胡克敦促人们仔细留意时间和方位方面的细节，即便对于众所周知的现象也应该"像对待最罕见的现象"那样认真观察。他坚持认为要记录这些内容，因为记忆可能无法留存"一些微不足道的细节"，但这些细节可能非常重要。与此同时，他认为不应该记录所有实验，而是"应该选出那些可以映射其他实验"的内容。[153] 为了对材料收集方面的建议进行说明，胡克解释道："这些材料应该完好无损，并剔除那些对于目标来说无关紧要的多余内容。这些内容除填满储存库以外毫无用处……想要达到简练，无须刻意研究，省略掉很多琐碎的细节即可。"[154]

胡克与培根类似，希望兼顾详尽与简练。因此胡克探寻了"一些很好的缩写，这些缩写可以尽可能地把全部历史内容囊括进很小的篇幅……可以对推理和研究发挥很大的作用，并且能够极大地辅助理解与记忆。就像几何、代数通过几个简单的符号来表达很多复杂的内容"。[155]

这里提到了所谓的"哲学代数"，一种不限于数学领域的推理艺术创新。不过胡克没有对相关内容进行详细地说明。[156]

哲学笔记

威廉·休厄尔在《归纳科学的哲学》(*Philosophy of the Inductive Sciences*，1847 年) 中评论道，可以把胡克的《总纲》视为"使《新工具》适应其发表之后的时代的一种尝试"。休厄尔赞同胡克对"哲学代数"的探索，这种探索的目的是"通过某些常规流程，借助与普通代数相同的方法，从已知事实中找到未知的原因"。不过休厄尔还表示，胡克与培根类似，过于专注寻求事物的"本质"，而没有"首先对各类现象的度量和规律进行研究"。[157] 考虑到胡克曾为各类学科的初期博物学领域记录了大量笔记并进行了信息整理工作，这种指责似乎有失公允。在当时的时代背景下，胡克探索了通过更高水平的抽象来促进培根式"自然研究"的可能性。这种抽象可能"不应被错误地称为'哲学代数'或某种指导头脑探索哲学真理的艺术"。[158] 胡克在开始于 1665 年的一些早期演讲中首次提到这种"代数"，1668 年《总纲》面世前后，相关概念又出现在他的各类演讲和文件中。胡克对合作收集数据的呼吁构成了所有这些内容的永恒主题。合作收集数据要求"大众进行一致且规范的集体劳动"。[159] 不过收集到这些数据信息之后，就必须精心地对其进行组合。因此在 1665 年（也可能是 1666 年）的一次演讲中，胡克着重强调了编写"哲学历史"所需要的"谨慎与勤勉"。无论这些信息涉及天体、矿物还是植物，都将"根据几种事物的特性"通过标题进行排列。在这里，最好的排列方法是"从某种事物最明显的性质和特征开始，一直到最深奥且最复杂的质地、结构与美德"。[160] 休厄尔后来发现，这样做的目的是对物质的基本属性进行分离。或者按照胡克的话来说，是为了"找出各类事物的真实特性"，但必须进行大量的观察和实验。这里存在两个具体阶段，与胡克在《总纲》中提到的内容相吻合，第一个阶段必须适当地留意"哲学代数方法""两个主要分支"的第一种分支，也就是对"适合的材料"进行组合。[161]

那么第二个阶段包含哪些内容呢？胡克没有对适用于经验科学的代数流程概念作出解释说明，但各种可能性已经得到了充分地讨论，并出现了两种主要观点。根据沃勒提出的第一种观点，可以将数据简化为基本单位，然后通过"哲学代数"的方法进行操作。[162]第二种观点认为，第二阶段涉及从信息集合中得出替代概括或假设的表格，比如从自然历史的子集水文学或地质学中得到。[163]根据我们现有的证据，目前很难在各种可能性中得出结论。

我们目前不清楚奥尔登堡能够在多大程度上理解胡克的意图。奥尔登堡曾向玻意耳提到，"胡克先生同样准备了（并且已经向我和其他人展示了）博物学的一种书写方法，我认为这种方法可以为全世界所有的博物学家减轻工作负担"。[164]胡克提出的方法此时即将在《哲学汇刊》发表，奥尔登堡将这种方法与玻意耳的"通用标题"进行了对比。玻意耳没有明确地主张把知识简化为单位，不过他可能在《总纲》出现之前对胡克的思想展开过探讨。玻意耳在这段时期的一份手稿中提出，"我们也可以为数据和其他细节添加符号标记，然后通过适合哲学代数特征的方式加减，等等。这样一来就可能提出新命题，由此往往产生全新的真理"。在此之前，玻意耳曾探讨了如何管理那些与"现象"有关的"松散实验"。玻意耳认为，如果我们"把这些内容看作数据"，那么就必须决定如何"按照最佳顺序"对内容进行排列，以便感知信息"是否充足"。[165] 玻意耳把标记和符号的使用看作一种对各类细节、命题或标题进行分类和对比的标记方法。这种观点或许能够与通过代数方法处理小型单位的观点兼容，但通过最佳方法处理大量数据的语境，更容易与胡克采纳的对主题、问题以及假设方面的罗列相匹配。胡克在《显微术》中强调了对材料进行安排的有益之处，"数千种实例可以同时针对任何研究领域的说明、确定或者发明创造提供帮助，甚至可以借助视觉手段进行呈现……（并问道）为什么在大量见证者面前得到检验的所有命题从来没有被纳入公理的特性呢？"[166] 在这里可以看出，哈特利布社交圈对于通过简化数据来辅助记忆、回忆和思考所持有的乐观态度，在皇家学会一部分关键成员身上同样存在。[167] 不过玻意耳与胡克认为，这一类方法依赖于针对笔记的准备工作以及对培根式历史的特殊设置。

胡克在《总纲》中对信息的收集、排列和储存提出了建议。对于那些记入登记簿或者发表在《哲学汇刊》中的内容，他同样设想了有关筛选和整理的流程，目的是促进比较和推断。与玻意耳的松散笔记不同的是，胡克希望出现一套经过良好设计并由机构协议规范的笔记。[168] 为了达到这一目标，就需要有大量的笔记、可移动拆卸的纸质资料以及其他设备。[169] 胡克对于各类相关规则的描述不够清晰，他的口头描述很可能得到了视觉手段的辅助。[170]

第一，胡克希望有"一种尺寸较小的精细纸片"，按照包含了"简短且复杂的观察和实验历史"的"表格"来记录简短笔记。表格的内容很可能参考了培根式博物学的主线。第二，相关内容按照纸片进行了记录，胡克建议使用"胶水"把纸片粘贴到"一部大型笔记本"中，这部笔记本按照"保存印刷品、图片、图画"的方式装订。胡克把这种笔记本称为"储存库"。虽然会使用"胶水"，但是设计这样的流程其实是为了进行筛选和重新分类。根据胡克的想法，这些纸片可以拆卸移动，"放在前面的信息可以移动到中间或最后的位置，还可以更换标题，或者通过移动腾出空间插入其他内容"。目前我们不清楚胡克的表格（即主题或研究方面的列表）或更具体的观察内容是否会按照相同的方式移动，不过他提到可以为一些内容更换"标题"，指的可能是一些级别较低的数据。第三，一个人针对特定"历史"方面的内容"向自己提出的问题"，将被记录到"其他较小的长形笔记本上，最好记录到一张纸上"。这些问题可以按照公共"储存库"中的表格核对，便于"在出现其他信息的情况下"对问题进行调整。第四，添加"事物图片"，部分原因是图片比文字更可靠且更有效。第五，胡克预计，为较大的"历史表格"添加"有关推论和猜测的较小表格"会有帮助。这样一来，相关内容就可以通过"很少的文字进行表达"，避免"干扰头脑"，并且最好"使用红色或绿色等颜色的墨水书写，这样有助于记忆和推理，我今后会更加详细地说明这一点"。《总纲》的结尾部分提到了一种使用笔记的方法。沃勒对这部作品进行评论时曾把这种方法称为"对观察和实验进行排列的方法"，认为这种方法就像"哲学代数的推理部分"，"从未真正得以执行"。[171] 沃勒似乎对这两种方法进行了区分，但胡克可能把两种方法当作同一种流程的一部分内容。

胡克没有提供其他更多的细节，不过我们可以把这种有条理的笔记方法与胡克有关信息管理的其他言论联系起来。这套理想的机构笔记包含了来自个人角度的各种思想和信息，与胡克关于针对他人提供的内容进行审慎记录的呼吁相一致。胡克在同一时期的另一篇文章里提出建议，"做实验"的时候有必要"对提案、设计、实验、成功或失败的整个过程进行记录"，并把所有材料和细节"恰当地记录到一部装订笔记本"中，以便在会议上参考。[172] 这里提到的"笔记本"与胡克在《总纲》中描述的"大型笔记本"或"储存库"可能不同，不过有关各类"新困难和新问题"的任何结果与建议将被吸收进一系列"表格"和笔记。胡克承认合作是不可或缺的，不过也暗示，汇总信息的分类和分析工作最好委托给少数几个人或者一个人。他在一篇没有标注日期的文章中对这种分工进行了详细的说明："接下来的内容是如何对可观察对象进行记录、排列和保存。第三点则是一个人怎样才能胜任这项工作。"[173] 胡克在一篇可能为演讲准备的文章里表示，他将"在其他场合"展示"后续我如何通过列表对数据进行概括和排列，使数据发挥作用"。[174]

胡克在这里使用的"我"的口吻很能说明问题。胡克与斯普拉特等人不同，他希望收集信息的同时进行处理，而不是对信息进行单纯地积累。我们或许可以说，胡克承担了他本人赋予"理解"这一形象的关键性构筑角色，他曾描述道，这种角色应该以"合法主人"而非"暴君"的姿态"对较低官能的所有低等级作用发号施令"。理性"必须对记忆储存的内容进行检查、整理和处理"，因此，同样必须有一个人对皇家学会的记忆进行掌控。[175] 在这里，他强调了对信息频繁地重新排序的需求，这一过程必须在外部记忆手段的辅助下完成，对整套笔记中各种笔记的转移作出了解释。无论如何看待信息的重新分配，相关流程对于较高等级分析工作的应用来说是十分关键的。不过目前尚不清楚胡克是否针对留存其他人提交的笔记作出了规定。

希波克拉底的感叹

胡克曾反复强调，参与培根式研究的人必须认识到，"任何人独立作出的努力"都无法产生很多价值。因为一个人在独立"收集到足够的内容之前，几乎已经耗费半生"。[176] 即便专注于某一个主题也会如此。他曾在 1674 年一次有关地球运行的演讲中提到，相关内容属于"数百万个可选主题之一"，但要写出"一部准确且完整的地球运行历史，则需要一个人奉献一生的时间和精力，并进行成千上万次创造与观察"。因此，"没有人可以说自己完成了某个领域的研究，无论他具体指的是哪种领域"。[177] 对于胡克来说，有关的解决方案会随着时间推移，自然而然地显现在机构档案的信息整理工作之中。他在《显微术》中提到，他的"微薄劳动"有望"在很多人忙于提供的大量自然观察中占据一席之地"。但他同样指出，如果把过往的观察也纳入其中，有关内容的储备量可能增长。他认为，医药历史的收集使得一名医生"不仅可以拥有关于自身经验的完美记录，而且可以获得数千人在数百年里积累的经验"。胡克提到，同时代的一些人发现了"这种便利条件"，于是"记录并印刷了数百部作品"，这里存在的问题是大多数人的目的"更偏向于卖弄学识，并非公共用途"。[178] 他在这里提出的批评针对的是那些忽略了治疗失败案例的医药案例历史著作。三年之后，胡克以主题和问题为中心，从更加普遍的角度，对培根博物学展开了设想，这次他脱离了个人层面。

那么应该怎样处理如此大量的笔记呢？在这里，我认为胡克采纳了培根关于如何解决生命短暂与科学进步所需时间之间的鸿沟的一种观点。培根认为，"一切知识的责任和美德是在真理概念允许的范围内，尽量缩减个人经验的无限，解决'生命短暂，艺术长存'的问题"。培根断言，这一点是可以实现的，因为科学形成了一种知识金字塔，博物学为自然哲学提供支撑，以此类推，延伸到最抽象且"最缺乏多样性"的形而上学。[179] 培根认为，知识的这种"关联或串联"在一定程度上保证了"科学的概念和观念"能够被简化为可控数量，因此，一个人虽然受限于生命短暂且只能掌握有限的知识，但是仍然能够感受到知识各部分之间的和谐。不过胡克坚持认为，如果仅仅积累未经处理的数据，仍然无法推进对知识的综合理解。只要存在可能性，就必须努力总结，为知识的金字塔添砖加瓦。与伊夫林、玻意耳、洛克等人一样，胡克曾在一些声明中承认，自然的基本属性和运作过程必须交付后世去发现。不过，他在其他内容里针对加速这一进程的方法也进行了预测，他认为一个人可以在那些合作获取的数据中提取一些关键的模式。因此我们可以把他在《显微术》中提到的双关语，解读为对缓慢且长久的研究过程持有的接受态度，也可以将其理解为一种谦卑——"最终我把自身的渺小投进了哲学历史宝库的广阔"。[180]

第九章—结语

德国生理学家赫尔曼·冯·亥姆霍兹（Hermann von Helmholtz）曾在《科学学科大众讲座》（*Popular Lectures on Scientific Subjects*，1873年）中提到，他的众多前辈已经找到了收集、组织并检索信息的标准方法：

> 这里提到的组织首先包含对材料的机械排列，材料存在于我们提到的各种目录、辞典、登记簿、索引、文摘、科学和文学年鉴、博物学系统等内容之中。通过这些途径，任何人都可以在需要之时直接获取不便于记忆的知识。[1]

7年之前，也就是1866年，托马斯·赫胥黎（Thomas Huxley）针对科学知识与科学信息档案扩展之后的一种后果展开了思考，"如果世界上所有的书籍，除《哲学汇刊》以外通通被摧毁。我们仍然可以说自然科学的根基没有动摇。虽然相关内容仍然不够完整，但是过去两百年间的智力进步仍然被大量记录下来"。[2] 我们可以把这句话看作对一些人士的肯定，特别是亨利·奥尔登堡。奥尔登堡曾在科学革命期间（始于 1665 年）开创了《哲学汇刊》，将其视为一种可以随着时间推移而提升丰富程度与效率水平的集体笔记，或者说它是一种信息储存库。不过在奥尔登堡的时代，机构档案的创建有赖于个人提供的内容，当时这些内容刚刚开始采用适合进行合作研究的标准方法和常规方法。另外，相关内容的产生还需要考虑哪类信息不"便于记忆"，并兼顾记忆、笔记与记录之间的关系。英国名家对于相关问题的思考与自身的实践紧密相连，成为冯·亥姆霍兹这一代人获得的另一份遗产。

现代早期，笔记方面的实践与针对记忆作用的思考密切相关，经过引申，同样与记忆和理性（理解）之间的对立关系产生了关联。17 世纪的思想家认为，记忆和理性的二分法是一种十分古老的观点，观点的部分内容来自关于体液、灵魂以及灵魂各种能力的古老学说。奥布里曾在《短暂的一生》中提到，记忆与理性之间无可避免地存在的紧张关系，可以为人物肖像的描绘提供一种框架。18 世纪中期，爱德华·吉本认为记忆与理性之间的对立早已尘埃落定，并针对记忆丧失往日崇高地位的原因展开了思考。他在一篇有关文学研究的论文（发表于 1764 年）中提到了自己所处的时代发生的现象，"我们这些哲学家开始假装惊讶地发现，人们可能终其一生仅仅获得了文字和事实方面的知识，增加了记忆负担，却没有提升理解能力……善于独立思考的头脑，活跃且富有想象力的人，永远不会倾心于完全依赖记忆的科学领域"。[3]

他提出，对记忆的低估是当代人具有的特征，并且构成了这样一种转变的一部分："博物学和数学占据了宝座，其他领域俯首称臣。"[4]让·朗德·达朗贝尔（Jean le Rond d`Alembert）在《百科全书》中的《初步论述》（Preliminary Discourse，1751年）中提到了历史和文学研究中的记忆与科学理性之间的关系。这篇文章采用了培根依据记忆、理性和想象对知识进行的分类。不过，达朗贝尔把他所谓的"记忆的艺术"分配到知识地图中的时候，把记忆放在了与理性能力相关的领域。他解释道，这种"艺术"有"两个分支，包括记忆这种科学，以及对记忆起到补充作用的科学"。培根曾坚持认为，书写便是对记忆起到补充作用的一种科学。[5]从这个角度看，信息或许可以通过减轻记忆负担、促进回忆、专注于注意力和理性被记录下来。这个角度有可能规避记忆与理性之间的简单二分法。现代早期的一部分人士采纳了这种立场。

弗朗西斯·培根成为英国名家在笔记方面的导师。当然，这些名家对笔记这种文艺复兴遗产有所了解，特别是札记方法。而且在原则上，他们还可以从耶稣会士那里获取相关建议。培根没有提供任何详细的笔记指导，不过他提出了适用于经验科学的一种基本原理。他认为，笔记不仅是一种从文本中收集大量材料的方法，而且构成了探索过程的一部分。他把笔记当作一种"不连贯的写作"，一种在大型博物学项目中收集"细节"的关键技术。培根承认，博物学领域需要的数据过多，会对个人记忆造成负担，甚至会削弱笔记在激发回忆方面的作用。但无论如何，培根意识到，笔记只会对作者本人发挥作用。培根的项目倾向于协作，因此他把关注的重点放在了共享记录的检索方面。培根曾经列出了各类"主题"（"标题"），这些主题可供信息收集使用，对早期的皇家学会产生了影响。培根在描述"所罗门之宫"的相关内容里，提出了一种涉及各类笔记的分工，这种分工从书籍摘录开始，延伸到通过"主题和表格"对数据进行陈列。[6] 通过以上方式，培根为那些思考科学笔记的人士提供了一种标准和参考。不过在关于如何把记忆、笔记和记录最好地结合起来这一问题上，以上内容没有提出易于遵循的方法。

对于一部分英国名家来说，移居德国的塞缪尔·哈特利布对各种最新思想进行了过滤和解读。这些思想通常产生于欧洲大陆国家和地区，内容涉及信息的收集和管理。威廉·佩蒂、约翰·奥布里、约翰·比尔、约翰·伊夫林、罗伯特·玻意耳对于以哈特利布和他的《星历》为中心的庞大通信网络比较熟悉。对于约翰·洛克、罗伯特·胡克等学者来说，哈特利布可能只是王朝复辟之前身处伦敦的一名"情报人士"。哈特利布和他的诸多联络人计划把传统的札记应用到更大的项目中，如神学概念概要、化学物质与化学过程、医药治疗等等。哈特利布积极地对各类印刷品和手稿中的信息进行了复制和编辑，提供了一些经验信息，并提出了处理相关信息的方法。同时，他展示了在保留记忆（通过回忆发挥作用）与笔记之间的传统关联的前提下，记录集体笔记的有关情况。哈特利布热衷于对信息进行组合之后，对其进行简化的各类方法。这些方法可以把信息简化为便于记忆的规模，或者（更常见的是）简化为一种能够激发回忆的格式。托马斯·哈里森的"研究柜"最具有吸引力的特点是可以进行协作方面的应用，可以通过索引把信息提炼为基本组件，为全新的发现提供了一种方法或捷径。比尔曾试图鼓动玻意耳出于完善相关领域的目的，对自己的著作和笔记进行系统化。这种做法同样体现了对于"研究柜"发挥作用的渴望。[7]哈特利布的社交圈之中流传着一种对"生命短暂"进行弥补的方法，也就是自年轻时期便投入特定领域。比尔声称，即便没有笔记，同样可以借助系统的排列和密集的思考，通过记忆来掌握知识。佩蒂认为，人们在一生之中通过阅读和观察大量笔记，可以构建一种内容丰富的经验储存库，帮助人们对各类模式进行总结并有所发现。比尔和佩蒂均认为，玻意耳就是做到了上述事情的一个人。

希波克拉底曾感叹道：“人生短暂，艺术长存。”人们对这个问题的主要回应方式为连续几代人共同积累各类观察和实验。大多数科学名家认为，个人在短暂的一生之中提供的内容不太可能直接促成科学进步，特别是在按照培根博物学所倡导的方法对相关领域进行研究的情况下。不过，这种对科学研究长期属性的接受态度，同样伴随着一种把每一代人贡献的内容进行最大化的渴望。因此，个人笔记在辅助回忆、记录内容并为推理过程提供保障等方面起到的功能，同样可以应用于协作项目。当时有观点认为，频繁地参考笔记并在小范围内分享笔记（如马丁·利斯特和约翰·雷的做法），可以帮助个人对经验信息进行吸收和评估，取得智力进步。因此，玻意耳担心培根急于改善表格数据的做法，可能忽略了保留并回顾初始笔记的必要性，而这些笔记对于培根的回忆和思考来说非常重要。玻意耳、洛克以及胡克认为，必须针对信息的收集和管理方法作出选择，我们可以在他们的笔记中看到他们选择的方法。玻意耳违反了笔记的一些标准规则，经常丢失或者错放文件，但能通过自己的笔记，回忆起各类观察和实验的重要细节和有关情况。通过玻意耳与他那些“松散”笔记的互动关系可以看出，这些笔记能够帮助玻意耳回忆起有关的思想，激发记录笔记时的情节记忆。玻意耳意识到自己的笔记无法以相同的方式适用于其他人，但他认为，即便那些秩序混乱的信息碎片，也可以在长期的合作研究中发挥作用。

　　那些把洛克的《新方法》（发表于 1686 年）作为笔记指南的人把洛克誉为信息大师。在钱伯斯《百科全书》英文版和法文版中，洛克提出的模型没有提到人文主义学者和耶稣会士的方法。洛克打破了札记对材料的主题排列，导致出现了两种后果：在很大程度上否定了札记作为记忆和修辞辅助手段的概念，并开始借助那些只对记录者本人发挥作用的标签来记录笔记。洛克声称自己的记忆力较差，因此使用笔记作为一种替代手段。不过他很可能借助一部分笔记（如早期的医学笔记）来触发相关材料和补充材料方面的回忆。另外，对于他完成的各类主题的大量独立笔记而言，洛克的知识图谱很可能起到了深层智力框架的作用。不过从原则上讲，正如洛克在印刷版作品中解释的那样，他的"新方法"主要用来对条目进行检索，这些条目通常包含了仔细记录的引文，而这些引文又可以指向内容来源，或者其他笔记中的交叉引用条目。洛克与玻意耳的区别在于，洛克似乎没有通过笔记来巩固那些与材料有关的情节记忆，至少没有刻意为之。只要记住关键词，他就可以通过自己的方法提升检索速度。洛克一生之中的笔记包含日志和札记，他的笔记为那些在研究工作中需要协作并汇集信息的人提供了一种启发——可靠的搜索工具和检索工具至关重要。洛克收集的信息在数量上超过了他向外界传达的信息，不过他仍然可以做到对材料进行检索和传播。洛克意识到，如果想让玻意耳的笔记和文件发挥集体价值，就必须重新制作。当时，人们对于在科学机构的支持下制定普遍流程并收集信息的需求意识日益提高，洛克的天气记录与相关数据在某种程度上体现了这种意识。

在本书探讨的人士之中，胡克为记忆和科学信息的管理留下了最具体的思想。除日记之外，我们能够接触到的胡克笔记数量非常有限。皇家学会保存了胡克的一些论文，他在这些文章和一部分出版作品中提到了记录笔记并在密切监督之下保存笔记供集体使用的最佳方法。胡克采用了医学和哲学领域的传统模型，根据这些模型的观点，感官和记忆负责吸收并保留信息，理性（理解能力）负责对这些信息进行使用和分析。与培根相比，胡克有可能更深刻地认识到，仅凭记忆无法对数量众多的各类经验细节进行管理。他针对个人笔记和机构协议的解决方案均遵循了这样一种观点：必须利用有助于记忆和理性的方法来处理信息，有可能需要使用一些达成共识的命名法和分类方法作为框架，这种框架必须利用能够进行物理排序与重新分类的形式（如松散的纸片），使用简洁的术语记录，且常常需要即时记录。玻意耳曾提倡把"通用标题"作为集体信息收集工作中的指导方针，胡克采纳了这种观点。胡克担心那些未经过滤的材料可能纷至沓来，但他仍然努力解决细节详尽与描述简洁之间的矛盾。

我所谓的英国名家的经验感性包含了这样一种意识：笔记对于收集培根博物学所需要的信息来说至关重要。这种观念包含了（与不成熟的系统相比）对细节的偏重，并且承认必须对各类信息来源进行整理和对比。我们探讨的一些人士虽然沉溺于一些带有机会主义色彩的反书卷气修辞，但他们一致认为应该仔细地检查过去的作品、寻找相关材料，如思想、观察、证言、实验等等。这些材料可以作为一种起点，构成对比之中的基准线。在达成这种共识的过程中，他们借鉴了文艺复兴时期人文主义笔记传统。另外，可供使用的技术其实并不局限于伊拉斯谟、韦弗斯以及其他学者提到的札记类型。诸多学者及饱学人士，如斯卡利杰、克鲁修斯、格斯纳、卡索邦、塞尔登等等，已经针对那些数量不断增长的书籍提出了各类方法，在一定程度上提取并浓缩了那些可以在大型纲要中使用、组织和检索的信息。不过，英国名家发现了另外一个问题：错误类型的书籍过多，而正确类型的信息不足。因此，他们认为有必要针对那些尚未被充分观察、记录和探讨的内容收集全新信息，如人体、体液、现象等内容。他们结合了札记和日志的特征，同时对笔记条目类型进行了扩充，采用了列表、质询、天气记录、谈话报告、观察、实验、个人思想等形式。当然，其中同样包含惯用的书籍摘录。这些学者接受了培根对积累"细节"的呼吁，按照各类主题记录了基础数据，其中包括培根列出的130个博物学主题。这里的工作内容与知识的简化、缩写不同。此前他们已经按照主题、格言、警句、学说等分类对知识进行了一定程度地整理。

经验信息的收集和分析要求进行持续合作和长期储存。皇家学会秘书奥尔登堡曾向联络人保证，皇家学会相关计划的目的是保证整个工作流程持续推进，"实现永久化"。[8]然而这里出现了一个很严重的问题，最初研究寻求的"细节"尚未被固定在商定类别中。某些主题下已经存在口头或者书面信息，而有些主题仍然缺少相关的基本命题。因此，为了打造一种开端，约翰·雷开始积极地在各类谚语文集中寻找事实性内容，以此为进一步的调查研究奠定基础。他的实践表明，与从杂乱无章的信息中总结出有用的结论相比，排除错误描述更容易一些。胡克分析了整个流程中的各类困难，发现了各种各样的解决途径。不过他强调，笔记必须成为一种清晰、稳定且易于检索的记录，以便他人使用。这并不代表个人笔记不再具有重要性，而是指通过笔记掌控个人记忆将不再是做笔记的首要目标。伊夫林提到的内容表明，一个人终其一生进行的收集和思考，无法保证这个人能够掌握哪怕仅仅一门学科，部分原因是其他人会持续不断地提供新内容。由此伊夫林开始思考，"要把（日益增加）的细节纳入我在某种程度上已经准备好的内容，是多么困难"。[9] 玻意耳也承认了类似的观点，他认为博物学即便与神学相比仍然存在差别，它是一门永远无法被个人正确理解的学科。

事实上，投入培根项目意味着把自己的一生奉献给此生无法完成的研究项目。本书提到的人物共同面临的任务是收集数量足够的信息，为初步的理论奠定基础。不过他们对于可能出现的结果持有的不同观点。其中一部分学者——如哈特利布社交圈里的人士——相信对数据进行适当地提炼就可以很快得到稳定的模式。胡克承认这项工作需要几代人共同努力，不过他预计，把仔细收集的信息与数学分析相结合，就能得到有效的答案。还有一些学者，其中包括伊夫林、玻意耳和洛克，怀疑无论对信息进行怎样的处理都无法得出经久不衰的理论。[10]

20 世纪，他们的怀疑得到了证实。具体方式可能出乎现代早期诸位名家的预料：科学职业成为这样一种职业——个人的微薄贡献将不可避免地被取代，甚至有时迅速遭到取代。马克斯·韦伯认为，这就是现代科学家的生存困境，他们知道"自己的研究成果将在 10 年、20 年或者 50 年后过时……每一项科学进步……都将被超越和淘汰"。[11]

赫胥黎和冯·亥姆霍兹曾恰如其分地强调，机构档案的作用是保存那些个人记忆无法囊括的信息。不过我们需要注意，17 世纪 60 年代启动整个信息流程的早期皇家学会成员相信，信息的储存和检索可以对个人的记忆和回忆起到辅助作用，目的并非取代个人。在他们看来，无论档案的力量多么强大，定期记录笔记都是整个智力过程的组成部分，可以使人们在理解方面偶尔取得突破，还能长期为集体知识进行各种微小的补充。记录笔记与保存笔记可以鼓励人们记下那些可能存在独特性的经验和观察，防止记忆变幻莫测，还能记录相关信息的各种来源，如感官、仪器、证言、书籍等等。笔记可以为个人记忆积累大量经验，增强对新现象作出的判断，还能为大量信息的整理和沟通创造可能性，这些信息的体量可能足以帮助我们作出适当的比较性判断。诸多英国名家的笔记以及他们针对记忆和信息相关问题的思考，形成了现代科学精神的早期内容与关键部分。

致　谢

　　本书得到了各界机构与人士的大力支持。格里菲斯大学（Griffith Universiry）为我提供了大量研究时间和假期，并且主办了由澳大利亚研究理事会（Australian Research Council，ARC）提供的专业奖学金颁发仪式。这笔奖学金帮助我完成了启蒙运动有关作品的出版，并使我有机会成为一名早期现代主义者。澳大利亚研究理事会的另一笔拨款帮助我完成了本书的最后阶段的研究和写作工作。在美国和英国做访问学者期间，我收获颇丰。2003 年上半年，我来到麻省理工学院迪布纳科学技术史研究所（Dibner Institute for the History of Science and Technology），2004 年至 2005 年在牛津大学万灵学院工作了两个学期。2008 年 4 月至 5 月，我在巴黎狄德罗大学（University of Paris– Diderot）国家科学研究中心与卡瑞妮·尚拉（Karine Chemla）以及她的各位同事工作了一段时间。这些奖学金不仅为我提供机会，展示了自己的研究内容、参加了各种研讨会，还帮助我接触到对研究工作至关重要的图书馆等机构，其中包括哈佛大学霍顿图书馆、迪布纳研究所布尔迪图书馆、耶鲁大学拜内克图书馆、牛津大学博德利图书馆、伦敦皇家学会图书馆、伦敦大英图书馆等等。非常感谢这些机构及其相关人士。

2008 年 7 月，澳大利亚研究理事会的早期欧洲研究机构资助举办了一次名为"现代早期欧洲的笔记和笔记者"的研讨会。这次研讨会由位于布里斯班的昆士兰州立图书馆格里菲斯文化研究中心主办。我从这次研讨会的发言人和参与者身上学到了很多东西，感谢所有相关人士。我还要感谢对我的工作起到极大帮助作用的两所图书馆：格里菲斯大学图书馆和昆士兰大学图书馆。感谢格里菲斯大学的馆际互借工作人员［特别是埃尔斯佩思·威尔逊（Elspeth Wilson）］为我找到了各类资料。我曾与昆士兰大学欧洲话语史中心有过合作，因此得以借用昆士兰大学图书馆。感谢两任中心主任彼得·克雷尔（Peter Cryle）、彼得·哈里森（Peter Harrison）为我提供的机会。感谢澳大利亚科学史社区的合作，特别感谢兰德尔·奥伯里（Randall Albury）、卢恰诺·博斯基耶罗（Luciano Boschiero）、艾伦·查默斯（Alan Chalmers）、约翰·福格（John Forge）、奥弗·盖尔（Ofer Gal）、约翰·加斯科因（John Gascoigne）、斯蒂芬·戈克罗格尔（Stephen Gaukroger）、彼得·哈里森、罗德·霍姆（Rod Home）、戴维·米勒（David Miller）、戴维·奥尔德罗伊

402　笔记启蒙：英国皇家学会与科学革命

德（David Oldroyd）、约翰·舒斯特（John Schuster）、瓦妮萨·史密斯（Vanessa Smith）、约翰·萨顿（John Sutton）、查尔斯·沃尔夫（Charles Wolfe）。同样感谢路易丝·戈贝尔（Louise Goebel）、罗宾·特罗特（Robin Trotter）为研究工作提供的勤勉协助。

我在自己的笔记中记录了从很多学者那里得到的帮助。在此特别感谢以下人士，感谢他们为这本书提供的帮助、参与的对话和给予的鼓励，以及在学术方面作出的典范工作。感谢彼得·安斯蒂（Peter Anstey）、安·布莱尔（Ann Blair）、阿尔贝托·切沃里尼（Alberto Cevolini）、迈克尔·亨特（Michael Hunter）、杰米·卡斯勒（Jamie Kassler）、罗德里·刘易斯（Rhodri Lewis）、伊恩·麦克莱恩（Ian Maclean）、诺埃尔·马尔科姆（Noel Malcolm）、保罗·内勒斯（Paul Nelles）、维克托·诺沃（Victor Nuovo）、理查德·萨金特森（Richard Serjeantson）、雅各布·索尔（Jacob Soll）、林恩·特里布尔（Lyn Tribble）、安古斯·维内（Angus Vine）。此外，感谢约翰·R. 弥尔顿（John R. Milton）阅读了本书第七章将近定稿的草稿，他对约翰·洛克论文的渊博知识使我受益良多。最后，感谢安·布莱尔和安东尼·格拉夫顿（Anthony Grafton）提供的专家建议，他们在出版工作中扮演了读者的角色，提供了极具见解的评论和纠正，为本书写作的最后阶段提供了宝贵的帮助。

感谢以下图书馆以及就职于图书馆的相关人士为图像的定位和复制提供的帮助：耶鲁大学贝内克古籍善本图书馆的凯瑟琳·詹姆斯（Kathryn James）、博德利图书馆的帕特里夏·白金汉（Patricia Buckingham）、谢菲尔德大学特藏馆的杰克·霍奇斯（Jacky Hodges）、皇家学会博物馆的费利西蒂·亨德森（Felicity Henderson）和乔安娜·霍普金斯（Joanna Hopkins）、悉尼大学图书馆珍本图书文库的朱莉·普赖斯（Julie Price），以及大英图书馆手稿室的工作人员。几年前我试探性地开启了本书的写作。我在芝加哥的责任编辑凯伦·梅里坎加斯·达林（Karen Merikangas Darling）一直为我提供鼓励和指导，我对此十分感谢。同样感谢特雷泽·博伊德（Therese Boyd）的精心编辑，以及艾伦·沃克（Alan Walker）所作的细致索引。

本书第五章的材料来自此前出版的《记忆与经验信息：塞缪尔·哈特利布、约翰·比尔和罗伯特·玻意耳》（《作为知识客体与知识工具的身体》，查尔斯·T.沃尔夫、奥弗·盖尔编，多德雷赫特-斯普林格出版社，2010 年，第 185—210 页）。斯普林格科学商业媒体（Springer Science+Business Media B.V.）授权使用。第六章内容参照了《松散的笔记与浩瀚的记忆：罗伯特·玻意耳的笔记及其基本原理》（《思想史评论》第 20 期，2010 年，第 335—354 页）。

感谢我的家人，我的女儿吉利恩（Gillian）和克莱尔

（Claire），我的妻子玛丽·路易丝（Mary Louise）。她们曾对这本书进行了阅读、思考和编辑，与我分享了很多疑虑和发现，为我提供了很多帮助。

本书注释及参考文献，
请扫描阅读

手稿来源

Major manuscripts are listed here; other
manuscripts are identified in the notes.
University of Sheffield Library
Samuel Hartlib Papers
British Library, London
MS Sloane
623 Notebook of Daniel Foote, c. 1670
1039 Papers of Robert Hooke
1334 Henry Power's notebook, c.
1650–1660s
1466 Thomas Harrison material
2891–2900 Abraham Hill's commonplace
books
2903 William Petty papers
3391 Notes by James Petiver on Boyle
4039 John Locke's weather register,
1691–92, sent to Hans Sloane in
March 1704 Additional MSS
4384 Correspondence about mnemonics,
c. 1661–63, collected by Thomas Birch
6038 Sir Julius Caesar's commonplace
book on the template of John
Foxe'sPandectae locorum communium
(1572)
15642 John Locke'sjournal, 1679
15948, 78221, 78298–99, 78683 John
Evelyn correspondence
15950 John Evelyn's notebook
28273 Notebook originally belonging to
John Locke Snr.
28728 Letters andpapers of John Locke
and Nicolas Toinard
32554 John Locke's medical commonplace

book, c. 1660–c. 1667
41846 Thomas Harrison's "Arca
Studiorum"
46470 John Locke's pocket memorandum
book, 1669 *78323–78325* John
Evelyn's "Kalendarium"
78327 John Evelyn's "Vade Mecum"
78329–31 John Evelyn's commonplace
books
78337, 78340 John Evelyn's collection of
recipes
Bodleian Library, University of Oxford
MS Locke—Lovelace Collection of John
Locke's Papers
c. 28 Papers on philosophy, religion, and
medicine c. 1662–c. 1694
c. 33 Locke's notes on his reading when
abroad
c. 37 Copy of Boyle's General History of
the Air
c. 42 Commonplace books: Part I,
Medical, and Part II, Philosophical
and ethical
d. 1 Commonplace book, 1679
d. 9 "Adversaria Physica," a medical and
scientific commonplace book
d. 10 "Lemmata Ethica"
d. 11 "Lemmata Physica"
e. 4 Medical notebook, 1650s
e. 6 Notebook c. 1660–64
e. 17 Commonplace book, including
booklist by Thomas Barlow c. 1650s
f. 1 Journal, November 1675–December

1676, f. 2 Journal, 1677 f. 3 Journal, 1678 f. 4 Journal, 1680 f. 5 Journal, 1681 f. 6 Journal, 1682, f. 11 Pocket memorandum book, 1649–66 f. 14 Commonplace book, c. 1659–c. 1667 f. 15 Pocket memorandum book, 1677, f. 18 Medical commonplace book, 1659–60, f. 19 Medical commonplace book, c. 1662–c. 1669 f. 25 Chemical notebook, 1663–67, f. 27 Pocket memorandum book, 1664–66 f. 28 Pocket memorandum book, 1678–85, f. 29 Pocket memorandum book, 1683–1702

MS Aubrey

4, 6, 10, 13 John Aubrey Papers

MS Rawlinson

A. 171,fols 245v–246r, "Mr. Hooke's Analysis of the whole Businesse of Navigation under the Title of Hydrographie"

Beinecke Library, Yale University

MS Osborn

b112 Robert Southwell's commonplace book, c. 1660s b182 Richard Cromleholme Bury's notebook, 1681

MS Osborn Files

14242 Memorandum recording the advice of Matthew Hale, in the possession of Rob- ert Southwell, 1664

The Royal Society of London

BP (Boyle Papers)

2, 5, 7, 8, 9, 10, 21, 22, 25, 26, 27, 28, 36, 38. These papers include workdiaries, papers, drafts, loose notes.

RS MS

22 Robert Boyle's commonplace book

41 Medical commonplace book used by Robert Boyle and Lady Ranelagh

185–191 Robert Boyle's notebooks

193 Robert Boyle's workdiary 18

194 Robert Boyle's workdiary 33

198 Robert Boyle's notebook

847 Robert Hooke Folio

MM I, MM XXII Henry Oldenburg's notebooks

RS Classified Papers

RS CP.xx Robert Hooke papers; RS CP.xiii Contains John Locke's material about a boy with long nails

RS DM/16/39 Domestic Manuscripts

RS Miscellaneous Manuscripts 4.72

Houghton Library, Harvard University

MS Eng.992.7 John Evelyn's commonplace book, 1690

Fitzwilliam Museum, Cambridge

MS 1936 Isaac Newton's Fitzwilliam notebook

Cambridge University Library

Add. 6986 "Dr. [James] Duport's Rules"

Add. 3996 Isaac Newton's commonplace book containing "Questiones quaedam Philosophicae"

Trinity College, Cambridge, Library

MS 0.10A.33 James Duport, "Rules to be observed by young scholars in the Univer- sity"

MS 0.11A.1 Robert Hooke, "Some Philosophicall Scribbles."

Guildhall Library, London

MS 1757 Robert Hooke's notes for a lecture, c. 1665–66